Susa Bobke
Wildwechsel

GOLDMANN
Lesen erleben

Susa Bobke
mit Shirley Michaela Seul

Wildwechsel

Wie ein Rehkitz eine Jägerin
mitten ins Herz traf

GOLDMANN

Sollte diese Publikation Links auf Webseiten Dritter enthalten,
so übernehmen wir für deren Inhalte keine Haftung,
da wir uns diese nicht zu eigen machen, sondern lediglich auf
deren Stand zum Zeitpunkt der Erstveröffentlichung verweisen.

 Dieses Buch ist auch als E-Book erhältlich.

Verlagsgruppe Random House FSC® N001967

1. Auflage
Originalausgabe März 2018
Copyright © 2018 by Wilhelm Goldmann Verlag, München,
in der Verlagsgruppe Random House GmbH,
Neumarkter Str. 28, 81673 München
Umschlaggestaltung: UNO Werbeagentur München,
unter Verwendung eines Fotos von Susanne Krauss
Alle Fotos im Innenteil und auf der Umschlagrückseite:
© Susa Bobke (zwei der Fotos: © Matthias Hagmann)
Satz: Uhl + Massopust, Aalen
Druck und Bindung: GGP Media GmbH, Pößneck
Printed in Germany
ISBN 978-3-442-31480-5
www.goldmann-verlag.de

Besuchen Sie den Goldmann Verlag im Netz:

Für Mama, Solveig und Bine

Inhaltsverzeichnis

Prolog: *Fallwild*
Zwölf Jahre davor

Auf Warnblinklicht bin ich geeicht. Es begleitet meinen Arbeitsalltag als Kfz-Meisterin und Pannenhelferin, und deshalb reagiere ich auch in meiner Freizeit, es ist ein Reflex. Ich hatte mich mit Freunden am Ammersee zum Grillen getroffen und war mit dem Motorrad auf dem Heimweg nach München. Es war kurz nach neun und noch immer hell, außer in den Waldstücken. In einem solchen stand die Limousine. Das rhythmische Orange ihres Warnblinklichts tauchte den Waldrand in einen warmen Schein, fast wie ein zweiter Sonnenuntergang, aber auf eine alarmierende Art. Während ich bremste, sagte eine Stimme in meinem Kopf: fahr weiter! Du bist nicht im Dienst. Doch einmal Gelber Engel, immer Gelber Engel. Das Gesicht des jungen Mannes neben der Fahrertür war so weiß, dass es in meinem Scheinwerferlicht leuchtete. Ich klappte mein Visier auf und fragte: »Brauchen Sie Hilfe?« Der Mann reagierte nicht, untersuchte stattdessen hektisch seinen Kühlergrill, schaute mich schließlich an, als wäre ich vom Himmel gefallen, und sagte: »Ich glaube, ich habe ein Reh angefahren.« Ich ahnte, dass diese Panne vielleicht länger dauern würde, und wendete mich ab, um mein Motorrad aufzubocken und den Helm abzunehmen, da jaulte der Motor des Wagens auf, und weg war er.

Ich war allein an einem Ort, an dem ich sonst nie angehalten hätte. Wie schön dieser Abend war. Die Grillen zirpten. Grillen nach dem Grillen. Ich könnte zu Hause noch eine Weile auf der Terrasse sitzen. Nur der bestirnte Himmel über mir und das moralische Gesetz in mir, so hatte Frank, unser Grillmeister, vorhin Kant zitiert, während das Fett der Würste zischte. Ich sollte weiterfahren. Sofort. Etwas raschelte im Unterholz. Das wäre nicht nötig gewesen, ich kannte mich. Ich hätte nachgesehen, so oder so. Wenigstens einmal die Straße rauf und runter laufen, ins Gestrüpp lugen. Einfach für ein besseres Gefühl. Ich nahm meine Taschenlampe aus dem Motorradkoffer und leuchtete in den Wald. Graue Stämme im Schwarz. Ich lauschte. Noch mal das Rascheln. Ich folgte ihm mit dem Lichtstrahl und entdeckte in einer Mulde am Straßenrand etwas Dunkles, das sich bewegte. Das angefahrene Reh? Mein Herz pochte im Hals. Fieberhaft überlegte ich, ob mein Vater in seiner Tierarztpraxis einmal einem Wildtier Erste Hilfe geleistet hatte. Was wusste ich darüber? Was sollte ich jetzt tun? Wer ein Reh anfährt, muss das melden. Das war Fahrerflucht gewesen! Womöglich glaubte der Fahrer, er hätte es gemeldet. Nämlich mir. Jetzt war ich zuständig?

Ich trat näher. Ja, es war ein Reh. Es lag auf der Seite und hechelte, der Bauch bewegte sich schnell auf und ab, alles voller Blut. Ich war so wütend auf den Autofahrer, der mich in diese Situation gebracht hatte. Nein, das stimmte gar nicht, ich selbst hatte mich da reinmanövriert. Welche Frau hält nachts auf einer Landstraße an! Das hätte eine Falle sein können. Es war auch eine. Eine Tierfalle.

Ich ging ein paar Schritte weg und rief bei der Polizei an. Mit mehr als der Marke und dem Münchner Kennzeichen konnte ich nicht sachdienen. Man sagte mir, dass ein Jäger kommen würde, um den Fangschuss zu geben. Und dass ich an der Unfallstelle bleiben sollte.

Wo sollte ich warten? Auf der Straße? Oder sollte ich zu dem Reh gehen, dem ich nicht helfen konnte, denn wenn Hilfe Töten bedeutete, war das vollkommen ausgeschlossen. Das Wort Tatort kam mir in den Sinn. Ich überlegte, was wäre, wenn ich wegfahren würde. Sie hatten meine Handynummer. Wäre das dann auch Fahrerflucht? Vielleicht musste alles so kommen, genau so. Es passte zu meiner momentanen Lebenssituation. Erst die Trennung und jetzt noch ein Schwerverletzter.

Ich kniete mich neben das blutende Reh. Vielleicht war dies das Falscheste, was ich tun konnte. Ich und meinesgleichen, wir waren seine Feinde. Doch das Reh schien mich nicht wahrzunehmen. Ich schaute es mir nun gründlicher an, um festzustellen, ob es eine große Verletzung gab, ob ich eine Wunde abbinden könnte. Und dann sah ich es. Die Erkenntnis rammte mir eine Faust in den Magen. Ich glaubte, mich übergeben zu müssen. Hinten am Reh. Da war etwas. Dunkel glänzend, in einem schleimigen Beutel. Es bewegte sich heftig, der Beutel riss, und zwei große Ohren entfalteten sich, als das neugeborene Kitz seinen Kopf schüttelte. Ich war fassungslos. Die Rehmutter hob den Kopf, blickte ihr Kitz an. Ihre Augenlider flatterten, die Hinterbeine zuckten, dann sank der Kopf mit einem dumpfen Stöhnen ins Gras. Und bewegte sich nicht mehr. Jetzt ist sie tot, dachte ich mehrmals, als wäre dies nur die Einleitung zu einem Folgesatz, doch es kam keiner. Mein Herz raste. Ich konnte das alles nicht begreifen. Es war zu groß für mich. Das Neugeborene schüttelte abermals den Kopf. Wo blieb die Mutterzunge? In meiner Kindheit habe ich viele Tiergeburten erlebt. Lämmer, Kälber, Ferkel, Welpen, Kätzchen. Trockenreiben war wichtig. Ich lief zum Motorrad, um mein Badehandtuch zu holen. In diesem Moment hielt der Jeep neben mir. So schnell? Ein attraktiver Mann mit dichtem dunklem Lockenkopf und Dreitagebart nickte mir zu. »Sie haben Glück«, sagte er. »Ich war in der Nähe.«

Glück? Und das war der Jäger? Wieso hatte ich mir einen Jäger älter und mit Rauschebart vorgestellt? Dieser hier könnte Werbung machen für Uhren, Zigarren, Yachten.

»Wo liegt es denn?«

Ich deutete in die Richtung. Er nahm ein Gewehr aus dem Wagen und sagte etwas zu seinem Hund, der mich aus dem Fond mit hellen Augen aufmerksam musterte.

»Sie können jetzt weiterfahren«, sagte der Jäger zu mir. »Danke, dass Sie es gemeldet haben. Das hätte eigentlich der Autofahrer tun müssen.«

»Es ist …« Ich suchte nach Worten.

»Ja?«, fragte der Jäger ruhig. Dass der so ruhig sein konnte. Gleich würde er töten.

»Es sind zwei«, entfuhr es mir.

Die Augen des Jägers waren dunkel wie die des Rehs.

»Ein Baby. Es ist gerade geboren.«

Der Jäger seufzte. »Schockgeburt. Das gibt's. Haben auch viele Frauen im Krieg erleben müssen. Im Sterben wird die Geburt eingeleitet, um wenigstens den Nachwuchs zu retten.«

Ich starrte das Gewehr an. »Es ist doch gerade erst auf die Welt gekommen«, brach es aus mir heraus.

»Ohne seine Mutter hat es keine Chance.«

»Kann man denn da gar nichts tun?«

»Sie können versuchen, es mit der Flasche großzuziehen.«

»Ich?«, rief ich erschrocken.

»Es braucht Kolostrum, die erste Milch der Mutter. Sonst bringen Sie es nicht durch. Wenn Sie es überhaupt durchbringen. Und alle zwei Stunden müssen Sie füttern.«

»Aber das kann ich nicht! Ich bin berufstätig! Ich habe keine Zeit.«

Er nickte. »Alle haben keine Zeit.«

»Und Sie?«, fragte ich flehentlich.

»Ich glaube, Sie fahren jetzt besser«, sagte er.

Schockernte

»Da liegt eins! Da liegt eins!« Die Stimme des kleinen Jakob durchschnitt den Sommernachmittag und den schweren Heugeruch, der über dem Tal hing. Die Bauern mähten wie die Nähmaschinen. Nach vielen Gewittern war für die nächsten Tage ein stabiles Hoch vorhergesagt. Nur sehr wenige Landwirte laufen vor dem Mähen durch die Wiesen, um nach Kitzen zu suchen. Man schätzt, dass pro Jahr in Deutschland eine halbe Million Wildtiere »vermäht« werden. Ich war sehr froh, dass Jakobs Vater mir in meiner Eigenschaft als Jägerin in diesem Revier rechtzeitig vor dem Mähen Bescheid gegeben hatte. Trotz seiner vielen Arbeit auf dem Hof half er beim Suchen. Und nun hatte sein fünfjähriger Sohn ein Kitz gefunden, aber wo? Das Gras stand mir bis zum Bauchnabel, und es dauerte eine Weile, bis ich die Kinderhand über den Grasspitzen winken sah. Ich bahnte mir einen Weg durch die blühenden Gräser zu Jakob. Er strahlte mich an und zeigte auf eine kleine Fellkugel.

»Super hast du das gemacht«, lobte ich ihn.

Das Kitz schaute mich an. Keine Angst im Blick, aber auch keine Freude, seinen Rettern zu begegnen. Unter ein Büschel Gräser geschmiegt lag es da, so eins mit seiner Umgebung, dass man es leicht übersehen konnte, auch wenn man nah daran vorbeiging. Es war vielleicht eine Woche alt und wunderschön. Ein so süßes Kitzgesicht mit schwarzen

Rehaugen und sehr langen Wimpern, mit riesengroßen Hasenohren und vielen weißen Punkten auf dem hellbraunen Fell. Ich bewegte mich langsam, um es nicht zu erschrecken. Ich sprach nicht, aber ich dachte zu dem Kitz hin: Ich trage dich jetzt raus aus dem Gefahrengebiet. Ich passe gut auf, dass ich dein Fell nicht berühre. Nichts wird dir geschehen.

»Nicht anlangen! Sonst nimmt's die Mutter nicht mehr«, flüsterte Jakob aufgeregt.

»Ich trage es bloß an den Rand der Wiese. Ganz vorsichtig. Und ich passe gut auf, damit möglichst kein Menschengeruch haften bleibt.«

»Ich hab's nicht angelangt!«

»Ich weiß, Jakob. Du kennst dich ja aus.«

Ich rupfte großzügig Gras, das ich wie Handschuhe benutzte, und hob das Kitz hoch. Es wog fast nichts. Federkitz, dachte ich, ging behutsam zum Wiesenrand und legte es dort ab.

»Papa, Papa!« Jakob lief seinem Vater entgegen. Der rief, dass er nun mit dem Mähen beginnen wolle. Er merkte wohl, dass ich gern weitergesucht hätte, denn er beruhigte mich aus der Entfernung, näherte sich dem Kitz nicht: »Ich habe die Geiß auf dieser Wiese immer nur in diesem Bereich gesehen.«

Ich nickte. Es war nicht auszuschließen, dass hier noch weitere Kitze lagen. Aber ein Kitz im hohen Gras zu finden kann Stunden dauern, wenn man es überhaupt entdeckt. Darauf kann im Zeitplan eines Bauern oft keine Rücksicht genommen werden. Es gibt Sachzwänge. Überhaupt ist das ganze Bauernleben ein einziger Sachzwang geworden.

Während Jakobs Vater den Traktor startete, suchte ich weiter. Meist hat eine Geiß zwei Kitze. Jakobs Vater schaltete den Kreiselmäher ein, es wurde laut. Ich beobachtete das Kitz aus der Ferne. Es lief nicht weg. In dieser Entwicklungsstufe hat das kleine Reh noch keinen Fluchtreflex, es bleibt, wo seine Mutter es ablegt, bis sie ruft. Seine wichtigste Eigenschaft ist es, unsichtbar zu sein, unriechbar, nicht aufzufallen. Für Füchse sind Kitze ein Sonntagsbraten. Und Füchse haben auch Junge, die hungrig sind. Wenn die Rehmutter das Kitz mit ihrem Kontaktlaut ruft, steht es auf und läuft zu ihr. Es wird gesäugt und geputzt und an eine andere Stelle geführt, an der es bleibt bis zum nächsten Ruf. Aber würde es den Platz akzeptieren, den ich ihm zugewiesen hatte? Ich war ja keine Rehmutter. Und es war kein geschützter Ort. Doch das Kitz blieb zusammengerollt liegen, über eine Stunde lang, im Lärm des Mähwerks, messerscharfe Klingen, die sich rasant drehten. Dann war die Wiese gemäht, der Traktor fuhr weg, es wurde leiser, und die Vögel wurden lauter und die Grillen und das Sirren, Surren der Insekten – Symphonie des Sommers. Und auch ich verließ nun die Wiese, immer den Waldrand im Blick. Irgendwo da stehst du, Mutter. Aufgeregt und unruhig, verstört und vielleicht sogar verzweifelt, und wartest. Ich bin gleich weg. Dann ist die Luft rein. Hol dein Kitz. Bring es in Sicherheit!

Ich ging eine Viertelstunde zu Fuß nach Hause. Heute und morgen hatte ich frei. Ich arbeite im Schichtdienst als Gelber Engel. Mein Revier ist das Allgäu. Es war mir leichtgefallen, vor einigen Jahren der Großstadt München den Rücken zu kehren, denn ich bin ein Landei, geboren in den flachen Weiten Schleswig-Holsteins, wo es keine Alpen, sondern Deiche gibt, und der Himmel reicht bis zum Horizont. Zum Jura- und Germanistikstudium war ich nach München gezogen, und hier erfüllte sich mein großer Wunsch, als ich nach einigen Semestern eine Lehrstelle zur Kfz-Mechanikerin fand. In Schleswig-Holstein scheiterte das seinerzeit angeblich noch an den fehlenden sanitären Einrichtungen der Betriebe, man war einfach nicht auf schraubende Mädchen eingestellt. Heute hat sich das zum Glück geändert. Ich schraube noch immer gern, auch in meiner Freizeit. Eigentlich hatte ich am Spätnachmittag die Vergaser an meinem Motorrad, einer alten BMW R90, synchronisieren wollen. Eine schöne Tätigkeit, ich hatte mich darauf gefreut. Doch nun merkte ich, dass ich ständig an das Kitz dachte. Zu gern hätte ich nachgesehen. Aber nein, das würde ich nicht tun. Es bestünde die Gefahr, die Mutter zu vertreiben, die ohnehin nervös wäre, weil sich ihr bisher vertrauter und sicherer Lebensraum schlagartig in ein bedrohliches Feld ohne Sichtdeckung verwandelt hatte. Wo gestern noch nahrhaftes Gras und Kräuter widerristhoch wuchsen, klaffte nun eine kahle Fläche, gefährlich weit einsehbar, und das schmackhafte Grün vertrocknete. In bester Absicht hatte sie ihr Kitz in Sicherheit gebettet und fand es nun auf dem Präsentierteller für ihre Feinde wie Adler, Krähen, Füchse, Hunde und Menschen.

Diesen Kahlschlag nennt man Schockernte. Der Begriff leuchtete mir sofort ein, als ich vor einigen Jahren die Jägerprüfung, das so genannte grüne Abitur, ablegte. Ich selbst bin manchmal auch geschockt, wenn ich morgens zur Schicht losfahre und abends heimkehre und sich mein Lebensraum gravierend verändert hat. Natürlich finde ich mich zurecht, auch ohne Navi, so bin ich groß geworden. Die Jägerin aber denkt an die Vertriebenen, die ein Stück Heimat verloren haben.

Ich ging nicht zur Wiese, obwohl meine Gedanken dort ästen. Nicht am frühen, nicht am späten Abend, auch nicht in der Nacht. Ich blieb im Haus, obwohl ich sonst gern lang draußen sitze, am liebsten allein; aber draußen ist man ja nicht einsam. Während ich mir als Wahlmünchnerin nichts Schöneres hatte vorstellen können, als gemeinsam mit Freunden die Stadt unsicher zu machen, Kultur, Kneipen, Kino, saß ich nun oft stundenlang auf dem Hochsitz und bewegte mich kaum in meiner geräuscharmen Kleidung. Lauschen und Schauen, das war jetzt meine Kultur, Naturkultur. Und wie gesagt, ich war ja in facettenreicher Gesellschaft. Der Wald hat viele Augen. Auch wenn man nicht sieht, wer einen alles sieht, Wald und Wiesen sind dicht bevölkert. In meiner Kindheit am Deich hatte ich das oft beobachtet. Stundenlang saß ich in der Wiese und schaute und lauschte. Manchmal gelang es mir, unsichtbar zu werden, so dass Eichhörnchen, Dachse, Füchse, Rehe, Hasen, Fasane, Bussarde und Wiedehopfe sich verhielten, als wäre ich nicht da. Sogar eine Rohrdommel, den sogenannten Moorochsen, habe ich einmal gesehen und seinen dumpfen Balzruf vernommen, bevor er schlagartig in Pfahlstellung ging und sich damit meinem Blick im Schilf entzog, weil er in seiner Tarnhaltung wie ein Schilfrohr unter vielen aussah. Diese Fähigkeit des Verschmelzens hatte ich vielleicht in meiner Zeit in München vergessen. Doch seit ich im Allgäu wohnte, war sie zurückgekehrt wie die Faszination an Greifvögeln. So hatte ich nach dem Jagdschein auch noch den Falknerschein gemacht. Mit Scheinen hab ich es irgendwie. Seitdem ich die Uni gegen Ende nur noch als Scheinstudentin taxifahrend verlassen habe, wurde ich manchmal gefragt, was ich denn noch für Scheine machen wollte, nachdem ich die Prüfung für den Lkw-, Segel- und Sportküstenschifferschein abgelegt hatte. Mehr Schein als Sein? Ein Reh-Schein fehlte in meiner Sammlung. Aber ich wünschte ihn mir nicht. Ich wollte bloß, dass die Mutter zurückkehrte und alles in seine natürliche Ordnung kam. Genauso hätte der Fuchs das Kitz holen können. Auch das wäre eine natürliche Ordnung gewesen.

Am nächsten Morgen, es war ein strahlend schöner Sommertag, begrüßte mich Moll, mein Berner Sennenhund, unternehmungslustig. Gestern hatte ich wenig Zeit für ihn gehabt; er schien zu riechen, dass ich heute eine Wanderung geplant hatte, vermutlich an meinen frisch gefetteten Bergstiefeln. Vielleicht würden wir mit dem Sessellift auf den Mittag, den Hausberg Immenstadts, fahren, den ich schon deshalb schätzte, weil, wie sein Name sagt, man erst am Mittag zur Wanderung aufbrechen muss. Moll liebte Bergtouren, und wir waren uns einig, dass man bergauf wunderbar mit dem Sessellift fahren konnte. Bis vor Kurzem, als wir noch zu dritt waren, hatte es jemanden gegeben, der lieber bergauf lief. Doch nun war ich wieder allein, sprich zu zwein, nein zu viert. Mit einem Hund und zwei Katzen ist man ja nicht allein. Seltsam, dachte ich. Auch damals vor zwölf Jahren, als ich Zeugin der Schockgeburt am Straßenrand wurde, war ich frisch getrennt. Ob so ein Kitz ein Zeichen für den Neuanfang ist… als Single?

Rehe sind im Sommer auch Einzelgänger, im Winter finden sie sich zusammen in sogenannten Sprüngen, ihren Familienverbänden. Jetzt war eindeutig Sommer, und Moll brachte sein Halsband. Unschlüssig hielt ich es in den Händen.

»Wir müssen vorher noch mal kurz wohin«, sagte ich zu ihm.

Er legte den Kopf schräg. »Nur nachsehen«, beschwichtigte ich eher mich als ihn.

Moll hatte auch etwas zu kontrollieren und lief schon mal zum Kompost, den Wareneingang überprüfen. Danach den Hang hinauf zu meinen Nachbarn, Franziska und Karl. Vielleicht gab es dort ein bis zehn Leckerlis. Vielleicht schlief Franziska aber auch, sie übernahm viele Nachtdienste im Krankenhaus. Und Karl war tagsüber in seiner Schreinerei.

Es war gegen zehn Uhr, als ich mit Moll zur Kitzwiese spazierte. Die Sonne brannte schon heiß auf meiner Haut. Gegen Mittag würde der Bauer das Heu wenden, damit es schneller trocknete. Am Wiesenrand, im Schatten eines Baumes zeigte ich Moll, dass er warten sollte. Er machte Platz, allein seine sanften braunen Augen folgten mir. Das gemähte Gras lag in Büscheln, oben von der Morgensonne angetrocknet und grüngräulich, unten durch die Feuchtigkeit der Nacht und den Morgentau nass und saftgrün. Und so gemischt duftete es auch, nach Heu und frischem Gras. Auf einmal sah ich es. Da bewegte sich etwas! Das Kitz stand auf seinen dünnen, staksigen Beinen. Ohne Deckung, ohne Schutz marschierte es durch das gefallene Gras, unweit der Stelle, an der ich es abgelegt hatte. Das war ein völlig falsches Bild. Man sieht keine so kleinen Kitze allein herumlaufen. Sie liegen. Erst später, wenn Brunft ist, lassen die Rehe ihre Kitze allein – Schlüsselkinder im Wald. Aber zu dieser Zeit hätte die Mutter ihr Kleines längst holen müssen. Sie hätte es im Schutz der Nacht aus dem Gefahrenbereich führen müssen an einen anderen Ort, in eine Dickung, unter Bäume, ins Gebüsch, ins Schilf des nahe gelegenen Weihers, wenn es keine Wiesen mehr gibt, weil alle gleichzeitig gemäht werden.

Wo war die Mutter? Das Kitz stakste hin und her. Es wirkte empört. Wo war die Tankstelle? Hin und wieder senkte es den Kopf und nippte am Gras. Es war noch zu jung, um richtig Gras zu fressen, es war existenziell auf seine Mutter angewiesen. Ich beobachtete es eine Weile. Das war so falsch! Jemand musste dieses Kitz aus der kahlen Wiese pflücken, es stand darauf wie eine übrig gebliebene Blume, die bald verdorrt wäre, wenn niemand ihr Wasser spendete. Lange und ziemlich verzweifelt schaute ich durch mein Fernglas. Es zeigte mir das ersehnte Bild nicht. Kein Reh stand am Waldrand. Ohne Mutter konnte das Kitz nicht überleben. Es war ein Wunder, dass es überhaupt noch da war. Der Fuchs hätte es holen müssen in der Nacht, leichte Beute. Ich konnte mir das Überleben des Kitzes nur so erklären, dass der Fuchs auf der frisch gemähten Wiese viele Mäuse erwischt und bei diesem Nahrungsüberangebot auf das Kitz verzichtet hatte. Aber bestimmt wusste er, dass es da war. Später würde er sich erinnern, das Kitz stand sozusagen in seiner Vorratskammer.

Ich betrachtete das kleine Geschöpf, und es kam mir vor, als könnte ich seine Verzweiflung, seinen Durst spüren. Die ganze Nacht allein auf der Wiese. Und so viel Hunger, Lebenshunger.

Da musste ich nicht mehr lang überlegen. Eigentlich hatte ich mich schon entschieden. Seit vielen Jahren schon, doch damals am Straßenrand hatten mir die Möglichkeiten gefehlt. Langsam ging ich näher. Das Kitz sprang weg, duckte sich und tat sich nieder. Ergeben. Nur noch wenige Schritte, und ich war neben ihm. Kniete mich hin. Wie zart es war. Seine weißen Punkte auf dem flaumigen Fell. Und die Augen. Sehr schwarz, und riesengroße Ohren. Ich verzichtete auf erklärende Worte und hob es hoch. Mit meinen Händen, mit meinem Menschengeruch, ohne neutralisierendes Gras. Ich hatte das Berührungstabu gebrochen, weil ich selbst so berührt war. Das Kitz wehrte sich nicht. Federleicht lag es in meinen Armen. Behutsam trug ich es über die Wiese. Ich war glücklich und fassungslos und voller Fragen. Aber es fühlte sich richtig an.

Moll wedelte, als ich vor ihm stand. Er sog den Geruch des Rehs ein, wedelte stärker und lief dann schon mal voraus zum Haus. Langsam folgte ich ihm. Das Kitz in meinen Armen bewegte sich nicht. Am Rand der Wiese drehte ich mich noch einmal um. Am Waldrand stand kein Reh.

Wie die Jungfrau zum Reh

Als ich nach einer Viertelstunde zu Hause ankam, war das Kitz sehr schwer geworden, was weniger an seinem Gewicht als vielmehr an der Verantwortung lag, die mir Schritt für Schritt deutlicher geworden war, obwohl ich bereits Hilfe geholt hatte. Am Abend zuvor hatte ich meiner Nachbarin Franziska von dem Kitz erzählt und sie gefragt, was sie an meiner Stelle tun würde. Franziska, sie macht nicht viele Worte, hatte einfach gesagt: »Das kriegen wir schon durch.« Und da hatte ich gewusst, dass ich nicht alleine wäre. Denn so ein Rehkitz braucht ständig Betreuung, und ich war ja berufstätig, nicht selten zehn Stunden außer Haus. Und es gab nicht nur Franziska, sondern auch Manu, die Schweizerin, die oben am Berg ein Haus hatte und den Sommer im Allgäu verbrachte, um Kräuter zu sammeln für ihre Arzneien. Auf diese beiden hatte ich gehofft, und die Hoffnung erfüllte sich. Es war mir klar, dass ich die Aufzucht nicht würde allein stemmen können. Zumal das ja mein erstes Kitz war. Bislang hatte ich meinem Arbeitgeber teure Schwangerschaften erspart. Ich funkte meinen Vorgesetzten an.

»Hallo Chef, ich rufe an, weil ich Mutterschaftsurlaub brauche.«

»O, herzlichen Glückwunsch! Wann ist es denn so weit?«

»Jetzt«, platzte es aus mir heraus.

Schweigen.

»Aber wir haben uns erst letzte Woche gesehen…«, erinnerte mein Chef sich an das Teamtreffen mit den Kollegen, bei dem man mir nichts angesehen hatte.

»Es war eine Spontanschwangerschaft mit Schockgeburt.« Allmählich entwickelte sich in mir der Stolz der frischgebackenen Mutter.

Mein Chef räusperte sich. »Ist es ein Junge oder ein Mädchen?«, fragte er, den ich auch wegen seines Humors schätzte.

»Ich habe noch nicht nachgeschaut.«

Schweigen.

»Warte, ich kuck mal schnell«, erbot ich.

Ehe ich das Telefon ablegte, hörte ich ein dumpfes Stöhnen.

Das Kitz ruhte neben mir im Wäschekorb. Mit dem Tierarztgriff meines Vaters klappte ich ein Bein auf und sah mit Kennerblick – nichts außer dem Nabel. Aus dem Telefon rief mein Chef »Susa?«

»Gleich«, antwortete ich und tastete vorsichtshalber nach.

»Keine Hoden«, meldete ich meinem Chef. »Und auch kein Pinsel.«

»Kein was?«

»Es ist ein Mädchen«, sagte ich.

»Okeeeee«, klang es lang gezogen aus dem Telefon. Dann fragte er: »Ich weiß nicht, ob das jetzt zu privat ist, aber wer ist der glückliche Vater?«

»Keine Ahnung«, erwiderte ich wahrheitsgemäß.

»Und was glaubst du, wie lange du ausfällst? Die Ferien stehen vor der Tür, da haben wir sehr viel Arbeit.«

»Urlaubssperre, schon klar«, fasste ich zusammen. Schließlich arbeitete ich seit einem Vierteljahrhundert für den Club.

Doch es gab Ausnahmen. »Die Urlaubssperre gilt nur für Fahrer ohne Kinder«, erinnerte ich meinen Chef.

»Ohne schulpflichtige Kinder«, stellte er richtig und wollte dann wissen: »Oder gibt's demnächst eine Spontaneinschulung?«

Da musste ich lachen, und mein Chef lachte mit. Diskreterweise fragte er mich nicht nach der Gattung meines Nachwuchses. Vermutlich glaubte er, mein Hund wäre Mutter geworden. Dabei hatte der einen Pinsel.

»Ich werde nicht ausfallen«, versprach ich ihm. »Ich brauche auch keinen Urlaub. Ich würde nur gern meine wenigen Tagschichten, die ich im Dienstplan habe, wegtauschen. Wenn ich am Nachmittag anfange und die Spätschichten fahre, kriege ich alles in den Griff. Meine Nachbarn helfen mir. Ich würde mal im Kollegenkreis rumfragen, wer mit mir tauscht, ist das okeeeee?«

»Klar«, sagte mein Chef. »Und wenn du noch irgendwelche Fragen zum Mutterschutz hast, wendest du dich am besten an den Betriebsrat.«

Konnte es so einfach sein? Nein, es war nicht einfach! Denn wie sollte ich das Rehkitz ernähren? Ich rief eine Tierärztin an, und sie empfahl mir eine Mischung aus Magerquark mit verschiedenen Zusätzen. Auf keinen Fall sollte ich Kuhmilch füttern oder Milchpulver für Menschen oder anderes Getier, daran würde das Kitz eingehen.

Franziska besorgte im Drogeriemarkt die Zutaten sowie eine Nuckelflasche und Manu einen Sauger, den sie Nuggi nannte. Ich liebte ihren Schweizer Dialekt und hatte den Eindruck, auch dem Kitz gefiel er gut, es wirkte sehr entspannt, wenn Manu mit ihm schwyzerdeutschte. »I han dir das Fläschli i warms Wasser gschtellt, dass die Milch e chli warm wird. Nimm amoll ä Schlückeli, liabs Tierli, du glises Öpis.«

Mittlerweile weiß ich, dass unsere erste Ersatzmilch zu dick war. Kitze brauchen dünnflüssige Nahrung, weil sie nicht so stark saugen können. Franziska und ich verzweifelten fast, als wir merkten, wie groß der Hunger des kleinen Kitzes war, doch es kam mit dem Sauger nicht zurecht und auch nicht mit dem Nuggi, egal wie charmant Manu es besang. Schließlich griffen wir zu einer Zwangsmaßnahme, zogen den Brei mit einer Spritze auf und konnten so wenigstens ein bisschen davon in den kleinen Rehkörper hineinbringen. Heute frage ich mich, wieso ich nicht auf die Idee kam, im Internet zu recherchieren, und sonst auch niemand aus meinem Umfeld. Da gab es durchaus Menschen, die hatten 2010 im Allgäu schon Breitband. Ich musste mich damals noch umständlich einwählen. Unter www.rehkitzhilfe.de hätte ich innerhalb von vierundzwanzig Stunden ein Erste-Hilfe-Set erhalten und alle nötigen Informationen. Ich glaube, ich stand ebenfalls unter Schock und lief sozusagen nur auf drei Zylindern. Ich befragte mir bekannte Menschen und hörte so auch von einem Tierarzt, der schon einmal ein Reh aufgezogen hatte. Er wohnte dreißig Kilometer entfernt und erklärte sich am Telefon bereit, »mein« Reh zu begutachten und mir Tipps zu geben. Ich zögerte nicht, lud Moll und das Kitz ins Auto und fuhr los.

Moll hatte das Kitz bereits adoptiert, als ich es nach Hause getragen hatte. Er begriff sofort, dass dieses Wesen nun zu unserem Rudel gehörte. Und auch das Rehkitz entschied sich schnell. Mit seinen streichholzdünnen X-Beinen stakste es durch die Wohnung, hatte große Mühe, auf dem glatten Holzboden nicht wegzurutschen, blieb immer wieder in der Grätsche stehen, bis es Molls Hundekorb entdeckte. Der war allerdings besetzt von einem ziemlich haarigen Wesen. Interessiert schnupperte das Reh, Moll schnupperte zurück. Als das Kitz Anstalten machte, in den Korb zu steigen, räumte Moll, ganz Kavalier, seinen Platz und legte sich vor den Korb. Ich holte seinen Welpenkorb aus dem Wohnzimmer und platzierte ihn neben dem Kitz. Moll stieg sofort hinein und faltete sich sehr klein. Das Kitz in seinem XXXXL-Korb machte seinen Hals lang und suchte auf Molls Rücken nach einer Zitze. Erfolglos. Es suchte auf der Bauchseite. Fand nur einen Pinsel. Was Moll sichtlich unangenehm war. Das Kitz hatte Hunger, ständig, und das belastete mich sehr. Ich hoffte, der Tierarzt würde mir helfen können.

Zuerst war ich überrascht, dass das Rehkitz im Auto lag, als würde es täglich herumgefahren. Es wirkte kein bisschen eingeschüchtert oder aufgeregt. Dann begriff ich, dass es ja nichts in seinem Repertoire gab, das es warnte oder ihm signalisierte, dass Rehe normalerweise nichts in Autos zu suchen haben und wenn, dann eher leblos. In den ersten ein bis zwei Lebenswochen haben die Kitze noch keinen Fluchtreflex. Ihre Überlebensstrategie besteht vor allem aus Kleinmachen, Wegducken, und zwar so lange, bis die Mutter ruft. Dann heißt es aufstehen, hinlaufen, trinken und sich an einen neuen Ort führen lassen, dort wieder kleinmachen, warten. In der viele hunderttausend Jahre alten Rehgenese steht nichts geschrieben wie: Beim Autofahren musst du kotzen. Und so blieb der Hundekorb trocken.

Zehn Kilometer vor meinem Ziel plötzlich eine rote Kelle, mehrere Polizeifahrzeuge, eine Verkehrskontrolle. Ich war nicht zu schnell gefahren, als Berufskraftfahrerin halte ich mich stets an die Richtgeschwindigkeit. So bremste ich meinen Wagen ruhigen Gewissens ab. Erst als der Streifenpolizist sich der Fahrertür näherte, fiel es mir siedend heiß ein. Ich hatte ein Reh im Auto! War das strafbar? Für eine Jägerin im eigenen Revier nicht, aber das hatte ich seit vielen Kilometern verlassen. Wenn es tot gewesen wäre, wenn ich es angefahren und eingeladen hätte, würde das als Wilderei gelten. Aber das Kitz war wach, ohne Zuchtpapiere, Impfpass, Steuerbescheid, sozusagen lebend gewildert, quicklebendig, wie ich am Spiel seiner Riesenohren im Rückspiegel sah.

Ich öffnete die Fensterscheibe.

»Verkehrskontrolle. Bitte Ihre Wagenpapiere und den Führerschein.«

Ich beschloss, das Reh nicht zu thematisieren. Vielleicht fiel es gar nicht auf, so klein, wie es war, vielleicht hielt man es für ein Steiftier, Stofftier des Hundes mit batteriebetriebenen Ohren. Während ich nach den Papieren kramte, ging eine Polizistin um den Wagen. An der Heckscheibe blieb sie stehen, staunte, kam nach vorne, wo ihr Kollege meine Papiere musterte.

»Was ist denn das da hinten?«, fragte sie mich aus schmal zusammengekniffenen Augen.

»Ein Berner Sennenhund und ein Rehkitz«, antwortete ich, als wäre das die normalste Ladung der Welt, ungefähr so wie Getränkekästen.

»Aha«, sagte die Polizistin. Ihr Kollege riss die Augen auf und starrte nun ebenfalls in das Wageninnere. Ich sah die Paragraphen hinter seiner Stirn rattern, Formulare flatterten. Was für ein bürokratischer Aufwand! Meine Papiere waren in Ordnung, und im Wagen gab es ein Trenngitter, die Ladung war gesichert. Wilderei? Hatten sie dafür überhaupt Vordrucke auf der Wache? Ruckartig gab er mir meine Papiere zurück und wedelte mit der Hand ungeduldig Richtung Straße. Seine Kollegin dachte laut »durchgeknallte Spinnerin«. Sie rechnete wohl nicht damit, dass meine Lauscher fast so exzellent waren wie die des Rehes, das unerhört mehr vernimmt als ein Mensch. Dies war der Moment, in dem mir schwante, dass ich den schützenden Wald der Konformität verlassen hatte. Aber hatte ich das nicht irgendwie schon immer? Als Vorschulkind spielte ich nicht mit Puppen, sondern zog Lämmer mit der Flasche auf. Wenn ein Schaf drei Lämmer zur Welt bringt, ist das eines zu viel. Ein Fall für die kleine Susa, wusste der Schäfer aus unserem Dorf. Schafe liebte ich ganz besonders. Später meinen Hund und dann mein Pferd. In der Pubertät träumten meine Freundinnen von ihrem späteren Prinzen, ich wollte lieber auf meiner Julante durch die Welt reiten, und falls ich wider Erwarten jemals heiraten sollte, müsste mein Prinz nicht reich sein, sondern er sollte mit mir freundlich schweigend in Wiesen sitzen und den Sonnenuntergang bewundern. Schon damals hatte ich eine große Abneigung gegen Beziehungsgespräche. Meine klugen Eltern ließen mich gewähren. Sie glaubten, das würde sich zurechtwachsen, und meine Großmutter pflegte zu sagen: Jeder Mensch ist anders albern. Aber war es albern, einem dem Tod geweihten Geschöpf Hilfe anzubieten? Ich wollte dem Rehkitz eine Chance zum Leben geben. Ich beurteilte meine Hilfe nicht als Eingriff in die Natur. Wir Menschen greifen ständig ein. Zu behaupten, etwas sei Natur oder etwas müsse man der Natur überlassen, ist eine Ausrede, mit der man sich seiner Verantwortung entziehen will, eine Romantisierung der Umstände. Unser gesamtes Land ist bewirtschaftet. In Deutschland, in Europa, überall. Wald, Wiesen, Feldränder, alles wird kommerziell genutzt. Der Wald wird bebaut, es wird gepflanzt, gerechnet, jeder Quadratmeter, jeder Festmeter Holz. Alle Schilfzonen, Bachläufe, Knicks sind exakt vermessen, und es werden Prämien ausbezahlt, damit sie nach Vorgabe bewirtschaftet oder brach gelassen werden. *KULAP* heißt das Regelwerk, in dem nichts dem Zufall überlassen, auch der Wildwuchs kontrolliert wird mit Wiesenbrüterprogramm, Uferrandstreifenprogramm, Programmen für Mager- und Trockenstandorte, Ackerbrache. Alles unter Kontrolle. Es gibt Vorschriften, ab welchem Tag wo gemäht werden darf – und auch eine Sorgfaltspflicht, die besagt, dass man nicht wissentlich Rehkitze vermähen darf. Keinem Tier darf ohne sogenannten vernünftigen Grund oder fahrlässig Leid zugefügt werden. Viel, wenn auch noch viel zu wenig, ist in den letzten dreißig Jahren im Tierschutz geschehen, zumindest theoretisch. Wenn ein Landwirt weiß, dass in seiner Wiese Kitze liegen, weil er die Geißen gesehen hat, müsste er die Kitze vor dem Mähen in Sicherheit bringen. Aber vielleicht vergisst er das. Die Zeit drängt. Vielleicht hat er sich ja auch getäuscht. Vielleicht hatte die Geiß gar kein Kitz. Das Suchen kostet Zeit, die er nicht hat. Außerdem mähen Bauern nach der Wetterlage. Das ist oft zu kurzfristig, um genug Helfer aufzutreiben, die lärmend, gern mit angeleinten Hunden, über die Wiese laufen, das Wild vergrämen, wie man sagt. Die Rehmütter erkennen, dass dieser Ort für ihre Kitze nicht mehr sicher ist und lotsen sie im Schutz der Nacht an einen anderen Platz. Man könnte auch Wildscheuchen aufstellen, sie ähneln Vogelscheuchen und geben unrhythmisch Licht- und Tonsignale von sich, so dass vorsichtige Mütter ihre Kitze umbetten. Wer Geld und Zeit hat, kann frühmorgens eine Drohne mit einer Wärmebildkamera über die Wiese fliegen lassen. Oder einen Kitzretter an seinem Mähwerk installieren. Aber das kostet alles wie gesagt Zeit, und Zeit ist Geld und der ganze Aufwand für so ein Kitz, dessen Art nicht einmal vom Aussterben bedroht ist? Ist es nicht ein Schädling, von dem es viel zu viele gibt, wie manche meinen? Die Rehmutter hat schlechte Karten, denn wenn das Wetter gut ist, wollen alle Bauern mähen. Instinktsicher findet sie einen neuen Unterschlupf und kommt dann oft vom Regen in die Traufe, wenn die abgeernteten Wiesen mit Gülle zugekippt werden, und das ist kein Senf oder Ketchup und Majo auf dem leckeren Gras, das ist, was es ist und damit ungenießbar.

Was das Mähen betrifft, gäbe es einen Fluchtweg, der ohne großen Aufwand frei zu halten ist. Würden die Landwirte nicht von außen nach innen, sondern von der Mitte aus mähen, könnten die Bewohner der Wiesen – zu den größeren zählen Hasen und Mäuse – weglaufen, und die Geißen könnten ihre Kitze im Schutz des noch hohen Grases in Sicherheit bringen. Wer von außen nach innen mäht, schneidet den Tieren den Fluchtweg und nicht selten die Beine ab oder häckselt ihre kleinen Leiber.

Leider war der Besuch bei dem Tierarzt nicht sehr ergiebig. Er untersuchte mein Kitz, das nun offiziell dazu geworden war, er sagte »Ihr Reh« und meinte, es habe zu früh Gras gefressen, seine Verdauung sei dafür noch nicht reif. Darüber hinaus empfahl er mir Welpenmilch mit Traubenzucker gemischt. So habe er sein Kitz damals durchgebracht.

»Wie lang ist das her?«, fragte ich.

»Einige Jahre.«

»Und wo ist das Reh jetzt?«

»Es wurde überfahren«, entgegnete er mit brüchiger Stimme. In diesem Moment begriff ich, dass es nicht nur darum ging, das Reh zu füttern, sondern es auch zu beschützen. Das Späßchen bei meinem Chef von wegen Mutterschutz war gar nicht mehr so lustig. Irgendwie war ich nun wirklich Mutter, mit allem Kummer, der wohl dazugehört. Das kleine Rehkitz wollte nämlich auch keine warme Welpenmilch trinken. Alle zwei Stunden quälte ich mich mit der Flaschenfütterung, mal allein, mal zu zweit oder zu dritt. Wenn ich Dienst hatte, kümmerte sich vor allem Franziska um das Reh. Als Krankenschwester kam sie gar nicht mehr aus ihrer Pflicht. Nicht selten mündeten die Versuche in der Spritze. Aber das war natürlich zu wenig. Das Rehlein war erschreckend mager, und ich hatte große Angst, es könnte verhungern. Jeden Tag hob ich es hoch und stellte uns auf die Waage. Anstatt zuzunehmen, nahm es ab. Allein meine Sorgen nahmen zu. Und auch die von Franziska und von Manu, den beiden Co-Müttern. Nach und nach begriffen wir, dass das Kitz nicht nur süß war, sondern auch eine große Belastung bedeutete. Aber es war zu spät umzukehren. Und was hätte ich auch tun sollen? Es auf einer Wiese ablegen? Das war längst nicht mehr möglich. Das kleine Kitz hatte sich in mein Herz geschlichen, eigentlich vom ersten Moment schon und auch später, als ich es mit nach Hause nahm. Seine Empörung, dass die Mutter es im Stich gelassen hatte, seine staksigen Schritte, sein Überlebenswille, dass es aufgestanden und losgelaufen war, obwohl es doch geduckt hätte liegen bleiben sollen. Seine Unerschütterlichkeit angesichts ständig neuer Umstände. Seine Furchtlosigkeit vor dem Hund, den Katzen, den Menschen. Die wertfreie Art, uns zu betrachten, die sich bald schon in offenkundige Neugier verwandeln würde. Wie es schaute aus seinen großen schwarzen Augen und das wache Spiel der Hasenohren. Das flaumige Fell mit den weißen Punkten. Sein zerbrechlicher, zarter Leib. Der schnelle Herzschlag. Sein warmer Atem und die raue Zunge in dem süßen schwarzen Mäulchen mit dem weißen Milchrand. Später sein erwartungsvoller Blick, wenn der Wasserkocher plingte, was bedeutete, bald würde es ein Fläschchen geben, das ich im Wasserbad auf neununddreißig Grad erhitzte. Sein Schmatzen und Schlecken. Seine freundliche Aufgeschlossenheit. Nach den hunderttausenden von Jahren, in denen seine Vorfahren uns Menschen erfolgreich ausgewichen waren, erkannte es dennoch sofort, dass der Hundekorb ein guter Liegeplatz war und dass man auf das Menschenlager springen und dort wunderbar weich ruhen konnte, wie auch auf Franziskas Kanapee. Das ganze Geschöpf… zum Auffressen. Und noch dazu stubenrein!

Obwohl es anfangs so wenig aufnahm, verdaute es fleißig. Altersgemäß sollte die Milch, die wir vorne fütterten, in Form gelber Würstchen hinten herauskommen. Doch das Kitz köttelte schon, was zu früh war. Immerhin geschah es wenigstens nicht spontan. Normalerweise schleckt die Mutter so lange am Rehkitz herum, bis es sich löst, so nennt man den Ausscheidungsvorgang. Ich versuchte die Rehzunge mit einem Glitzischwamm zu ersetzen und massierte Bauch und Po des Rehs, bis ich seine Ausscheidungen mit einem Papiertuch auffangen konnte. Das kleine Reh war zirka drei Wochen bei mir, als die Labradorin Luna für einige Tage zu Besuch kam. Sie begriff den Ernst der Lage sofort, fuhr ihren Schlecker aus und tat, was getan werden musste, was

Moll als Berner Senne nicht im Programm hatte. Das kleine Reh gab sich der Hundezunge genüsslich hin. Es ging ihm sichtbar besser, nachdem ich den Rat befolgt hatte, es einmal mit Homöopathie zu versuchen. Ich schob dem Kitz drei Kügelchen Ignatia in den Mund, das Mittel der Gnade. Es soll bei Trennungen helfen oder wenn man an großem Seelenschmerz leidet und sich deswegen dem Leben nicht öffnen kann. Kurz nach der Gabe trank das Reh gierig aus der Flasche. Ich nahm gleich auch mal drei Kügelchen und trank immerhin nicht aus der Flasche, sondern goss mir ein Glas Rotwein ein und saß nachts draußen, und da fiel mir auf, dass ich vor lauter Sorge um das Reh keine Zeit gehabt hatte, wegen meiner erst kurz zurückliegenden Trennung traurig zu sein. Gerade so, als sei das Reh meine Gnade. Was natürlich nicht stimmte, denn ich hatte die Seelentrennung bereits während der Beziehung vollzogen. Doch das Kitz lenkte mich ab, und gleichzeitig zog mit all der Freude über dieses Wesen auch sehr viel Sorge in mein Leben ein. Das überfahrene Reh des Tierarztes ging mir nicht aus dem Sinn. Was, wenn es gelänge, das Kitz großzuziehen? Ich konnte es nicht für immer im Haus halten. Der Tag würde kommen, an dem ich es in die Freiheit entlassen würde. Und dann? All die Mühe und Liebe, um eines Tages überfahren zu werden? Dann hätte ich es doch lieber auf der Wiese gelassen? Niemals! Bei meiner ersten Rehbegegnung hatte ich als Retterin versagt. Damals, ich lebte in einer Altbauwohnung im vierten Stock im Zentrum Münchens, hätte ich das Kleine nicht mitnehmen können, noch dazu auf dem Motorrad. Aber vielleicht hatte der Jäger sich erbarmt, daran wollte ich nur zu gerne glauben. Und davon abgesehen nutzte ich meine zweite Chance.

»Sei froh, dass du wieder Single bist«, meinte Hob, meine BF, die beste Freundin. »Sonst würde das alles gar nicht funktionieren.«

»Es wäre leichter zu zweit«, widersprach ich.

»Das Reh wäre ein Trennungsgrund«, behauptete sie, und ich fragte mich, ob sie mich warnen wollte. Von allen Menschen, die das Reh sahen oder nur von ihm hörten, war und blieb sie die Einzige, die Rehe nicht ausstehen konnte. Während die meisten in Ahs und Ohs zerflossen, wenn sie das Kitz sahen, sagte Hob »Aha«, und ihr Labrador Luna machte sich pflichtbewusst an die Arbeit, fuhr seinen Schlecker aus. Trotz ihrer Gleichgültigkeit gegenüber dem Reh kümmerte sich Hob später oft tagelang um sein Wohlergehen. Sie tat es für mich, der es schwerfiel zu verstehen, dass man beim Anblick dieses weiß gepunkteten zarten Wesens nicht dahinschmolz. Die Verzauberung betraf nicht nur Frauen. Auch mein Hausfreund Hartmut war ziemlich angerührt und rührte gleich weiter, indem er mir, wie es im Wochenbett in ländlichen Regionen üblich ist, leckeres Essen vorbeibrachte. Mit ihm schmuste das Reh am liebsten, es war verzückt von seinem Dreitagebart.

Ich komme heim am späten Abend von der Schicht. Dunkel das Haus, kein Licht weist mir den Weg und kündet von der Aussicht auf eine warme Mahlzeit, die mich dampfend empfängt. Und doch bin ich voller Erwartung. Hinter der Haustür höre ich das fröhliche Wedeln Molls. Seine Rute schlägt gegen die Treppe. Er ist bestens gelaunt, begrüßt mich stürmisch und eilt dann an mir vorbei, um dem Fuchs, dem echten oder erträumten, zu zeigen, wo der Hammer hängt.

In meinem Bett an Sonnenblumen aus Baumwolle ge-

schmiegt, liegt das Reh und schaut mich freundlich an. Es ist instinktsicher an der Stelle liegen geblieben, an die es Franziska vor ihrer Nachtschicht gebettet hat. Die großen Augen und Hasenohren folgen meinen Bewegungen. Es hat nicht gewartet, es wartet nicht, es ist einfach da. Ich streichle sein weiches dünnes Sommerfell, rehbraun, wie eine artgerecht gehaltene Zündkerze. Dann setze ich Wasser auf, um die Ziegenmilch für das abendliche Fläschchen im Wasserbad zu erwärmen. Das Thermometer, das ich anfänglich verwendete, um die Milch auf die richtige Temperatur zu erhitzen, brauche ich längst nicht mehr. Nach bewährter Muttermanier halte ich die Flasche zum Abgleich an mein Augenlid und fühle mich im Einklang mit was auch immer. Ich Mutter, du Kind. Ich Mensch, du Reh. Das widerspricht sich nicht. Dass ich dich nicht verstehe und Mühe habe, deine Bedürfnisse zu erraten, zu erforschen, weil du ja nicht sprichst und ganz anders bist als ich, unterscheidet mich nicht unbedingt von manchen Menschenmüttern. Nur die Ratgeberliteratur ist in meinem Fall dünner gesät. Das hat aber auch Vorteile. Ich muss mich nicht vergleichen. Ich mache einfach. Manches richtig, das zeigt der Erfolg, und vieles falsch, was ich oft nicht merke. Aber du, kleines Reh, wirst es mir später auch nicht vorhalten. Ich mache, also bin ich. So wie du einfach bist, ohne zu hadern. Ich lerne von dir.

Parasiten

Heute findet man in fast jedem gut sortierten Supermarkt Ziegenmilch und Ziegenprodukte. 2010 musste ich weit fahren, um diese für das Kitz verträgliche Ernährung zu kaufen. Die Verdauung von Ziege und Reh ähnelt sich. Beide sind Konzentrat-Selektierer, was bedeutet, ein Blättchen hier, ein Blättchen dort, jetzt vielleicht mal diese, dann jene gelben Blüten, aber nur die, und auf einmal eben genau die nicht mehr, sondern diese anderen da. Nein, lieber doch nicht. Igitt. Jetzt unbedingt noch ein paar von denen. Oder? Zicke kommt von Ziege. Das ist nicht modern, sondern altbekannt aus dem Märchen Tischleindeckdich. Da fragt der Ziegenhirte am Nachmittag nach dem langen Weidegang: »Ziege, bist du satt?«

»Mäh, mäh, ich bin so satt, ich mag kein Blatt.«

Und am Abend, als sie in den Stall zurückgekehrt sind, fragt der Vater: »Ziege, bist du satt?«

»Wie sollt ich satt sein? Ich sprang nur über Gräbelein und fand kein einzig Blättelein: Mäh! Mäh!«

Rehe umschlingen keine Büschel mit ihren Zungen und reißen sie ab, wie Kühe es tun, sie sind wählerisch, zupfen einzelne Kräuter, pflücken selbst Blüten und Knospen einzeln, denn sie können Gras und Heu nicht aufschließen. Ihr Pansen ist nicht dafür geeignet, Zellulose zu verwerten. Deshalb

benötigen sie besonders energie- und eiweißreiche Kost –
für Vegetarier kein leichtes Unterfangen. Und da der Pansen
relativ klein ist, müssen sie sehr oft Nahrung aufnehmen, im
Sommer alle zwei Stunden. Als Wiederkäuer haben sie neben dem Pansen noch zwei Blindsäcke, die der Vorverdau-
ung dienen. Die anverdaute und nur grob zerkaute Nahrung
wird zwischen den Äsungsperioden im Liegen noch mal
hochgewürgt und weiter zerkleinert, bevor sie dann wieder
geschluckt und im Pansen aufgeschlossen wird. Ziegenmilch
kann vom Organismus des Rehbabys noch am besten von
allen Milchsorten verdaut werden. Doch das muss man erst
mal wissen. Ich erfuhr es letztlich von Wolf, dem Jäger, der
später mein Jagdherr werden sollte. Franziska besorgte die
erste Ziegenmilch von einem Bekannten im Dorf, ehe ich sie
im Supermarkt kaufte. Endlich saugte das kleine Kitz mit
sichtlichem Appetit und nahm auch zu. Drei schwere Steine
fielen von unseren Herzen. Ja, ich glaubte tatsächlich, nun
wären wir aus dem Gröbsten raus. Dabei fing es gerade erst
an, denn das Reh wurde unternehmungslustig, und ich selbst
hatte neben meinen Schichten viele Pressetermine zu absolvieren. Im Jahr davor hatte ich ein Buch über meine Arbeit
als Gelber Engel geschrieben, das, nun veröffentlicht, auf
großes Medieninteresse stieß. Viele Interviewanfragen flatterten ins Haus, Fernseh- und Radiosender luden mich ein.
Das vertrug sich nicht mit meinem Leben als in Vollzeit be-
rufstätige, alleinerziehende Mutter eines Säuglings.

»Wir schaffen das«, sagte Franziska.

Fünf Jahre später sollte ihr die Bundeskanzlerin den Satz
klauen. Ob das klappt, weiß heute noch niemand. Was das
Rehkitz betraf, klappte es.

Ich habe es nie bereut, keine Kinder zu haben. Eigentlich habe ich mir keine großen Gedanken darum gemacht, irgendwie habe ich es verschlafen, immer war etwas anderes. Und was ich manchmal von Müttern hörte, lockte mich ehrlicherweise nicht. Die meisten fühlten sich zerrissen zwischen ihrem Wunsch, so viel Zeit wie möglich mit dem Kind zu verbringen, und jenem, in ihrem Beruf zu arbeiten. Wenn wir uns trafen, machten sie auf mich eher einen angespannten denn glücklichen Eindruck. Und nun geriet ich sozusagen als Spätgebärende mit Mitte vierzig selbst in diesen Spagat. Ich fuhr in meinem gelben Engelmobil zur Schicht und war nicht mehr im Jetzt bei der jeweiligen Panne, sondern ertappte mich dabei, zum Kitz zu denken. Was treibt es, wie geht es ihm, trinkt es, ist es munter? Und obwohl ich wusste, dass es in besten Händen war, machte ich mir Sorgen, oft in die Zukunft. Wie sollte ich die Pressereise nächste Woche organisieren, durfte ich Franziska, die Nachtdienst hatte, so viel zumuten, wann würde Manu wieder in die Schweiz abreisen, ob Anne nicht nur die Katzen, sondern auch das Kitz füttern könnte – Terminschiebereien, die jeder Mutter, jedem Elternteil vertraut sind. Für mich waren sie neu. Klar hatte ich bisher auch einiges zu organisieren gehabt als Katzen- und Hundebesitzerin und kannte mich aus in der Haustierhygiene. Aber ein Haus- ist kein Wildtier.

Von außen betrachtet sieht so ein Rehkitz niedlich und sauber aus, doch in seinem Inneren siedeln in der Regel Parasiten, Spul- und Hakenwürmer, wie in allen Wildtieren und auch Katzen und Hunden. Artgerecht gehaltene Haustiere werden meistens älter als ihre frei lebenden Verwandten, weil sie von ihren Menschen gepflegt – und entwurmt – werden. Sie bekommen ihr Futter serviert, sind geschützt vor natürlichen Feinden, haben einen Impfpass und freie Tierarztwahl. Ein sehr lästiges Übel bei Rehen sind die so genannten Rachendasseln. Diese Parasiten, sie leben in Wiesen, nisten sich in den Nebenhöhlen ein. Sie bringen ein Reh nicht um, doch möglicherweise leiden die Rehe an Kopfschmerzen, sie bekommen schlecht Luft und röcheln zuweilen erbärmlich. Wenn die Dasseln eine gewisse Größe erreicht haben, ungefähr wie eine Ibuprofen-Tablette, nur leider ohne Wirkstoff, niesen die Rehe sie heraus.

Für Franziska war Entwurmen kein Problem, es gehörte zu ihrem medizinischen Alltag, und keine schaffte es so spielerisch wie sie, dem Kitz Arzneien zu verabreichen. Franziska besorgte sogar einen Laufstall – von ihrer Schwägerin aus Berlin. Denn das Kitz wurde neugierig, machte sich nachts selbständig, verbiss die Topfpflanzen und räumte Regale aus. Karl baute den ehemaligen Hühnerstall um und isolierte ihn. Karl hatte mir auch Split geliefert für meine Auffahrt und war immer zur Stelle, wenn ich einen starken Mann brauchte. Dafür bastelte ich mit ihm an seinem MB-Trac herum, bis der Traktor wieder fahrtauglich war. Würde man bilanzieren, stünde ich klar in der Schuld meiner Nachbarn. Doch so wird nicht gerechnet. Auf dem Land hat Nachbarschaft eine andere Bedeutung als in der Stadt, wo viele Menschen die Anonymität genießen, die sie aber auch beklagen, wenn wieder einmal jemand unbemerkt tage- oder gar wochenlang tot in seiner Wohnung liegt. Auf dem Land ist das anders. Jeder bringt ein, was er kann, und man tauscht Leistungen aus. Das ist keine Schwarzarbeit, sondern ein bewährtes ressourcenorientiertes Modell, das den Frieden miteinander festigt. Frieden ist kein stabiler Zustand, er muss immer wieder erneuert werden. Hier im Allgäu hilft man

sich außerdem, weil man weiß, dass man aufeinander angewiesen ist, besonders, wenn wir von der weißen Hölle heim-
gesucht werden, wie manche Schneekatastrophen bezeichnen. Ich mag so etwas und nenne es schlicht Winter. Da ich
in einem kleinen Dorf aufwuchs, war Nachbarschaftshilfe
nichts Neues für mich, als ich München nach kurzem Aufenthalt in der schönen Ammersee-Region verließ und ins
Allgäu übersiedelte. In meiner Heimat am Deich ist alles
flach. Die Alpen sah ich zum ersten Mal im Kleinwalsertal
bei einem Familienurlaub. Zuerst verliebte ich mich in unseren Bergführer Walther, dann in den Widderstein; im Gegensatz zu meiner Schwester und meinen beiden Brüdern
war ich tief beeindruckt von dieser mächtigen Region. Irgendwo bei den Bergen wollte ich wohnen, wenn ich groß
war. Nun hat man in München bei Föhn zwar den Eindruck,
die Alpen wären zu Fuß bequem zu erreichen, doch mehr
als gefühlt nah sind sie im Allgäu. Auch deshalb hatte ich die
Gelegenheit beim Schopf gepackt, als auf diesem Strecken-
abschnitt eine Stelle frei wurde. Mit Glück fanden wir, damals noch zu zweit, ein altes, abseits liegendes Bauernhaus.
In Zeiten der weißen Hölle ist es nur mit Schneeketten erreichbar – oder zu Fuß. Beides erscheint mir paradiesisch.

Die Allgäuer seien ein wortkarger und verschlossener
Menschenschlag, heißt es. Dem kann ich nicht zustimmen.
Ich wurde fast überall herzlich aufgenommen, was auch daran liegen mag, dass ich als Frau in meinem gelben Engelmobil Neugier wecke. Außerdem gebietet es die überwie-
gend katholische Erziehung in Bayern, dass man nett zu
Engeln ist. Es könnte ja sein, dass man einmal ihrer Hilfe
bedarf. Ich jedenfalls bekam sehr viel Unterstützung. Besonders meine rar gesäten Nachbarn in den wenigen umliegen-

den Häusern, Franziska und Karl, Anne und Mats, außerdem die Ruckhs, sprangen ein, zuerst die Katzen und Moll zu füttern, wenn länger niemand zu Hause war, und später das Reh zu betreuen. Im Gegenzug kümmerte ich mich um ihre Katzen und leistete kleine Dienste rund ums Auto wie Reifen wechseln. Und das wollte ich nicht vernachlässigen, trotz Buchveröffentlichung und Mutterschaft. Aber klagen nicht alle Mütter über Schlafmangel?

Reifen wechsle ich gern, aber dienstlich nur mehr selten. Als ich noch in München arbeitete, war das anders, da wechselte ich täglich mehrere Reifen. Zum einen, weil nicht wenige Menschen jederlei Geschlechts beim schwierigen Geschäft des kollisionsfreien Ein- oder Ausparkens und rechts Abbiegens an Bordsteinkanten scheitern. Zum anderen machten sich meine Disponenten, die um meine Vorliebe wussten, einen Spaß daraus, gerade mich zu diesen Pannen zu schicken. Nicht selten habe ich Kurioses erlebt, denn wenn vier gestandene Mannsbilder, wie man in München sagt, einer im Vergleich zu ihnen zierlichen Frau erklären, dass sie Hilfe beim Reifenwechsel benötigen, wird schon tief in die Trickkiste gegriffen. Bandscheibenvorfall nach Helikopter-Skiing, frisch operiert oder frisches Hemd und auf dem Weg zu einem Vorstandsgespräch. Das Schöne am Reifenwechseln ist auch, dass der Havarist, so heißt der Autofahrer mit Panne bei uns, danach weiterfahren kann. Ich brauche ihn nicht in eine Werkstatt zu schleppen oder muss eine schlechte Nachricht überbringen wie zum Beispiel Kolbenfresser, Turbolader, Lichtmaschine defekt. Ein paar Handgriffe und fertig. Neidische oder zumindest begehrliche Blicke weckt häufig mein todschicker Wagenheber, ein Männertraum in Silber und Blau, schlappe siebzehn Kilogramm leicht. Er hat bisher erheblich mehr Anträge von Männern bekommen als ich in einem Vierteljahrhundert Dienst auf der Straße. Doch erfolgreiche Reifenwechsel werden immer seltener. Gewicht erhöht den Spritverbrauch, deshalb wird heute bei den meisten Fahrzeugen auf die serienmäßige Beigabe eines Ersatzrades verzichtet, ergo ist auch nichts zu wechseln. Dass aus Reifenpannen die Luft raus ist, hat aber auch etwas Gutes, da ich im Allgäu viel auf Autobahnen unterwegs bin, und das ist ungefähr so gefährlich wie der Kreiselmäher für ein Rehkitz. Wenn ich Pech habe, befindet sich der platte Reifen auf der linken Fahrzeugseite. Es sind schon Kollegen bei Pannen auf Autobahnen zu Tode gekommen. Früher musste man vor allem mit übermüdeten Lkw-Fahrern rechnen, die im Sekundenschlaf auf den Seitenstreifen fuhren. Heute sind es zusätzlich die Smartphoniker, die ungebremst in Baustellen und Pannenfahrzeuge rasen. Gut also, dass ich beim Reifenwechsel durch meine Nachbarn im Training bleibe. Wenn ich das Bordwerkzeug ihrer Autos benutze, kann ich gut nachvollziehen, warum viele Menschen ihre Reifenwechsel nicht mehr selbst durchführen. Alles ein bisschen wie Puppenküche. Meistens werde ich auch lecker belohnt. Meine Favoriten: Ein medium gebratenes Steak, Schwarzwälder Kirschtorte, Rouladen mit Speckbohnen, eben alles, was mein noch nicht ganz fleischeslustfreies Gemüt auf dem sehr weiten Weg zur veganen Lebensweise erfreut. Dazu gehört unbedingt ein schmackhafter Rehbraten mit Preiselbeeren und Pfifferlingen, wie ihn Diana, die Frau meines Jagdherrn, zuzubereiten versteht. Was ist köstlicher als das zarte, fettfreie Fleisch von Tieren, die frei leben durften und wie von einem Blitz aus heiterem Himmel überraschend in ihrer natürlichen Umgebung das Zeitliche segnen, ohne vorherige Todesangst und ohne tagelange quälende Tiertransporte. Es gibt inzwischen mobile Schlachtstationen, mit Hilfe derer Rinder vom Metzger auf ihrer Weide getötet und verarbeitet werden, das halte ich für eine gute Alternative. Ich würde mir wünschen, dass Menschen, die Rindfleisch essen, darauf achten, so wie Eierkäufer heute ja auch Wert auf die Null auf dem Ei legen, die mittels Eierstempel besagt, dass die Bedürfnisse einer Henne ein klein wenig berücksichtigt wurden.

Das grüne Abitur

Als Kind zog ich einmal eine junge Dohle auf, die vom Kirchturm gefallen war. Ich fütterte Lumpi mit Hackfleisch und Brei und wünschte mir insgeheim, sie verwandle sich in den Raben Abraxas aus der kleinen Hexe, die mit Pippi Langstrumpf und Winnetou zu meinen Vorbildern gehörte. Aber Lumpi blieb eine Dohle, und schon nach wenigen Tagen hatten ihre Verwandten herausgefunden, wo sie lebte, und umkreisten unser Haus, bis Lumpi eines Tages mit ihnen davonflog. Also musste ein echter Rabe her. Ich brachte in Erfahrung, dass ich für die legale Haltung auch eines Rabens, ich mache nun mal nichts schwarz, eine Falknerausbildung absolvieren musste. Seit ich »Orlando« von Virginia Woolf gelesen habe, weiß ich, dass mein Rabe Marmaduke Shelmerdine heißen wird. Und ich war mir sicher, dass ich eines Tages eine sehr gute Rabenmutter sein werde. Und mein Rabe wird wegfliegen mit dem Südwestwind, wie Marmaduke Bonthrop Shelmerdine, denn die schönen Dinge des Lebens sind flüchtig wie ein Reh.

Als ich noch in München wohnte, konnte ich mir nicht vorstellen, eines Tages den Jagdschein zu machen und auf Tiere zu schießen. Doch das Bild des Jägers hatte sich in mir verändert seit dem Zusammentreffen mit dem sympathischen Mann damals am Straßenrand. Jäger waren keine seltsamen

45

Kauze, die kaltblütig Tiere töteten, Männer, die sich toll fühlten, wenn sie herumballerten. Heute weiß ich, dass es inzwischen viele Frauen unter ihnen gibt, und wahllos herumgeballert wird da nicht. Jäger sind so unterschiedlich wie Menschen. Zu unseren Aufgaben gehört vor allem die Hege, mit und ohne Büchse.

Mit Anfang vierzig war ich frisch ins Allgäu gezogen und wollte mich dort auch einbringen für ein gemeinsames Ganzes, am liebsten in der Natur. Angebote gab es viele. Ich hätte Kröten über die Straße tragen können oder Landschaftsschutzgebiete pflegen, Vogelnester bewachen oder mit unschuldigen Schulkindern scheinbar schuldiges Springkraut ausreißen. Stattdessen entschied ich mich für Hegen und Pflegen als Jägerin.

Ich wäre auch sehr gern zur freiwilligen Feuerwehr gegangen, doch das ist mit meinem Dienstplan schlecht vereinbar. Wenn ich den Jagdschein mal in der Tasche habe, dachte ich, habe ich nicht nur freie Bahn für die Falknerei, ich kann auch, wann immer es mein Dienstplan erlaubt, in den Wald gehen, ansitzen, lauschen, schauen, da sein und mich nützlich machen. Im Gegensatz zu einigen anderen, die sich besonders auf die Schießausbildung freuten oder sich vor allem deswegen zum Jagdschein angemeldet hatten, reizte mich die Wildtierkunde am meisten. Einer unserer Lehrer war ein passionierter Vogelschützer. Ich hatte mir nicht vorstellen können, dass man so leidenschaftlich von den Vorzügen diverser Entenarten wie Krick- und Knäckente, Stockente, Schellente, Löffel- und Kolbenente, Schnatterente, Trauerente und der einzigartig bezaubernden Eisente sprechen konnte. Ich erfuhr, dass Tauben nicht schmutzig, sondern wunderbare Tiere sind, die Wasser schöpfen wie wir – sie saugen das Wasser mit eingetauchtem Schnabel in sich hinein – und anders als wir lebenslang treu sind, was beim Einsatz von Brieftauben, deren Heimweh als Sport ausgebeutet wird, besonders deutlich wird. Die Tauben legen Hunderte von Kilometern zurück, um sich mit ihren Familienangehörigen zu vereinen. Wochenende für Wochenende lernte ich vor der Spätschicht weitere Naturwunder kennen, obwohl ich geglaubt hatte, schon ziemlich gut Bescheid zu wissen. In Wirklichkeit wusste ich fast nichts. Als ich noch am Ammersee wohnte, im Speckgürtel Münchens, fiel mir auf, wie viele Menschen diese Region geradezu konsumierten für ihre Freizeitaktivitäten und sie als Open-air-Sportstudio benutzten. Man blieb nicht auf den Wegen, viele wichen aus ins Unterholz, um eine besonders schöne Wiese zu finden, auf der im Verborgenen vielleicht ein seltener Vogel brütete, der die Flucht ergriff, was sie nicht bemerkten. Und weil so ein Picknick schon eine Weile dauern kann und ein Ei nach dreißig Minuten abgekühlt ist, konnten viele Jungvögel gar nicht schlüpfen, was die scheinbar naturliebenden Menschen sicher nicht wollten, wenn sie es denn gewusst hätten. Hinzu kommt, dass man mit seiner eigenen Heimat oft achtsamer umgeht als mit der anderer. Touristen und Naherholer kommen und gehen und hinterlassen Müll, den Einheimische vielleicht wieder mitnehmen würden, weil sie sich auch morgen noch, wenn der Naherholer fern ist, an ihrer schönen Umgebung erfreuen wollen. Mein Jagdherr und ich stellen in unserem Revier immer wieder Schilder auf: Wildruhezone, bitte nicht weitergehen. Es gibt genug Natur, Wege, Pfade, die bewandert und besportelt werden können, auch Mountainbike-Strecken, Pisten für Stöckelwild, wie Nordic Walker mancherorts genannt werden, und Schneeschuhläufer. Warum müssen manche Menschen zusätzlich in die Wildruhezone eindringen? Weil sie dann ganz nah an der Natur sind und sich ergötzen am aufgeschreckten Tier? Was für eine Freude! Wenn man sie nicht gestört hätte, hätte man kein so wahnsinnig authentisches Naturerlebnis gehabt. Dass dieses Aufschrecken für viele Tiere und Vögel lebensbedrohlich ist, wissen leider einige Menschen nicht, die immer ganz nah dran sein wollen an allem. Im Winter kostet jede Bewegung Kraft, und die Tiere haben nur begrenzte Energie zur Verfügung. Im Fluchtmodus ist der Energiebedarf um mehr als zweihundertzehn Prozent höher als im Ruhezustand. Dieser Energieverbrauch führt zu erhöhtem Nahrungsbedarf. In einem schneereichen Winter mit kurzen Tagen ist es nicht möglich, diese Nahrung zu beschaffen – das aufgeschreckte Tier wird den nächsten Frühling nicht erleben. Wenn es nicht schon auf der Flucht verendet.

Der renommierte Schweizer Biologe Fred Kurt beschrieb die Folgen eines Marathonorientierungslaufs im Jahre 1976 in einem Wald bei Basel. Nachdem zahllose Läufer quer durch den Wald gerannt waren, wurden zwölf Rehe mit Genickbruch an Bäumen und Zäunen aufgefunden.

Man hatte mich vor der Ausbildung zur Jägerin bei einem Informationsabend darauf vorbereitet, dass der Lernstoff sehr umfangreich sei. Das war nicht übertrieben, monatelang paukte ich in jeder freien Minute. Angefangen bei den landwirtschaftlichen Nutzpflanzen, also allen Zutaten für ein gutes Müsli, den Bodenarten, in denen das Müsli wächst oder eben auch nicht, hin zu den Tierarten und deren wildbiologischen Besonderheiten, die ich kennen sollte, damit ich mich als deren Anwältin später für ihre Belange einsetzen könnte. Ich lernte alles Wilde einzuteilen in befelltes Haarwild und mehr oder weniger flugfähiges Federwild. Weil ich in der Grundschule Mengenlehre hatte, fiel es mir leicht, hieraus die Untergruppen des Hoch- und Niederwildes zu bilden. Zum Schalenwild gehören behaarte wilde Tiere mit Doppelhuf, die sogenannten Paarhufer. Sie werden zum Hochwild gerechnet, außer den Rehen, die man ausgegrenzt hat, was mich sofort für sie einnahm. Aus Prinzip sozusagen, als Anwältin mit Gewissen, vertritt man die Schwachen gern. Während ich früher dachte, Hochwild lebe oben und Niederwild kröche am Boden herum, wurde ich nun darüber aufgeklärt, dass sich die Einteilung durch die Beliebtheit der jeweiligen Tierart bei seiner sie vormals bejagenden Majestät ergab. Bär, Luchs und die mit den Hufen, aber auch Federvieh wie Adler, Auerwild, Fasan und der Kranich dürfen sich geschmeichelt fühlen. Nicht selten wurden sie gefüttert und aufwändig gehegt, bevor sie von einer güldenen königlichen Kugel auserwählt wurden – oder von einem guten Schützen, der ungenannt blieb, ein Ghostshooter, vergleichbar einem Ghostwriter, weil Majestäts Treffsicherheit zu wünschen übrig ließ.

In früheren Zeiten wurde auch viel gewildert, aber nicht aus Lust an der Anarchie, sondern aus Hunger. Das war riskant, denn wer dem König und seiner Rotte etwas wegschoss, konnte selbst erlegt werden. Das Wild des Königs, Herzogs, Grafen hatte Vorrang vor der Ernährung der Bevölkerung.

Viele Sitten und Gebräuche haben sich bis heute zum Teil kaum verändert, auch wenn der Bestand an lebenden Königen und dem meist selbst gezeugten, ihn in Sprüngen umgebenden Adel in der Jägerei in den letzten hundert Jahren so stark zurückgegangen ist, dass man wohl von einer bedrohten Art sprechen muss. Auch Wilderer gibt es noch, wenngleich sie nunmehr nicht aus Hunger, sondern wegen des Thrills des Verbotenen ihr grausames Unwesen treiben.

Traditionell werden Jagdreviere an einen Jagdherrn verpachtet, üblicherweise für neun Jahre, aber auch mal nur für drei oder – unsere Zeit ist schnelllebig – seit Neuestem sogar nur für eines. Idealerweise hätte man das Revier am liebsten vor der Haustür, gern nah einer pulsierenden Stadt. Wildreiche großstadtnahe Pachten sowie attraktive Gebirgsreviere kosten je nach Größe schon mal bis in den sechsstelligen Bereich im Jahr. Wer so tief in den Beutel greift, möchte natürlich nicht, dass ihm sein Nachbarpächter etwas wegnimmt. Dummerweise hält sich das Wild nicht an die Gesetze und wechselt auf der Flucht vor dem Jäger und seinem Hund schnell mal über die Reviergrenze. Also gibt es noch mehr Gesetze, mit denen man verhindern möchte, dass es zu bewaffneten Nachbarschaftsstreitigkeiten kommt. Diese Regeln müssen auch noch gelernt werden, will man den Jagdschein bestehen. Und es werden immer mehr Verordnungen, denn die Naturschützer, deren Population sich antiproportional zu der des Adels vermehrt, wollen auch ein Wörtchen oder besser ein Wörterbuch mitreden. Viele Jäger, Förster, Bauern und Landbesitzer betrachten den Naturschutz als eine Art dreizehnte Fee. Keiner hat sie eingeladen, keiner will sie, doch sie findet immer wieder eine Tür und verdirbt einem die Party. Ich sehe mich als Jägerin und Naturschützerin. Erstaunlich, dass fünfunddreißig Jahre nach dem Entstehen der großen Umwelt- und Naturschutzbewegung immer noch vor allem Ressentiments gegeneinander gehegt werden.

So will der Bauer sich natürlich nicht vorschreiben lassen, was er auf seinem Land machen darf. Der Jäger und die Jägerin betrachten sich sowieso als Fürsprecher der Artenvielfalt, und der Mensch, der gerne gute Bäume umarmt, möchte nicht, dass böse Tiere sie verbeißen. Der bewusste Naturliebhaber und achtsame Konsument von ökologisch erzeugten Lebensmitteln verlangt nicht nach Wildfleisch aus heimischen Wäldern und absolut artgerechter, weil freier Haltung. Dabei wäre es das Naheliegende, man müsste nur Frieden schließen, statt sich an den Reizthemen Wolf und Luchs festzubeißen. Der Luchs frisst zirka fünfzig Rehe im Jahr, was bedeutet, dass der Jagdpächter keine Monopolstellung mehr über Leben und Tod in seinem Revier einnimmt. Hinzu kommt, dass die Anwesenheit eines Luchses sich herumspricht und das Wild doppelt vorsichtig ist, was den Abschuss des Jägers erschwert, den er ja trotz des »Wilderers« liefern muss. Dennoch gibt es auch unter den Jägern Befürworter der Heimkehr dieser anmutigen Großkatze, und manche wären sehr wohl bereit, die Beute mit ihr zu teilen, wenn Abschussvorgaben und Jagdpacht den Umständen angepasst würden. Beim Wolf treffen Wolfsfreunde auf Schafsfreunde, und da ist es mit einer Entschädigung nicht getan. Der Aufwand, Herden wirksam zu schützen, ist immens, und der ohnmächtige Zorn, wenn man die eigenen Schafe zerfetzt vorfindet, weil im Rausch eben mehr gerissen wurde, als zum Verzehr nötig gewesen wäre, ist verständlich. Trotzdem sind nicht alle Schäfer gegen den Wolf, so wie auch ein Teil der Jäger hinter Isegrim steht, aber dessen geregelte Bejagung für sinnvoll hält, weil sie dazu führen würde, dass die Scheu des Wolfs vor dem Menschen und seinen Behausungen wieder zunehmen würde, denn in manchen Gegenden wurden Wölfe schon sehr nah bei Siedlungen gesichtet. Abzuwägen wäre meiner Meinung nach auch, ob eine große Anzahl von Nutztieren: Schafe, Ziegen und Rindern – Stichwort Mutterkuhhaltung –, die heute noch oder endlich wieder Weidegang genießen dürfen, wegen ein paar Wölfen zukünftig eingesperrt werden. Und inwieweit da Großstadtromantik bezüglich eines mythologisch hochstehenden Mitgeschöpfes mit dem mühsamen Alltag in der Haltung namenloser Nutztiere und dem bereits gelebten Tierschutz kollidiert. Im Moment steht der Wolf unter einem besonderen Schutz, und es wird oft viel zu heiß diskutiert, wie mit diesem Heimkehrer weiter verfahren werden soll.

Hoch motiviert büffelte ich für den Jagdschein und war immer wieder fasziniert, wie viele neue Gebiete ich kennenlernte wie zum Beispiel Waldbau, Biotophege und Landschaftspflege. Doch der Lernstoff war schier unerschöpflich, und so nahm ich ein gutes Dutzend Bücher und Fragebögen mit in den Urlaub. Multiple Choice statt multiple Orgasmen, und die einzige Verhütung, die mich nachhaltig beschäftigte, war die des Jagdschadens. So schrumpfte die gemeinsam verbrachte Zeit, die die Beziehung kitten sollte. Anstatt im Urlaub Schönes zu erleben, führten wir problemorientierte Gespräche, sogenannte POGs. Meine Versuche, sie mit – wie ich fand – geistreichen Zitaten aus dem Modul Waffenrecht und Waffenhandhabung aufzulockern, gaben mir reichlich Gelegenheit, mich an das Gefühl zu gewöhnen, durch eine Prüfung zu fallen, nämlich durch die der Beziehungstauglichkeit. Romantische Dinner mit der Option anschließender gegenseitiger Fleischbeschau fielen aus Zeitmangel völlig aus. So suchte ich Zuflucht im jagdlichen Brauchtum, der Wildbrethygiene und den Wildkrankheiten. Die ehrlicherweise schon vor dem Urlaub angeschossene Beziehung konnte nicht einmal durch das Thema Führung und Ausbildung von Jagdhunden wieder in die Spur gebracht werden, obwohl uns das beide interessierte, theoretisch. Denn alles, was mit Jagd zu tun hatte, war mittlerweile zu einem roten Tuch geworden. Mein Instinkt sagte mir, dass Ausweichthemen wie Fallen stellen und die sachgerechte Trophäenbehandlung nicht wirklich stimmungsaufhellend wirken würden. Aber die Zeit lief mir davon, die Prüfung stand vor der Tür, und ich musste Prioritäten setzen. Was ich dann auch tat. Beziehungsweise wir taten es und hatten zum Schluss doch noch eine Gemeinsamkeit – die einvernehmliche Trennung. Jetzt hatte ich freie Bahn zum Lernen, doch je mehr ich lernte, desto weniger wusste ich – so kam es mir zumindest vor.

Immerhin war mir vor meiner Ausbildung bekannt, dass der Hirsch nicht der Mann vom Reh ist, wie irrtümlich vielerorts geglaubt wird. Wie ich heute weiß, verdanken wir diesen weit verbreiteten Irrglauben der Walt-Disney-Verfilmung eines zauberhaften Buches aus den 1920er-Jahren: Felix Saltens »Bambi – eine Lebensgeschichte aus dem Walde«, das sehr kenntnisreich und gut beobachtet das Leben der Rehe in ihrem natürlichen Umfeld schildert. Da es in Amerika keine Rehe gibt, wurde mit Weißwedelhirschen gefilmt, und Kohorten von Kindern lernten, dass Reh die Frau und Hirsch der Mann ist.

Hirschartige Säugetiere gibt es seit zirka fünfundzwanzig Millionen Jahren. Vor rund fünf Millionen Jahren entwickelten sich die heutigen Hirscharten, die sich den jeweiligen Lebensräumen anpassten. Große Tiere mit mächtigen, ausladenden Geweihen, die in großen Gruppen zusammenlebten, bewohnten die Steppen, kleinere und kürzere Tiere, mit weniger Kopfschmuck, die sich gut im Dickicht verdrücken konnten, die Wälder. Man unterscheidet Echthirsche von Trughirschen aufgrund der Art, wie die Finger und Zehenknochen zu jeweils zwei Schalen des Paarhufes zusammengewachsen sind. Wegen dieser anatomischen Unterteilung sind Rehe näher mit dem Elch verwandt als mit dem heimischen Rothirsch. Erdgeschichtlich gelten Rehe als die älteste heute noch lebende Hirschart Europas. Sie waren lange vor uns da. Seit der Jungsteinzeit teilen sie ihren Lebensraum mit den Menschen, ohne besonders aufgefallen zu sein. Sie waren wegen ihrer heiklen Nahrungsaufnahme nie Nutztiere und stehen auch erst seit Mitte des Zwanzigsten Jahrhunderts im Ruf von den Wald zerstörenden Schädlingen.

Ein Reh wiegt rund zwanzig, ein Hirsch rund zweihundert Kilo. Sie haben völlig verschiedene Lebens- und Ernährungsgewohnheiten, und auch ihr Sozialverhalten unterscheidet sich stark voneinander. Hirsche leben in Männergruppen, die sich im Herbst in den ersten frostigen Nächten, wenn die Brunft stattfindet, mit den Damen treffen, die landläufig Hirschkühe, jagdlich Tier und Schmaltier heißen. Männliche Rothirsche parfümieren sich mit ihrem für unsere Nasen penetrant stinkenden Morgenurin, und Damhirsche suhlen sich in schlammigen Güllegruben – so wirken sie besonders attraktiv auf die Hirschkühe. Die Damen leben über Jahre in großen und festen Sozialverbänden mit ihren Kälbern zusammen und werden von einer weiblichen Führungskraft, die bis zu zwanzig Jahre auf dem Fell haben kann, geleitet. Diese Alttiere sind sehr erfahren und dürfen auf keinen Fall geschossen werden, weil die Gruppe sonst orientierungslos ist. Rotwild durchstreift große Gebiete und reagiert sehr empfindlich auf Störungen. Straßen und Waldarbeiter sind kein Problem, daran sind sie gewöhnt. An Pilzsucher und Geocasher nicht. Vor ihnen ergreifen sie die Flucht und rennen viele Kilometer weit weg. Seit man Tiere besendert, ist das alles gut dokumentiert, und um sie zu schützen, stellt man die Schilder auf: Wildruhezone! Deren Ignorieren erinnert mich immer ein bisschen an das traurige Thema Rettungsgasse auf Autobahnen, wenn Mangel an Empathie und ausgeprägte Ich-Bezogenheit, die nur den eigenen Vorteil kennt, dazu führen, dass Menschen sterben. Immer öfter werden Sanitäter, Ärzte, Feuerwehrleute von Gaffern blockiert, die mit Handys in der ersten Reihe filmen und dann posten nach dem Motto: Schneller im Internet als im Krankenhaus. Manche beschimpfen die Lebensretter sogar, weil sie hautnah dabei sein wollen, wenn der eingeklemmte Autofahrer schreit und vielleicht verbrennt. Und deshalb wird auch noch schnell unter dem landenden Rettungshubschrauber durchgefahren. Der eigene Termin, den man sonst verpassen könnte, ist wichtiger als das Leben eines Unfallopfers, über das Minuten, manchmal sogar Sekunden entscheiden können, so ähnlich wie bei einem Vogelei, das im Nest auskühlt, weil die Vogeleltern nicht landen können, da Menschen ihr Revier unsicher machen. Wenn ein Reh die Flucht ergreift oder auch nur alarmiert ist, muss es zwanzig Minuten zusätzlich äsen, um die dadurch verlorene Energie wieder aufzunehmen. Im Ruhezustand hat es einen Puls von sechzig bis hundertzwanzig Schlägen in der Minute, in Panik bis zu vierhundertzwanzig. Wir haben es anscheinend manchmal verlernt, uns vorzustellen, welche Konsequenzen unsere Handlungen haben könnten. Sonst würden wir nämlich merken, dass wir entgegen unserer Werte und Überzeugungen agieren. Wir wollen Tiere freundlich und zugewandt anschauen und stören sie dabei oder bringen sie sogar in Lebensgefahr. Oder wir stören die natürliche Ordnung:

Nicht nur bei den Hirschkühen, auch bei Wildschweinrotten kann ein falsches Opfer fatale Folgen haben, denn die Leitbache sorgt für eine Synchronrausche: Die weiblichen Tiere der Rotte werden gleichzeitig fruchtbar. Dabei ist es klar geregelt, wen der Keiler begatten darf – die weibliche Führungskraft, die über die besten Erfahrungswerte für die ganze Rotte verfügt, die sie vermutlich vererben kann, was der Allgemeinheit zugutekommt. Wenn nun aber diese Leitbache versehentlich erlegt wird, was bei Drückjagden oder der Maisernte, bei der die Jäger ein Feld einkreisen, um die Schweine abzuschießen, leicht passieren kann, weil die verängstigten Tiere erst im letzten Moment aus dem Mais springen, um in rasender Flucht über das bereits gemähte Feld zu galoppieren, wird die soziale Ordnung zerstört. Gerade bei dieser Art der Wildschweinjagd müssen sich Jäger schnell entscheiden. Die Schützen haben nur wenige Sekunden Zeit, ein Tier anzusprechen. Das ist nicht wörtlich gemeint, guten Tag, wer sind Sie, darf ich Sie erschießen. Ansprechen bedeutet, ein Tier zu erkennen. Ist es die Leitbache oder ein Überläufer, eine führende Geiß, ein Schmalreh, ein Rehbock, ein Jährling. Der Jäger muss darüber hinaus wissen, für welches Wild jetzt gerade Jagdzeit besteht. Das ist prinzipiell im Bundesjagdgesetz und teilweise davon abweichend in den einzelnen Bundesländern geregelt. In den Zeiten, in denen Tiere ihre Jungen austragen und aufziehen, dürfen sie nicht bejagt werden. Ebenso kann bei bestimmten Tierarten die Zeit der Paarung zusätzlich als Schonzeit ausgewiesen werden. Da Rehgeißen ihre Kitze allein erziehen, beginnt die Jagdzeit auf Böcke und Schmalrehe bereits am 1. Mai. Für die Böcke endet die Jagdzeit Mitte Oktober, weil sie dann irgendwann ihr Gehörn abwerfen und man danach nicht mehr erkennen kann, um wen es sich genau handelt, einen jungen oder alten Bock? Bis Mai ist die Trophäe wieder nachgewachsen. Tragende Geißen, die im Frühjahr Kitze setzen und aufziehen, dürfen ab 1. September bis 15. Januar bejagt werden. Je nach Tierart und deren wildbiologischen Eigenheiten variiert die Jagdzeit. Wildtiere, die besonderen Schutz brauchen, haben gar keine Jagdzeit, zum Beispiel der Kolkrabe, der Wolf und der Adler.

Wenn es nach mir gegangen wäre, hätte ich die Schonzeit für alle auf das ganze Jahr ausgedehnt. Ich machte den Jagdschein nicht, um Tiere zu töten. Ich wollte hegen und pflegen und mich am Anblick der Tiere erfreuen. Ich wollte ihnen beim Leben zuschauen. Als Automechanikerin interessierte mich allerdings die Technik von Waffen. Im Theorieteil der Ausbildung zur Jägerin lernte ich die verschiedenen Waffentypen kennen, Abzugssicherungen, Abzugsgewichte, wunderschöne Baskülen mit Gravuren und Arabesken, Laufhaken und Blockverriegelung, verschiedene Schaftformen, wobei mir beim Schweinsrücken mit bayrischer Backe immer das Wasser im Munde zusammenlief. Und wie nah man alles heranzoomen konnte! Zielfernrohre sind mit verschiedenen Absehen erhältlich – dem Fadenkreuz, das ich vom sonntäglichen Tatort kannte. Ballistik und Munitionskunde waren für mich völlig neu, und ich stellte erstaunt fest, dass Männer sich tatsächlich stundenlang über Munition unterhalten können. Es wird gefachsimpelt, als wären die Patronen Autos. Da musste ich doch mitreden können, schon von Berufs wegen. So lernte ich eifrig Geschosstypen, deren Gewichte und Eigenschaften und wofür sie idealerweise eingesetzt werden sollten. Ebenso den Unterschied zwischen Voll- und Teilmantelgeschossen und dass es in der Jagd darum geht, gemäß der Vorgabe des Tierschutzes unnötiges Leid zu verhindern. Teilmantelgeschosse entfalten ihre Energie zerstörerisch im Wildkörper, so dass der Tod schnellstmöglich eintritt. Anders ist es im Krieg, wo man den Gegner mit vielen Verletzten, um die er sich kümmern muss, schwächen will und deshalb Vollmantelgeschosse verwendet. Diese verursachen einen glatten Durchschuss oder bleiben stecken und lassen den Getroffenen waidwund zurück. Bedauerlicherweise gilt im Krieg die Genfer Konvention und nicht das Tierschutzgesetz.

Bei der Jagd wird versucht, mit Teilmantelgeschossen einerseits Tiere möglichst schnell und sicher zu töten und andererseits einen deutlich sichtbaren Ausschuss zu erzeugen. An Schnitthaar, Blut und Gewebeteilen, die am Anschuss, dem Tatort, hinterlassen werden, erkennt die Jägerin, wo sie das Wild getroffen hat, und kann beurteilen, wie weit es noch laufen wird. Idealerweise ist diese Strecke sehr kurz, da der Schuss schnell tödlich war. Anders als beim Schießen in den Kopf mit einem Bolzenschussgerät im Schlachthof laufen bei einem Schuss ins Herz oder in die Lunge viele Tiere trotz absolut tödlicher Verletzung noch einige Meter. So etwas hörte ich nicht gern. Aber so ist es nun mal – solange das Gehirn noch durchblutet wird, läuft man um sein Leben. Ich hatte selbst einmal einen geköpften Gockel gesehen, der um den Misthaufen gerannt war. Viele Unterrichtsstunden auf der Jägerschule befremdeten mich oder bereiteten mir Unbehagen. Ich stamme aus keinem Jägerhaushalt und habe auch nicht bei der Bundeswehr gedient. Meine Eltern waren unter Nazis aufgewachsen, überzeugte Pazifisten und aktiv in einer Gesellschaft für angewandte Tiefenpsychologie. Und nun hielt ich eine Waffe in der Hand und stellte zu meiner Verwunderung fest, dass mich diese Technik faszinierte. Besonders gefielen mir die Langwaffen, also Gewehre: Büchsen, Flinten, Repetierer, Drillinge, die dreiläufigen Gewehre – eben die männlich-kraftvolle Yang-Energie, die sie für mich ausstrahlten. Winnetou und Old Shatterhand, die Silberbüchse, der Henrystutzen – feinmechanische Präzisionswerkzeuge, die auch Abenteuer und Freiheit versprachen. Wahrscheinlich wäre es für mich genauso aufregend gewesen, hätte man mir einen Bagger oder einen Panzer vor die Tür gestellt, eine Maschine, ein Werkzeug, das ich gern ausprobieren wollte. Auch die Verarbeitung gefiel mir. Die schönen Maserungen des Holzes, wie gut die Waffen in der Hand lagen, das Patronenlager, die Geräusche des mechanischen Repetierens.

Während ich in der Jägerschule mit meiner Begeisterung in bester Gesellschaft war, merkte ich schnell, dass ich mich in meinem Privatleben zurückhalten musste. Ich versuchte einige Male, meine Anziehung zu erklären, scheiterte jedoch immer. Mehrfach hörte ich, dass das nicht zu mir passe, ich wurde schon mal scheel angeblickt. Noch sagte ich: »Ich will ja gar nicht wirklich schießen.« Wenngleich ich mir da nicht mehr so sicher war. War es die neue Bezugsgruppe, die meine Werte veränderte, oder die Faszination an der Waffentechnik? Ich weiß es nicht.

Schließlich kam der erste Praxistermin auf dem Schießstand. Wir begannen am Hundertmeterstand mit dem Schießen auf eine Zielscheibe. Es ging darum, ins Schwarze zu treffen, zuerst aufgelegt am Tisch sitzend, ähnlich der Situation auf einem Hochsitz, wo man die Waffe stützen kann, durchs Zielfernrohr schaut, scharf stellt – und dann pocht das Herz. Die Waffe liegt an der Schulter, und auf die Distanz können Atmung und Herzschlag mehrere Zentimeter Abweichung vom Zielpunkt ausmachen. Ich lernte schmerzlich die Wucht des Rückstoßes kennen, der einem kräftig gegen die Schulter schlägt. Und ich lernte mich selbst neu kennen. Die Ruhe, die nötig ist, um zielgenau zu schießen, sie fehlte mir. Ich wollte sie erlernen. Wenn ich jemals auf ein Tier schießen würde, musste ich davon überzeugt sein, es tödlich zu treffen, ihm Leid zu ersparen. Als Zweites schossen wir angestrichen, also im Stehen angelehnt wie zum Beispiel an einen Baum, als Drittes auf Tontauben, und zwar mit Schrot. Das erinnerte mich ein wenig an Tennis, ich fand es sportlich. Wenn ich traf und die Tontaube zerschellte, spürte ich die Belohnungshormonausschüttung. Mit Schrot zu schießen ist so ähnlich wie mit Sand zu werfen, es wird breit gestreut. Wenn man auf schnell bewegliche kleine Tiere schießt wie Enten oder Fasane oder Kaninchen, hat man eine bessere Chance zu treffen. In die Luft darf man nur mit Schrotkugeln schießen, weil sie nicht so weit fliegen. Bei jedem Schuss mit Büchsenmunition muss ein Kugelfang vorhanden sein. Es muss sichergestellt sein, dass die Kugel, die einige Kilometer weit fliegen würde, kontrolliert im Boden landet, also »gefangen« wird. Auch deshalb bauen die Jäger Hochsitze, weil sie so von oben nach unten schießen. Es geht also nicht um das Panorama, sondern um den Kugelfang.

Ich sitze auf meinem Hochsitz und bewache die Bäume des Waldes, der mir nicht gehört. Manchmal verharre ich mehrere Stunden und entdecke kein Tier, keine Bewegung. Als hätten sich alle Waldbewohner gegen mich verschworen. Das liegt vielleicht am Wind, der meine Kennung zu den richtigen Multiplikatoren trägt, die alle anderen vor mir warnen, so wie zum Beispiel der Eichelhäher, Wächter des Waldes.

Manchmal sitze ich kaum, und schon raschelt es im Unterholz. Ich habe meinen Rucksack noch gar nicht verstaut oder die Waffe geladen, die ich immer mit mir führe. Weil man ja nie weiß. Bisher ist mir nichts Derartiges passiert, aber ich vertraue den Erzählungen anderer, und die haben es hin und wieder bereut, unbewaffnet angesessen zu sein. Auch wenn ich nur Wild beobachten möchte, kann mir ein leidendes Tier begegnen, das ich erlösen wollen würde. Einen räudigen Fuchs zum Beispiel, ein Reh mit gebrochenem Bein, und kein Tierhalter ist zuständig wie bei einem Haustier und bringt es zum Tierarzt.

Egal, ob ich lange warte oder sich gleich etwas rührt – das Erlebnis ist immer aufregend und spannend. Das hat nicht unbedingt mit dem Schießen zu tun, denn meistens schieße ich nicht. Es ist wie im Theater, ich bin live dabei. Das Vogelgezwitscher ist genauso laut wie das hundertfache Zwiegespräch im Zuschauerraum, bevor sich der Vorhang öffnet. Dann wird das Licht gedimmt, und der Ausschnitt, den ich zum Beispiel beim Sitz in einer geschlossenen Kanzel habe, wie hüttenähnliche Hochsitze heißen, entspricht dem auf einer Theaterbühne bei einer Shakespeare-Aufführung: Das Gezwitscher im Wald von Birnam wird leiser, immer weniger Stimmen erklingen, bis auch der Letzte alles gesagt hat, meist ist es das Amselmännchen, dann ist es still. Lange. Ich höre nur meinen Atem. Da kommt etwas gemächlich von rechts, verweilt in der Mitte und läuft eilig ab nach links. Weil jemand anders sich nähert. Wer könnte das sein? Der unbesiegbare Macbeth, ein Dachs nur oder etwa der Gehörnte? Wann immer ich angesessen bin, ich wurde reich beschenkt. Die Zeit auf dem Hochsitz ist eine besondere. Irgendwie aus der Zeit gefallen und gleichzeitig so präsent wie sonst selten. Und ich bin jedes Mal gottfroh, dass alle Bäume an ihrem Platz bleiben.

Das Kitz bekommt einen Namen

Franziska und Karl bauten vor ihrem Haus ein Gehege aus Maschendrahtzaun für das Kitz, der mit der Zeit aufgestockt wurde. Wenn ich meine Schichten fuhr, lag das Kitz im Schatten unter einem roten Sonnenschirm, und Moll leistete ihm Gesellschaft. Gern wäre ich bei ihm geblieben, weniger wenn ich unterwegs auf den Straßen arbeitete, mehr wenn ich Pressetermine zu absolvieren hatte, die mit längerer Abwesenheit von zu Hause verbunden waren. Ich erzähle gern von meinem beruflichen Alltag. Die Presse interessierte sich jedoch meistens weniger für technische Probleme als für meine Wirkung auf Männer. »Haben Sie auf der Straße schon einmal einen Heiratsantrag bekommen?«, war eine beliebte Frage. Ja, das hatte ich tatsächlich, von einem Havaristen Baujahr 1925. Ach, ich wäre viel lieber beim Reh gewesen, anstatt in Fernsehstudios und Radiosendern zu sitzen. Ich schaute und hörte mir keinen einzigen meiner Auftritte an, was wiederum meine beste Freundin Hob nicht verstand. Aber wieso sollte ich das tun – sie und andere wachten ja über meine Öffentlichkeitsarbeit, und was ich gesagt hatte, das brauchte ich mir nicht noch mal anzuhören. Und womöglich wäre es mir einfach nur peinlich gewesen, mich von außen zu sehen, wo ich mich doch normalerweise von innen wahrnehme. Außerdem verbrachte ich meine Zeit lieber mit dem Reh. Das übrigens sehr gern fernsah, und zwar auf dem Kanapee mit Karl. Der interessierte sich nicht so sehr für Fußball, wie es das Rehkitz offensichtlich tat, das auf die Mattscheibe blickte, wie auch Franziska. Einmal kam ich von einer Schicht und schaute durch das Fenster in die Stube. Was für ein Bild – mein persönliches Sommermärchen, auch wenn das offizielle schon vier Jahre vorher stattgefunden hatte. Tor für Deutschland – Halbfinale! Das Reh gähnte. Nicht aus Müdigkeit, sondern wahrscheinlich eher als Übersprunghandlung, so wie man es von Hunden kennt. Wie sollte unser Rehkitz sonst auch auf den Freudenschrei Franziskas reagieren.

Eines Tages verabschiedete ich mich gerade von Franziska, um meinen Dienst anzutreten, als der Rehkitzfinder Jakob mit seinem Vater vorbeikam.

»Wie heißt es denn?«, fragte mich der Kleine.

»Reh«, sagte ich.

Er blickte verwirrt.

»Was meinst du denn?«, fragte ich ihn.

»Du hast es schließlich gefunden«, bestärkte Franziska.

»Schneewittchen«, erwiderte der kleine Jakob wie aus der Pistole geschossen.

»Genau!« Franziska und ich schauten uns an. »Schneewittchen heißt es.«

»Dann fehlen nur noch die sieben Zwerge«, grinste Karl.

Das kann ich meinem Chef nicht erklären, dachte ich, sieben Spontanzwerge, und fuhr zum Dienst.

In der nächsten Woche erschien Jakobs Kindergarten bei Franziska, um das Reh zu besuchen, und schließlich kam auch noch eine Reporterin und verfasste einen Artikel für die hiesige Zeitung. Einerseits fand ich das gut, denn ein Reh kann gar nicht genug Freunde haben. Andererseits befürchtete ich, zu viel Besuch könne Schneewittchen überfordern. Doch Franziska passte gut auf, obwohl sie wie ich ziemlich übermüdet war. Wir fütterten nach wie vor alle zwei Stunden und hatten großes Glück, dass Schneewittchen, als der Bann gebrochen war und es endlich trank, bereit war, seine Flasche von verschiedenen Personen anzunehmen. Dies stellt, wie ich heute weiß, eine Ausnahme dar. Im Normalfall nimmt das Rehkitz nur von einer Person die Flasche und verhungert eher, als sich von mehreren Menschen füttern zu lassen.

Kurioserweise waren Schneewittchens Ziehmütter, es kamen noch zwei weitere hinzu, Margot, die extra aus Oberhausen anreiste, und Hob aus München, alle kinderlos. Wir waren Weicheier, nicht belastbar. Ich dachte mir, dass ich ohnehin lieber Vater wäre. Schon wegen des Männerschnupfens. Da darf man warm duschen und sich tagsüber ins Bett legen.

Solange man keine Kinder hat, kreist das Leben vor allem um einen selbst. Das Thema Selbstverwirklichung, wie hole ich für mich das Maximum heraus, spielt die Hauptrolle, privat und beruflich. Dabei kann man sich durchaus in sozialen Projekten engagieren. Aber es geht um einen selbst, auch in der Partnerschaft ohne Kinder stehen zwei Selbste im Vordergrund – und sich auch mal im Weg. Es wird ausbalanciert zwischen Freizeit und beruflicher Karriere. Mit Kindern verändern sich die eigenen Bedürfnisse und Gefühle. Mein Kollege Raoul gestand mir unter vier Augen bei einem Bier: Erst seit ich Vater bin, weiß ich, was Angst ist.

Sie schwingt immer mit. Alles dreht sich um die Kleinen, und die Sorge, dass ihnen etwas zustoßen könnte, ist tief in der Liebe zu ihnen verwurzelt. Sie zu beschützen und Leid von ihnen fernzuhalten bedeutet für viele Eltern Selbstverwirklichung. Er sprach mir aus der Seele.

Und gibt es ein leuchtenderes Glück, als seine Kinder glücklich zu sehen, sie zu beobachten beim Spielen, Entdecken der Welt? Warum soll ein Tierfreund, dem dasselbe widerfährt, ein Sonderling oder gar Spinner sein?

Am Nachmittag hatte ein schönes Sommergewitter den Himmel verdunkelt, nun klarte es auf. Vogelmännchen schüttelten sich aufgeplustert dicke Tropfen aus dem Gefieder und trällerten noch ein Liedchen, ehe der Tag sich zur Nacht neigte. Das nasse Gras dampfte, die Sonne brach aus den abziehenden Wolken und leuchtete rotorange am Horizont über dem Bodensee. Schneewittchen, Moll und ich stapften durch die Wiese und atmeten die abgekühlte Luft. Moll, der sich in der schwülen Hitze tagsüber unter dem VW-Bus aufgehalten hatte, genoss den Temperatursturz sichtlich. Das kleine Reh war nun auch hellwach und prüfte die Umgebung – ja, die Luft war rein! Dann begann es seine drolligen fünf Minuten mit einem Spurt den Hang hinauf. Oben angekommen, machte es einen Freudensprung mit allen vier Beinen und startete los, seinen eigenen Schnelligkeitsrekord zu überbieten. Moll verbeugte sich – seine Spielaufforderung –, Schneewittchen deutete eine Kopfattacke an, dann peste sie wie vom Glück gestochen in großen Kreisen um uns herum, bis sie hechelte und ihr kleines Rehherz raste.

Regenritt

Meine Mutter war beunruhigt, als ich ihr am Telefon von meinem Neuzugang erzählte. Sie konnte meine Verzückung nicht nachvollziehen. So war es schon immer gewesen. So war es bei den Lämmern, die der Schäfer brachte, den aus den Nestern gefallenen Vögeln, den Hunde- und Katzenbabys, und auch die Geschichte mit meinem Pferd Julante begann schwierig. Ich wollte unbedingt verhindern, dass es zum Schlachter kam, nur weil es nicht so leicht zu reiten war, wie man sagte, und es retten. Als meine Oma starb und ich etwas Geld erbte, verfügte ich über den Schlachtpreis. Ich war zwölf Jahre alt und bettelte so lange bei meinen Eltern, bis meine Mutter mich zu dem Besitzer Julantes fuhr. In meinem Turnbeutel steckten tausend Mark in blauen Hundertern und braunen Fünfzigern. Unterwegs hielten wir am Stall, wo Julante untergebracht war. Schon damals legte ich Wert auf eine Probefahrt. Ich wollte unbedingt wissen, ob ich Julante würde reiten können. Das Pferd war monatelang einsam in einer Box gestanden. Es regnete in Strömen, war stürmisch und kalt, und zwischen den Feldern floss das Wasser in schlammigen kleinen Bächen.

»Sollen wir nicht besser morgen…?«, fragte meine Mutter.

Ich stieg aus dem Wagen und lief zum Stall, wo ich Julante ein Halfter umlegte. Meiner Mutter zum Gefallen wollte ich sie in der Halle reiten. Dazu führte ich Julante quer durch das Dorf. Meine Mutter fuhr mit dem Auto hinterher. Julante, eine braune Stute mit schwarzer Mähne, einer Blesse und weißen Fesseln, tänzelte im Sturm nervös neben mir. Mit ihren einmetersechzig überragte sie mich deutlich. Als sie die anderen Pferde in den Boxen bei der Reithalle entdeckte, konnte sie nach der langen Isolationshaft nicht mehr an sich halten und preschte voller Freude los, wobei sie mir im Überschwang in den Bauch trat. Meine Mutter hinter der Windschutzscheibe erbleichte, als sie ihre Tochter wie ein Taschenmesser zusammenklappen sah. Schnell klappte ich mich wieder auf und rannte dem Pferd hinterher, meine Mutter mir hinterher. An der Reithalle trafen wir uns, beide klitschnass. Meine Mutter tat mir leid. Sie sollte nicht noch nasser werden. Und letztlich war es mir auch egal, ob ich Julante reiten würde. Hauptsache, ich rettete sie vorm Pferdemetzger. »Okay, ich nehme es«, sagte ich. »Fahren wir jetzt weiter zum Besitzer, und ich gebe ihm das Geld?«

Ich war zwölf. Meine Mutter kannte mich schon eine Weile. Wenn ich mich für ein Tier entschieden hatte, war ich stur wie ein Esel. Da meine Eltern ihren Erziehungsstil kurz vor meiner Geburt auf antiautoritär umgestellt hatten, durfte ich das sein. Ich bin dankbar, dass ich als Kind nie geschlagen wurde. Was heute verpönt ist, war in meiner Jugend gang und gäbe. Viele meiner Schulkameradinnen und -kameraden bekamen zu Hause Prügel, und wenn eine Mutter im Supermarkt ihr Kind ohrfeigte, regte sich niemand darüber auf. Das war normal, so wie auch Lehrer früher – andersrum als heute – ihren Schülern Gewalt antaten. Meine Tiere habe ich alle ziemlich gewaltfrei erzogen. Ich schreibe hier bewusst ziemlich, weil sich die Definition von Gewaltfreiheit in den letzten Jahrzehnten verändert hat. Früher war es normal, mit Trense zu reiten. Heute gibt es Stimmen, die dies als Gewalt am Pferd bezeichnen. Jedoch habe ich immer mit einem Leiden mitgefühlt, das einem Geschöpf angetan wurde, soweit ich es als Leid erkennen konnte. Je älter ich geworden bin, desto feiner hat sich dieses Empfinden ausgeprägt, und es bereitet mir oft schon großes Unbehagen, wenn jemand beispielsweise seinen Hund anbrüllt. Das ist nicht nötig, zumal ein Hund ja deutlich besser hört als ein Mensch. Julante hat sich für meine Rettung später sozusagen mit einem Geschenk bedankt. Was niemand wusste: Sie war trächtig und überraschte mich mit einer Spontangeburt. Zu meiner großen Freude und der Unfreude meiner Eltern hatte ich also bald zwei Pferde – und den Hund und die Katze und Vögel, die Meerschweinchen, die Kaninchen, die ihrem Ruf Ehre machten und sich reichlich vermehrten, sowie die Lämmer. »Wir sind eine Tierarztpraxis, kein Zoo«, sagte mein Vater, ließ mich jedoch gewähren: »Solange du dich verantwortungsbewusst um die Tiere kümmerst.«

»Das mache ich, Papa«, versprach ich.

Mein Vater war der Ansicht, man solle seinen Beruf nicht zum Hobby machen. Als Tierarzt wollte er privat keine Tiere halten. Meine Mutter interessierte sich nicht für Tiere. Sie war ausgelastet mit ihren vier Kindern und der Praxis, die rund um die Uhr geöffnet hatte, was bedeutete, dass sie das Telefon bewachte. Das Wandtelefon hielt sie kurz. Hin und wieder übernahm ich den Telefondienst. Mein älterer Bruder und meine noch ältere Schwester waren bereits groß und viel unterwegs. Mein Bruder hatte sogar schon Besuch von Mädchen, während mein jüngerer Bruder noch zu klein war, um den Hörer vom Wandtelefon abzuheben. Eines

Tages modernisierten wir. Meine Eltern kauften ein Alibiphon aus Amerika, ein riesiges Gerät mit Tonband, der Vorläufer des heute schon wieder aus der Mode gekommenen Anrufbeantworters. Etwas später schafften meine Eltern Funkgeräte an, und meine Mutter dirigierte meinen Vater aus der Ferne in seinem Einsatzfahrzeug zu Notfällen. Heute denke ich manchmal, dass ich zu meinen Wurzeln zurückgekehrt bin. Auch ich bin mit meinem Einsatzfahrzeug unterwegs und erhalte die Adressen meiner »Patienten«, den kranken Autos, von einem Disponenten. Und regelmäßig telefoniere ich mit meiner Mutter. So wie auch in den Tagen, nachdem ich Schneewittchen unter meine Fittiche genommen hatte.

»Mama, ich hab ein Rehkitz gerettet.«

»Ach herrje!«, seufzte sie. »Hast du schon jemanden gefunden, der es aufzieht, Susa? Gibt man so etwas denn nicht ins Tierheim? Oder bringst du es zum Jäger?«

»Mama, ich bin der Jäger.«

»Ach ja, das habe ich vergessen. Aber du kannst doch kein Reh aufziehen. Du musst in die Arbeit. Du hast Schichtdienst. Du siehst doch sowieso kaum noch Freunde mit deinen vielen Spätschichten. Und du hast auch keinen Stall.«

»Mama, das Reh ist im Haus.«

»Nein!«

»Doch.«

»Aber das ist doch unhygienisch!«

»Dank Glitzischwamm ist es stubenrein. Es schläft im Hundekorb«, log ich ein bisschen. Zwar ruhte es jetzt gerade im Hundekorb, doch nachts lag es in meinem Bett auf einer Gummiunterlage mit Decke drüber. Franziska hatte

70

das nicht nur für ihr Kanapee, sondern ungefragt auch gleich für meinen Haushalt besorgt.

Meine Mutter hatte große Bedenken. »Aber wenn du Besuch bekommst! Und jetzt, wo du wieder allein bist. Da musst du doch mal ausgehen, unter Leute. Du gehst doch gern aus. Kino, Theater.«

»Mama, das war früher. Ich gehe eigentlich nur noch in den Wald, und da kann ich das Reh mitnehmen.«

»Bist du sehr traurig wegen der Trennung, meine Tochter?«

»Welche Trennung? Ich habe das Reh doch ganz neu.«

Meine Mutter schwieg eine Weile. »Und wie heißt es?«, fragte sie schließlich, meine liebe Mutter, die sich letztlich mit allen meinen Haustieren abgefunden hatte.

»Schneewittchen«, sagte ich.

»Ein schöner Name«, erwiderte sie versöhnlich. »Aber weißt du, Susa. So ein kleines Kitz, für das du verantwortlich bist, das du jetzt ins Herz schließt. Es ist ein Wildtier. Das kannst du nicht für immer im Haus behalten.«

»Das will ich auch nicht. Wenn es größer ist, lasse ich es frei.«

»Kannst du das denn? Wenn man sein Herz an so ein Wesen hängt. Das ist nicht einfach.«

»Es soll im Wald leben«, sagte ich und klang ein klein wenig trotzig.

»Die Sorgen, die man sich macht«, sagte meine Mutter. »Wenn es nachts nicht nach Hause kommt. Wenn es Dinge tut, die einen beunruhigen. Wenn man glaubt, man wüsste es besser, das aber nicht sagen darf. Wenn man weiß, dass man es ziehen lassen muss eines Tages, und es kommt einem vor, als würde einem ein Stück vom Herzen aus dem Leib gerissen.«

71

»Aber ich bin doch nicht aus der Welt, Mama«, sagte ich.

»Vielleicht besuchen wir dich in diesem Jahr einmal«, stellte sie in Aussicht.

»Das wäre schön«, entgegnete ich. »Dann lernst du auch Schneewittchen kennen.«

Aus der Tierarztpraxis

Die Liebe steckt voller Widersprüche, so auch die Tierliebe. Wir verwöhnen unsere Haustiere, Hund und Katz, und freuen uns vielleicht über das Schnäppchen günstigen Schweinefleisches, dessen Existenz Ergebnis einer grauenvollen Leidensgeschichte ist. Tieren, mit denen wir persönlich in Kontakt sind, denen wir einen Namen geben, gestehen wir Gefühle zu, Labormäusen und Stechmücken nicht. Oder erst, wenn wir ihr Schicksal an uns heranlassen? Alles, was einen Menschen berührt, beurteilt er anders. Das ist auch ein Grund dafür, weshalb Folterberichte aus der Schweinemast in der Zeitung überblättert, kritische Reportagen im Fernsehen weggezappt werden. Man möchte kein schlechtes Gewissen, man will das nicht sehen, davon kriegt man bloß Albträume, und außerdem müsste man sein Verhalten ändern, was man eigentlich nicht will, also lieber nicht hinschauen, lieber nicht so nah ranlassen – das ist der bequeme, der Gewissen schonende Weg.

Viele Menschen lieben Tiere aufrichtig und würden sich zweifellos als Tierschützer bezeichnen, sie können an keinem Kätzchen vorbeigehen, ohne es zu streicheln, sie bekommen nasse Augen, wenn sie von einem überfahrenen Eichhörnchen hören – und doch kaufen sie Produkte, für deren Herstellung Tiere unsäglich leiden müssen. Das ist ein Dilemma, in dem wahrscheinlich nur die Veganer klar Stellung beziehen. Das wäscht manche von ihnen aber trotzdem nicht rein von Schuld, denn wer selbst schon versucht hat, Salat im eigenen Garten anzubauen, weiß, dass er möglicherweise mehr Tierleben auf dem Gewissen hat als jemand, der sich von Schweizer Wurstsalat ernährt. Auch Schnecken sind Geschöpfe des Herrn, gerade weil sie nackt und unschuldig sind wie Adam und Eva im Paradies. So stellen nicht wenige Veganer das Beeten schließlich ein. Natürlich taucht dabei auch die Frage auf, ob es nicht vielleicht naiv ist anzunehmen, man könne mit weißer Weste durchs Leben gehen.

Mit dem Dilemma des Tierschutzes bin ich groß geworden. Es gab nichts Schöneres für mich, als meinen Vater, den Landtierarzt, zu begleiten. Vieles in den 1970er-Jahren in Stapelholm, einer norddeutschen Moorlandschaft, erinnert sehr an den »Doktor und das liebe Vieh« von James Herriot aus Yorkshire.

Die Besuche auf den abgelegenen Bauernhöfen mit schrulligen Bewohnern habe ich teils idyllisch, teils auch grausam in Erinnerung. Seinerzeit herrschte unter den Erwachsenen die Meinung, dass Tiere, da sie kein Bewusstsein hätten und nicht denken könnten, auch keinen Schmerz wie wir empfänden. Tiere hatten höchstens Instinkte, keine Gefühle. Man bezog sich auf den Philosophen Descartes, der das im 17. Jahrhundert gewusst haben will, und deshalb konnte man Hunde bei lebendigem Leib aufschneiden und entsetzliche Grausamkeiten an Tieren vollbringen, die womöglich heute noch in der Schmerzforschung fortgesetzt werden, was ich nun wiederum gar nicht so genau wissen will, weil ich es nicht aushalten kann. Als mein Vater an der tierärztlichen Hochschule in Hannover studierte, forschten die Behavioristen am Verhalten und Empfinden der Tiere. Ihre methodischen Möglichkeiten waren beschränkt, denn sie beurteilten das Verhalten der Versuchstiere am Maßstab Mensch. Da Tiere wenig mimische Reaktionen zeigen und ihrem Leid oft keinen für uns sichtbaren oder hörbaren Ausdruck verleihen, weil sie entweder für unsere Ohren stumm sind wie Fische am Haken oder sich aus Eigenschutz Schmerzensschreie verkneifen, damit ihre Feinde nicht auf sie aufmerksam werden, schloss man daraus, sie würden körperlichen Schmerz nicht bewusst wahrnehmen, also nicht spüren. Von seelischen Schmerzen wie Trauer und Angst ganz zu schweigen. Als wäre dies der so genannten Krone der Schöpfung vorbehalten.

Diese in heutiger Zeit unfassbar grausame und beschränkte Sicht, die schon rein methodisch der Ehre eines Wissenschaftlers unwürdig ist, führte sogar dazu, dass auch Kleinkindern, Babys, die sich ebenfalls nicht bewusst ausdrücken können, Schmerzempfinden abgesprochen wurde. Und so wurden standardmäßig bis in die 1980er-Jahre zahlreiche Eingriffe ohne Betäubung an Säuglingen durchgeführt, auch Herztransplantationen ohne Narkose, allein mit Muskeln lähmenden Medikamenten. Erst nach und nach kam man auf die Idee, sein eigenes Herz einzuschalten und am Gesichtsausdruck eines Säuglings schon bei der vergleichsweise harmlosen Blutabnahme, am Klang seines Schreiens, auf Schmerz zu schließen, so wie es Tiere auch tun, die ja nicht in Menschensprache kommunizieren können, sondern sich von ihrer Empathie leiten lassen. Kinder sind häufig mitfühlender als Erwachsene, besonders wenn es um das Leid der Tiere geht. Doch Kinder möchten auch schnell groß sein und imitieren die Erwachsenen. So versuchte ich, meinen Kummer zu verbergen, wenn ich meinen Vater begleitete. Ich wollte dazugehören, ebenbürtig sein, ein ganzer Kerl mit meinen fünf, sechs Jahren.

Ich liebte es, mit meinem Vater zu den Höfen der Bauern zu fahren und als seine Assistentin zu helfen, kranke Tiere zu behandeln. Oft rannte ich schon voraus in den Stall, suchte die kranke Kuh, das kranke Schwein, begutachtete seine Symptome und stand bereits mit dem Medikament der Wahl bei der Krankheit Rotlauf, der großen Flasche Rotlaufserum, und der Spritze am Koben, wenn mein Vater im Gespräch mit dem Bauern den Stall betrat. Niemals kletterte ich alleine in einen Schweinekoben, denn das hatte man mir früh schon eingebläut: Schweine fressen kleine Kinder, und so manches Bauernkind sei auf diese Weise abhandengekommen.

Oft saß ich schweigsam neben meinem Roth-Händle rauchenden Papa auf einem schmutzigen Gatter und beobachtete einen Jungbullen, der nicht mehr fraß oder apathisch in der Ecke stand. Das war unsere Art der Anamnese, der Patientenbefragung – schauen, wahrnehmen. Mein Vater war stolz auf seine Tochter und hatte mich gerne dabei. »Was mach ich nur, wenn du zur Schule gehst?«, fragte er so manches Mal. Mein »will to please« wurde allseits geschätzt. Als Labrador hätte ich damit Dummie-Wettkämpfe gewonnen, als Mensch macht man so nur als Kind Karriere. Später zählen Biss und Draufgängertum – was scheren mich die anderen und ihre Meinungen.

Am liebsten mochte ich die Kaiserschnitte bei Kühen. Das hatte den einfachen Grund, dass der Kuh eine örtliche Betäubung spendiert wurde, die mit einer langen löchrigen Nadel in Bauchdecke und Rücken eingebracht wurde. Operationen an Kühen und Pferden versucht man, wenn irgend möglich, im Stehen durchzuführen. Auf der Seite liegen ist für große Vegetarier lebensgefährlich. Ihr Darm ist oben sozusagen frei schwingend aufgehängt, so dass sich das beim Zersetzen der Nahrung bildende Gas mithilfe der Darmperistaltik Richtung Ausgang bewegen kann. Wird diese Bewegung im Liegen abgeklemmt, führt das rasch zu Koliken. Wenn die Tiere bei Operationen betäubt wurden, konnte ich mich entspannen und meinem Vater konzentrierter assistieren, als wenn ich den Schmerz eines Tieres wahrnahm. Es machte mir nichts aus, das viele Blut zu sehen, solange die kalbende Kuh keine Schmerzen litt. Sie stand da mit trübem Blick, während mein Vater den Kuhbauch mit rosafarbener Seife wusch und zwei lange Streifen Fell abrasierte. Mit dem Skalpell schnitt er einen Spalt in den Bauch, so dass man in die dunkle Höhle hineinschauen konnte. Als Nächstes wurde die in der Bauchhöhle befindliche Gebärmutter aufgeschnitten, das süße Kälbchen nach oben herausgezogen und die Nabelschnur mit einer schmalen Gripzange abgeklemmt und dann durchtrennt. Ich glaubte damals, Tiere könnten nicht auf natürliche Weise gebären, nur mit menschlicher Unterstützung – sie brauchten meinen Vater, den ich bewunderte, weil er ihnen half.

Wenn das Kälbchen entschleimt war und atmete, wurden einige riesige Antibiotika-Tabletten in die Gebärmutter geworfen, die mit zwei Wäscheklammern an der Außenhaut der Kuh festgeklemmt war, um nicht unkontrolliert im Inneren des Tieres zu verschwinden. Zum Schluss wurde zugenäht, die Oberhaut mit Krampen zusammengeheftet und alles großzügig mit nicht FCKW-freiem Blauspray versiegelt.

Das Abreiben des Neugeborenen mochte ich sehr gerne. Es gefiel mir, wie der kleine nigelnagelneue Leib nach kurzer Zeit schon seine ganze Kraft zusammennahm und unbedingt aufstehen wollte. Dass das neugeborene Kalb seine Mutter nie mehr wiedersehen würde und diese, wenn sie wieder bei Sinnen war, gleich von Sinnen war vor Kummer über das verlorene Kalb und lange und markerschütternd nach ihm rief, das fanden damals alle normal. Es wird bis heute so gehandhabt in Betrieben, die von Milcherzeugung leben.

Weniger mochte ich die Geburtshilfen, bei denen das Kalb mit einem sogenannten Geburtshelfer aus der Kuh herausgezogen wurde. Manchmal rissen zwei Männer an den Stricken, die an die Vorderbeine des Kälbchens geknotet wurden. Wenn das nicht zum Erfolg führte, wurde mit dem Gesetz des Hebels angegriffen. Die Kühe schrien erbärmlich. Narkose gab es in diesem Fall keine. Heute weiß ich, dass 10 Nm die richtige Kraft gewesen wäre, die den Wehen der Kuh entsprochen hätte. 10 Nm ist sehr wenig, mit dieser Kraft zieht man die Glühkerzen in weichen Aluminiumzylinderköpfen an. Automechaniker gehen sanfter mit den ihnen anvertrauten Maschinen um als damalige Landwirte mit ihren lebenden Milchmaschinen. Weil man annahm, dass es viel Kraft brauchte, um so ein Kalb aus der Kuh zu sprengen, war das Männerarbeit. Nie sah ich Bäuerinnen die Geburten begleiten, dabei wären sie die erfahreneren Hebammen gewesen.

Als ich Kind war, durften die meisten Kühe im Sommer auf die Weide und wurden dort in mobilen Melkständen gemolken.

Oft fuhren wir zu den Koppeln und behandelten die kranken Tiere dort. Das Gras stand saftig grün unter einem weiten Himmel, an dem die Wolken dauernd ihre Gestalt änderten. Ein Wind, der seinen Namen verdient, kein bayerisches Lüfterl, wehte stetig, und Schwalben und große Wiesenweihen flogen spektakuläre Muster in den Himmel. Klauenverletzungen, Euterentzündungen, Eiterbeulen am Kiefer, die aufgeschnitten werden mussten. Das Skalpell war schnell zur Hand, während mit Schmerzmitteln oder gar Narkose äußerst sparsam umgegangen wurde. Entzündete Striche, so nennt man die Zitzen der Kuh, wurden mit einem Schnitt einfach abgetrennt, danach Blauspray drauf, damit der grauenhafte Schmerz nicht so schnell nachlässt. Blauspray war das Wundermittel, auch nach der narkosefreien Kastration von Bullen und Ferkeln. Hin und wieder bekam ein Tier, das sein Glück sicher nicht ermessen konnte, davor eine Spritze in die Hoden und zack, weg damit und Blauspray drauf.

Pferden wurde häufig die sogenannte Nasenbremse angelegt. Dabei wird ihnen trickreich in ihre sehr empfindliche Nase gekniffen. Gut, dass diese unsittlichen Bräuche heute ausgestorben sind. Tatsächlich? Völlig fassungslos sah ich vor Kurzem im Fernsehen, dass diese grausige Praxis noch immer angewendet wird, wenn Stuten nicht gedeckt werden wollen. Legale Vergewaltigungen zum Zwecke der Zucht und zur Freude der Pferdebesitzerin.

Ich liebte meinen Vater sehr. Morgens, bevor wir unsere Tour starteten, hielten wir oft am Fluss und badeten. Ich klammerte mich an den starken Rücken meines Vaters, und wir wasserten wie ein vom Stapel laufendes Schiff. Er schwamm Delfin, und ich ritt in seinen Wellen hinüber zum anderen Ufer. Damals wollte ich, wenn ich mal groß bin, wobei ich mich bereits für groß hielt, Tierärztin werden. »Lass das lieber bleiben«, sagte mein Vater. »Es ist ein undankbarer Beruf. Außerdem akzeptieren die Bauern keine Frauen. Die Arbeit ist auch zu hart.« Sicher widersprach ich. Doch wenn der Papasegen fehlt, ist erst mal die Luft raus. Außerdem hatte er natürlich Recht – so war das damals. Heute gibt es viele Tierärztinnen, die das Berufsbild stark verändert haben. Manchmal frage ich mich, was mein Vater, wenn er noch am Leben wäre, wohl zu mir als Gelbem Engel sagen würde. Wenn es nach ihm gegangen wäre, hätte ich Psychoanalytikerin werden sollen. Dass ich statt Seelen- Autoklempnerin werde, das hätten wir beide sicher nicht geglaubt.

Der Wolf und das Geißlein

Franziska und ich ließen Schneewittchen bis zum Herbst nie allein draußen, nur unter Aufsicht. Nach wie vor unterstützte uns Manu. Wenn keine von uns Zeit hatte und auch kein Besuch bei mir war, der das Reh hütete, lag Schneewittchen unter dem roten Sonnenschirm in ihrem Gehege. Wann immer ich es ermöglichen konnte, unternahmen wir zu dritt Spaziergänge. Mit Moll und Schneewittchen lief ich durch den Wald, über die Wiesen und durch den Tobel. In diesem engen urwaldartigen Tal mit dem wilden Bach und vielen Quellen, schmalen Pfaden und wunderschönen Pflanzen gefiel es uns am besten. Schneewittchen übte fleißig das Springen über den Bach und kletterte steile Abhänge hinauf. Nie entfernte sie sich weit von mir. Ach, wie gern hätte ich meinem Reh mitgeteilt, welche Kräuter besonders gut sind, und ihm viele andere Fähigkeiten vermittelt, von denen ich gar nicht wusste, dass man sie besitzen kann. Rehmütter erkennen verträgliche Nahrung am Geruch. Sie verfügen über eine beneidenswerte Nährstoffweisheit und zeigen ihren Kitzen, welche Nahrung bekömmlich ist. Wenn sie eine neue Pflanze entdeckt, kostet die Mutter vor und wartet einen Wiederkäuzyklus ab, ehe sie dem Kitz die neue Speise erlaubt. Bei mir zu Hause dienten die Katzen als Vorkoster. Schneewittchen liebte Brekkies, und ich ließ sie gewähren, was Moll mit Fassungslosigkeit erfüllte. Die Katzenschüssel! Die war doch strengstens verboten. Doch gutmütig, wie er war, beließ er es bei einem ergebenen Blick. Auch den Hopfen, den Karl und Franziska neben ihrem Haus anbauten, gustierte Schneewittchen, was der leidenschaftliche Biertrinker Karl wohlwollend zur Kenntnis nahm. Ich hatte gelesen, dass Holunderblätter für Rehe giftig seien, doch Schneewittchen vertrug sie gut und schätzte sie, wie auch Efeu und Eibe, ebenfalls Pflanzen aus der Giftapotheke. Rehe sind in der Lage, Gifte enzymatisch abzubauen. Des Weiteren hatte ich gelesen, dass Rehe gern über Friedhöfe streifen, um Stiefmütterchen von Gräbern zu ernten – eine Delikatesse, die in der freien Natur nur selten wächst. Manu, eine große Pflanzenkennerin, vor der fast kein Kraut sicher war, pflückte, als sie davon hörte, eine Stiefmutter von einem Grab und probierte sie. »Schleimig«, lautete ihr wenig begeisterter Kommentar.

Eines strahlenden Herbstmorgens stapften wir durch den modrig duftenden Tobel, als das Reh plötzlich wie versteinert stehen blieb und seine Lauscher gespannt nach vorne richtete. Moll überhörte den Alarm, er war mit Buddeln beschäftigt. Die Erdbrocken flogen nur so durch die würzige Herbstluft, die von der tief stehenden Sonne in ein warmes Licht getaucht wurde. Mancherorts sahen die Blätter aus, als brenne der Wald. Neugierig blickte ich in dieselbe Richtung wie das Reh. Ich sah nichts, ich hörte nichts, ich roch nichts Bedrohliches. Einige Minuten später wurde ich deutlich mit meiner Sinnesbehinderung konfrontiert. Auf der gegenüberliegenden Bachseite erschien ein grün berockter Mann mit weißem Rauschebart, Hut, Modell Schinderhannes, und einem knotigen Holzstock in der Hand – das getreue Abbild meiner kindlichen Vorstellung eines Jägers. Vielleicht hatte ich einmal ein Buch besessen, in dem ein solcher Jäger vorkam. Diesen hier, er hieß passenderweise Wolf, kannte ich vom Sehen, er wohnte ein Dorf weiter, und einmal hatten wir miteinander telefoniert. Der Tobel war ein Teil von Wolfs weitläufigem Jagdrevier. Man hatte mir gesagt, dass er alles, wirklich alles über Rehe wisse. Ihm verdankte ich den Tipp mit der Ziegenmilch, die letztlich Schneewittchens Leben gerettet hatte, weil sie allein diese trinken wollte. Am Telefon hatten wir seinerzeit vereinbart, uns bei Gelegenheit mal zu treffen. Offensichtlich war es jetzt so weit. Wir begegneten uns im Bachbett. Moll begrüßte den Jäger, den er so lange nicht wahrgenommen hatte, stürmisch. Was das Sehen betrifft, sind Hunde keine Leuchten. Alles über sechs Meter und unter fünfzig Zentimeter Distanz sieht ein Hund unscharf. Wahrscheinlich erkannte Moll auch Schneewittchen nur schemenhaft, die ein Stück entfernt ein tief hängendes Holundergebüsch entdeckt hatte, das dringend abgeerntet werden musste.

Wolf kraulte Moll, der sich das gern gefallen ließ.

»Das ist also dein Zwerg«, stellte Wolf mit Blick auf das Reh fest.

»Schneewittchen«, sagte ich.

»Bisschen schmal. Ein typischer Hegeabschuss.«

Ich nickte: »Ja, ein Kümmerer«, denn ich wusste es ja selbst. Ohne meinen Schutz stünde Schneewittchen auf der Abschussliste. Kranke und schwache Rehe, so genannte Kümmerlinge, werden in der Regel als Erstes erlegt. Man versucht bei der Jagd, möglichst die natürlichen Feinde zu ersetzen, und die suchen sich nicht die stärksten, sondern die schwächsten Tiere aus. Da mein Reh eine Durststrecke hinter sich hatte, war es zierlich geblieben, und ich hoffte, dass es im Laufe der Zeit noch aufholen würde. Ein gewissenhafter Jäger würde abwarten, ob eine Geiß auftaucht, wenn nicht, würde er annehmen, sie sei überfahren worden, die häufigste Todesursache. Und dann würde er das mutterlose Kitz erlösen. Im harten Allgäuer Winter haben auch kräftige Tiere Schwierigkeiten, Nahrung zu finden. Einem mageren oder kranken Tier fehlen die Reserven, diese karge Winterzeit zu überstehen. Natürlich konnte es versuchen, sich anderen, erfahrenen Rehen anzuschließen. Doch die würden es vermutlich vertreiben, man bleibt familiär gern unter sich. Hin und wieder nehmen sich Böcke mutterloser Kitze an, vermutlich weil sie in dieser Jahreszeit gern in Gruppen beieinander sind. Die Böcke kümmern sich wie ein Elternteil um die Kitze und führen die jungen Rehe durch den Winter. Doch diese Adoption ist stets ein großer Glücksfall, denn Böcke scheren sich in der Regel eben nicht um ihren oder fremden Nachwuchs.

Wolf fragte mich nach meiner Planung für das Reh. »Wenn es nicht mehr aus der Flasche trinkt, will ich es auswildern«, sagte ich. »Schon jetzt nimmt es die Flasche nur noch drei-, viermal am Tag. Ich denke, dass es bald gar nicht mehr will.«

Er nickte.

»Bis jetzt schläft es nachts im Stall bei Franziska und Karl«, fuhr ich fort. »Franziska hat mir allerdings erzählt, dass es manchmal unruhig ist. Ich rechne damit, dass wir es bald draußen übernachten lassen.«

Wieder nickte Wolf. Dieses Nicken beinhaltete einen Abschied für mich, der mich einerseits erleichterte, andererseits mit großer Wehmut erfüllte. Für einen Sekundenbruchteil, wie von einem Gewitter erhellt, blitzten die heißen Nächte im August auf. Das Reh am Fußende meines Bettes, rechts und links die Katzen Willi und Milli, draußen im Flur Moll. Jeden Tag war ich durch Wald und Wiesen gestreift und hatte dort eingekauft. Löwenzahn, Spitzwegerich, Luzerne, Klee, Lieschgras, Weißdorn-, Haselnuss-, Schlehen-, Himbeer-, Rosen-, Brombeer-, Ahorn-, Hainbuchenblätter, Labkraut, Weide, Weintrauben, Apfel, Birne. Gegenüber dem Bett errichtete ich ein Buffet, weil das Reh alle paar Stunden Nahrung aufnehmen sollte. Außerdem stellte ich hinter dem Haus eine Salzlecke auf. Salz und Mineralstoffe sind besonders beim Fellwechsel sehr wichtig, denn es erfordert einen hohen Aufwand, einen warmen Pullover wie das Winterfell zu stricken. Die eingeschränkte Vegetation in unserer Gegend gibt zu wenig Mineralien und Salze her, weshalb die Salzlecken sehr beliebt sind. Sie bestehen aus einem Stock, auf dem der Salzstein angebracht ist. Auch auf Kuhweiden findet man gelegentlich Leckschalen, allerdings ist deren Zusammensetzung anders beschaffen und für Rehe wegen des zu hohen Kupferanteils auf Dauer schädlich.

Ein Rehleben ist komplett dem Verdauungszyklus unterworfen – Nahrung aufnehmen, wiederkäuen, verdauen, ruhen, ausscheiden, Nahrung aufnehmen –, so vergeht der Tag und eben auch die Nacht. Manchmal hörte ich Schneewittchen auf ihren dünnen staksigen Beinen über den Holzboden laufen und das rhythmische Malmen ihrer Milchzähne, als würde sie Karotten kauen. Die aber mochte sie nicht, dafür Äpfel umso mehr. Im Hochsommer hätte ich es nicht gewagt, das Reh draußen zu lassen, es war noch zu klein, und der Fuchs streifte ums Haus.

Er kannte Molls Lebensgewohnheiten, wie die Rehe die

des Jägers kennen. Nachts, wenn Moll im Haus war, inspizierte Meister Reinecke meinen Kompost im Garten.

Das kleine Reh hatte zu dieser Zeit noch sein Milchgebiss, das aus vier Schneidezähnen im Unterkiefer und jeweils drei Backenzähnen in Ober- und Unterkiefer bestand. Rehe haben im Oberkiefer keine Schneidezähne, und auch die Eckzähne oben und unten fehlen. Bis zum Ende des ersten Lebensjahres wachsen die Molaren, die hinteren Backenzähne. Ab dem siebten Monat wechselt das Milchgebiss, zuerst werden die Schneidezähne ausgespuckt, zu Beginn des zweiten Lebensjahrs die vorderen Backenzähne. Eines Tages entdeckte ich zu meinem Entzücken, dass bei meinem Reh eine Zahnlücke aufblitzte – wie man es bei kleinen Kindern kennt. Aber das Reh lachte nicht … oder doch?

»Ich habe mir gedacht, dass ich dem Reh eine Ohrmarke setze«, sagte ich zu Wolf.

»Hm«, machte er.

Ich wartete, bis er mir erklärte, was ich mir selbst schon gedacht hatte. »Die sieht man nicht, beziehungsweise zu spät, nämlich nach dem Schuss, wenn es vor einem liegt. Besser wäre ein Halsband, das ist gut sichtbar, birgt aber natürlich die Gefahr, dass das Reh hängen bleibt und sich stranguliert.«

»Eine Freundin von mir hat mir schon einige Halsbänder genäht aus meiner ausgemusterten Dienstkleidung mit reflektierenden Streifen.«

»Gute Idee«, sagte Wolf.

Ich war zutiefst erleichtert, dass dieser Jäger meinem Reh wohlgesonnen war. Ohne ihn gebeten zu haben, wusste ich, dass er es nicht erlegen würde, wenn er es an seinem Halsband erkennen könnte. Für die nächsten Tage hatte ich mir vorgenommen, auch mit den drei anderen Jägern angrenzender Reviere zu sprechen. Ich selbst war zu diesem Zeitpunkt Mitjägerin in einem Nachbarrevier von Wolf. Auf dem hiesigen Jägerstammtisch war ich erst einmal gewesen, da er sich nicht mit meinen Spätschichten vereinbaren ließ. In »meinem« Revier gab es nicht viel zu tun, der Jäger fütterte im Winter nicht, ich schoss auch nur selten. Von Wolf erfuhr ich nun, dass er sein Revier gemeinsam mit seiner Frau bewirtschaftete und zahlreiche Maßnahmen zum Schutz des Waldes traf, was ihm sehr viel Arbeit bereitete. Aber es war ihm eine Herzensangelegenheit. Auch jetzt war er in Sachen Waldschutz unterwegs. Er schaute sich die Verjüngung an, das heißt, welche Pflanzen wuchsen, welche durchkommen, welche verbissen waren.

»Morgen setze ich die Klammern«, sagte er.

»Brauchst du Hilfe?«, fragte ich.

»Immer«, sagte er.

Am nächsten Tag trafen wir uns im Tobel an einem steilen Hang, wo zwischen Brombeergestrüpp, in dem wir ständig hängen blieben, und beim Weitergehen ratschte es dann an den Klamotten, junge Fichten und Tannen wuchsen. Die meisten waren kniehoch, manche schon bis zu zwei Meter groß. An der Stelle, an die beim Weihnachtsbaum der Stern gesteckt wird, befindet sich der so genannte Leittrieb, der mittlere und höchste Trieb, aus dem sich der Stamm bildet. Der Leittrieb ist vermutlich die eiweißreichste Knospe an einem Baum und sehr begehrt. Nicht nur Rehe, auch Eichhörnchen, Mäuse und Vögel verspeisen sie gern.

Da ein Waldbesitzer in der Regel daran interessiert ist, dass ein Baum möglichst schnell und gerade nach oben wächst, ärgert er sich über abgebissene Leittriebe, die den Baum um ein oder gar zwei Jahre in seiner Entwicklung zurückwerfen. Für die Bilanz bedeutet dies, dass der Baum nicht in einhundert, sondern erst in einhundertzwei Jahren hiebreif sein wird – wenn nichts dazwischenkommt wie zum Beispiel ein Sturm, ein Blitzeinschlag oder die wenig waldschonenden Erntemaschinen, mit denen seine großen Nachbarsbäume gefällt werden und ihn als Kollateralschaden abschreiben. Den Verlust durch Verbiss soll der Jäger ersetzen, er ist für den Schaden verantwortlich, den das Wild, das ihm nicht gehört, an den Kulturpflanzen, die ihm ebenfalls nicht gehören, anrichtet. Alle drei Jahre wird ein Vegetationsgutachten von Forstbeamten des ALF, dem Amt für Landwirtschaft und Forsten, erstellt, die stichpunktartig Waldstücke begehen und dokumentieren, wie viele nutzbare Pflanzen, also Bäume, verbissen wurden. Die Beamten fragen nicht nach, welches Tier sich am Leittrieb gütlich getan hat, sie glauben die Antwort zu kennen: Das Reh ist schuld. Denn für den Schaden, den vor allem Mäuse, aber auch Vögel, Hasen und Eichhörnchen verursachen, muss der Jäger nicht haften. Das Vegetationsgutachten führt zu einem Vorschlag, wie viele Rehe zu schießen seien. Hierbei herrscht die schlichte Meinung vor: Viel hilft viel. Viel Verbiss – viel Abschuss. Dieser amtlichen Festsetzung muss die Jagdgenossenschaft, die Vereinigung der Waldbesitzer, zustimmen. Es ist schließlich ihr Grund und Boden. Man kann die Waldbesitzer mit Wohnungseigentümern vergleichen, die in Eigentümerversammlungen über die Belange der Wohnanlage, also des Waldes, abstimmen. Wenn sich die Eigentümer nicht selbst um ihre

Wohnungen kümmern, stellen sie eine Hausverwaltung, sprich einen Förster an, meist einen Vertreter der WBV, Vereinigung der Waldbauern. Und dann gibt es noch den Hausmeister. Im Wald heißt der Hausmeister Jäger. Er bekommt kein Gehalt, sondern bezahlt dafür, Hausmeister sein zu dürfen, und das Eigentum der anderen wachsen und gedeihen zu lassen.

Wolf und ich verübten unsere Hausmeistertätigkeit drei Stunden. Von Leittrieb zu Leittrieb setzten wir die Klammern, damit die Tiere sie im Winter, wenn Nahrungsknappheit herrscht, nicht anknabbern. Wir arbeiteten meistens schweigend und in großem Einverständnis, obwohl wir uns nicht kannten.

Beim Abschied fragte Wolf: »Kannst du heute Abend zu mir nach Hause kommen? Ich möchte dich meiner Frau vorstellen. Und meinem Hund Gauner.«

Da wusste ich, dass er mir einen Antrag machen würde. So wurde Wolf zu meinem Jagdherrn.

Schweinereien

Das Privileg der Freiheit, an einem Ort zu wohnen, an dem Grundstücke nicht eingezäunt sind, kann auch unfrei machen. Man kann seinen Hund nur draußen lassen, wenn er den unsichtbaren Zaun, den sein Mensch definiert, akzeptiert. Wer seine Grenzen kennt, ist frei. Ein kluges Reh kennt seine Grenzen auch. So meidet es zu bestimmten Zeiten gewisse Orte, weil dort Artgenossen durch den großen Knall zu Tode gekommen sind. Das erfahrene Reh kennt seinen Jäger, der, weil berufstätig, meistens in der Dämmerung auftaucht, morgens und abends und am Wochenende. Tendenziell stellt jeder Mensch und jeder Hund eine Bedrohung für das Reh dar. Bei der Menge an Freizeitsport und Landwirtschaft wagen sich die Wildtiere erst aus dem schützenden Dickicht, wenn der Mensch in seinen Häusern sicher verwahrt ist, also nachts. So entstand der Trugschluss, Wildtiere seien nachtaktiv. Sie haben sich den Gewohnheiten der Menschen angepasst und achten auf ihre Deckung. Es gibt keine speziellen Ruhezeiten, sie würden sich auch nicht mit den Bedürfnissen der Rehe vertragen, die rund um die Uhr Nahrung aufnehmen und verdauen müssen. Um sich die Situation der Wildtiere zu verdeutlichen, kann man sich vorstellen, wie unser Alltag aussähe, wenn in unserem Umfeld wie im Bürgerkrieg ständig Hunderte schwer bewaffnete Feinde präsent wären. Und wir wüssten, dass wir in ihr Beuteschema passen, weil sie Kopfgeld erhalten. Wir wüssten aber nicht, wer zu ihnen zählt. Wir würden uns nicht unbefangen auf Straßen und Plätzen bewegen. Ängstlich um uns schauend wären wir immer auf dem Sprung. Wir würden es uns nicht erlauben, mit dem Smartphone zu spielen oder uns von Musik ablenken zu lassen. Unachtsamkeit könnte tödlich enden. Weil das Verlassen der Wohnung lebensbedrohlich wäre, würden wir uns verkriechen. So wie es die Wildtiere tun. Außerirdische mögen dann urteilen, Menschen seien lichtscheue Stubenhocker.

Die Nacht gewährt Rehen und Hirschen ein fast gewehrloses Revier, denn der Gesetzgeber schreibt für sie nächtliche Ruhe im Wald vor. Es wäre auch viel zu gefährlich, nachts zu schießen, da man selbst mit einem guten Fernglas nicht hundertprozentig erkennt, worauf man zielt, Männchen, Weibchen, hat es Kinder, ist das Tier gesund oder krank oder gar kein Tier, sondern ein Jogger, ein Jägerkollege, eine Mondanbeterin? Schweine hingegen, also Schwarzwild, darf man nicht nur, man muss sie auch nachts jagen, wie Füchse und Dachse, sonst kriegt man sie nicht. Nachtruhe gilt lediglich für Schalenwild, wozu die Rehe zählen. Die Jagd auf Wildschweine ist anspruchsvoll. Sie sind so schlau, so schnell und den Menschen, was ihre Sinne anbelangt, weit überlegen, diese uns genetisch so nah verwandten Tiere. Nicht selten sitzt der Jäger vier, fünf Stunden an, und kein Schwein kommt vorbei. Das ist frustrierend für manchen Jäger, da er den Schaden bezahlen muss, den die Schweine anrichten. Und er ist nicht mal zur Party eingeladen, denn sie feiern, sobald er vom Hochsitz geklettert ist und sich entfernt hat. Anders als Rehe begnügen sich Schweine nicht damit, hier und da ein paar Blättchen zu zupfen. Schweine wühlen mit ihrem Gebrech, ihrem Rüssel, auf der Unterseite der Grasnarbe, wo vielerlei Gewürm und anderes nahrhaftes Getier zu Hause ist. Wenn eine Rotte Sauen durch eine Wiese gepflügt ist, ähnelt sie einem Kartoffelacker. Durch den verstärkten Maisanbau – nicht zuletzt für die Stromerzeugung – vermehren sich die Schweine wie die Karnickel. Die weiten Flächen mit hoch stehendem Mais bieten ihnen einen kühlen und sicheren Einstand, in dem sie sich nahezu unsichtbar machen können – und die Bäuche vollschlagen. Wenn die Milchreife der Kolben erreicht ist, bietet der Mais eine unwiderstehliche und sehr gehaltvolle Nahrung.

In unserem Revier gibt es keine Schweine, dennoch muss auch mein Jagdherr manchmal tief in die Tasche greifen. Denn durch den Tourismus und die ständige Beunruhigung kann das Wild nicht auf die Wiesen und knabbert deshalb Bäume an. Wolf versucht, den Verbiss gering zu halten, indem er vorsorglich im Winter füttert und die jungen Triebe mit Klammern schützt. Einmal spazierte ich mit einer selbst ernannten Großstadtpflanze durch den Wald, und sie wunderte sich über die vielen bunten »Klupperl«, so nennt man in Bayern Wäscheklammern.

Die Freiheit für eine Kuh sieht heutzutage so aus, dass sie eingezäunt weidet. Was für ein Glück im Gegensatz zu den vielen Rindern, die ihren Parkplatz im Stall nur einmal im Leben verlassen – auf dem Weg zum Metzger. Nah bei meinem Haus grasen ab Mitte April die Schumpen, wie man im Allgäu weibliche Rinder-Teenies nennt. Sie alle tragen mehr oder weniger schicke Lederbänder um den Hals, mit Glocken statt Glöckchen. Das stelle ich mir sehr unangenehm und für ein Fluchttier mit extra großen Ohren störend laut vor, aber womöglich gewöhnt man sich als Rind daran, und es scheint der Preis dieser Freiheit sein zu müssen. Besonders Touristen, von denen es im Allgäu viele gibt, erfreuen sich an dem Geläute. Wenn ich vor dem Haus mit jemandem in einem Büro telefoniere, werde ich häufig gefragt, ob ich im Urlaub sei. »Nein, zu Hause«, erwidere ich. Man könnte die Kuhglocken auch für eine Klangschalen-CD halten. Einmal bat mich die Sachbearbeiterin bei einer Versicherung sehnsüchtig seufzend: »Ach, lassen Sie uns doch einen Moment schweigen.«

Im September holen die Bauern ihre Schumpen von den Almen. Zu Fuß marschieren sie gut durchtrainiert vom Sommer an den steilen Hängen zurück ins Dorf, wo Tausende Zweibeiner sie gespannt und häufig auch gerührt erwarten. Viehscheid ist in den Gemeinden des Allgäus wie im gesamten Alpenraum das größte Fest des Jahres. Touristen aus der ganzen Welt besuchen das bimmelnde Spektakel.

Der Zaun um die Schumpen ist elektrisch gesichert. Sie erkennen den dünnen Draht als schmerzhafte Grenze. Rehe in freier Wildbahn meiden Stromzäune ebenfalls. Sie lernen das von ihren Müttern oder haben selbst eine schmerzliche Erfahrung gemacht. Wie aber sollte ich meinem Kitz beibringen, einen Bogen um den Strom zu schlagen, sich unter dem dünnen Draht hindurchzuducken? Ich hatte Sorge, es könnte beim Kontakt mit dem elektrischen Zaun einen Herzschlag bekommen. Die Stromstärke ist für Rinder ausgelegt, die um die zweihundert Kilo wiegen. Mein Rehkitz brachte damals drei Kilo auf die Waage. Auch Moll hatte als Welpe eine Begegnung mit dem Elektrozaun gehabt. Ich grub gerade ein Beet um, als ich den kleinen Kerl entsetzlich jaulen hörte, und wusste sofort, dass es jetzt passiert war. Mit eingekniffener Rute lief er schutzsuchend und am ganzen Körper zitternd zu mir. Zwei Tage wollte er nichts essen, und das, wo die Napfreinigung zu seinen Lieblingsbeschäftigungen zählte. Die Stelle des Grauens mied er lebenslänglich. Aber er hatte gelernt, sich vor diesen dünnen Drähten in Acht zu nehmen.

Ich hoffte, Moll würde dem Reh etwas beibringen über die Gefahren des Alltags auf einem Allgäuer Hof, denn Schneewittchen folgte ihm wie ein Schatten. Legte er sich hin, legte sie sich in seiner Nähe ins hohe Gras oder in die Rosen, immer gut in Deckung. Ich glaube nicht, dass mein Reh sich für einen Hund hielt, da es ja seine leibliche Mutter kennengelernt hatte. Aber Hunde waren nichts Furchterregendes für das Kitz, eher Spielkameraden, wie auch die Katzen. Ich habe viele unvergessliche Stunden erlebt, in denen das Reh mit meinen Katzen Milli und Willi und mit Moll spielte. Als Franziska und Karl nach Weihnachten die kleine Winnie aus dem Tierheim holten, einen Jack Russell Terrier, fetzte sie mit meiner Gang herum, und wenn Labrador Luna zu Besuch war, wurde auch noch eifrig abgeschleckt. Hunde, zu denen ich kein Vertrauen hatte, mussten an der Leine bleiben. Ihre völlige Fassungslosigkeit, ein Reh vor der Schnauze zu haben, kann rasch kippen, und sie nutzen die Gunst der Stunde, in der Träume wahr werden. Ein Reh! Dafür wurde man Tausende von Jahren gezüchtet, die Jagd auf Wild, auch wenn sie tief schlummert. Viele Hundebesitzer, die den berühmt-berüchtigten Satz nicht nur sagen, sondern auch beschwören würden, »der tut nichts«, haben keine Ahnung, was ihr Hund treibt, wenn er im Wald mal kurz verschwindet. Wir Jäger finden die entsetzlich zugerichteten, zu Tode gequälten Rehe, weil nicht ausgebildete Jagdhunde dem Wild bei lebendigem Leib das Fell herunterreißen und ihm die Eingeweide herausfressen. Oder eine schwangere Geiß, die Mühe hat, schnell zu laufen, so lange hetzen, bis sie tot zu Boden stürzt. Kitze, die in Panik davonstürmen, brechen sich nicht selten die Beine oder verheddern sich in Zäunen und werden von den Hunden gequält und bleiben schwer verletzt liegen, verenden jämmerlich. Der Hund kehrt schwanzwedelnd und in Hochstimmung zu seinem Besitzer zurück, der von all dem nichts ahnt, ihn tätschelt und weiterhin im Brustton der Überzeugung verkündet: »Der tut nichts, der will nur spielen!«

Während Hunde früher oft einfach mitliefen und es nicht zum guten Ton gehörte, sich um ihr Wohlergehen viele Gedanken zu machen, möchten Hundebesitzer heute, dass ihre Vierbeiner ein erfülltes und schönes Leben führen. Der Hund soll sich verwirklichen dürfen, das verstehen seine Herrchen und Frauchen unter artgerecht. Sie haben ein gutes Gewissen, wenn sie ihrem Hund diese Selbstverwirklichung gestatten. Hier stellt sich jedoch die Frage, ob man sich als Teil eines Ganzen betrachtet oder lediglich Eigeninteressen verfolgt. Wenn ich mich in ein Ganzes einfüge, achte ich auf die Interessen und die Selbstverwirklichung anderer Geschöpfe. Das ist keine Beschränkung, sondern kann ein sehr schönes Gefühl der Verbundenheit erzeugen, zum Beispiel an einem Vogelschutzgebiet entlangzuspazieren und den Hund angeleint zu lassen. Und einen Kilometer weiter darf er wieder frei laufen. Wenn ich manchmal still im Wald sitze, kommt mir das Freizeitverhalten mancher Menschen vor wie eine moderne Form des Kolonialismus. Ob es sich um Geocasher handelt oder um Wanderer, die querfeldein laufen, Mountainbiker, die downhill rasen. Motocross-Fahrer machen dabei auch noch höllischen Lärm, genau wie diejenigen, die mit ihrem Musikgeschmack das Konzert des Waldes übertönen. Damit zeigt man seine Gesinnung, nämlich eindringen, überwältigen, zerstören, besetzen. Und das nicht selten aus der inneren Überzeugung heraus, Naturliebhaber zu sein. Oder eben ein besonders toller Hundehalter, der sein Tier artgerecht hält. Und ein Hund muss nun mal jagen. Nein, muss er nicht, beziehungsweise bedeutet eine artgerechte Haltung, dass es einen Chef im Rudel gibt, der das Verlassen des Rudels zum Jagen erlaubt oder nicht, und das sollte der Mensch sein. Übrigens hat man in Beobachtungen von frei lebenden Hunderudeln festgestellt, dass sie, wenn sie selbst entscheiden dürfen, gar nicht ständig auf Trab sein möchten. Der Großteil des Tages wird mit Dösen, Schlafen, Schauen verbracht. Gerade mal eineinhalb bis maximal zwei Stunden bewegen sie sich, aber meistens moderat. Gassi gehen, wie wir es praktizieren, ist frei lebenden Hunden fremd. Es wird halt ein bisschen durchs Revier gezogen und Zeitung gelesen, Futter gesucht. Viele Hundehalter stressen sich selbst, indem sie glauben, sie müssten ihre Hunde ähnlich fördern wie manche leistungsorientierte Eltern ihre Kinder – angefangen bei den Chinesischvokabeln in der Endlosschleife, während der Embryo sanft im Fruchtwasser schwappt. Hunde brauchen für ihre Lebensfreude kein Abitur – und Kinder auch nicht unbedingt. Ich hätte auch keines gebraucht, um glücklich zu sein.

Lebensversicherungen

Ich wollte nicht nur auf das Halsband vertrauen, sondern Schneewittchen markieren. Auch wenn eine Ohrmarke sie nicht retten würde, bestand die Möglichkeit, dass, wenn sie ums Leben kam, mir jemand Bescheid sagen würde, damit ich sie nicht wochen- und monatelang suchte. Mein Kollege Ulrich, ebenfalls Jäger, besaß eine spezielle Zange und Ohrmarken für Rehe aus jener Zeit, als man Monitoring in seinem Revier betrieb. Im letzten Jahrhundert gab es zahlreiche Forschungen an Rehen. Die teilnehmenden Jäger stapften durch ihre Reviere und markierten die Kitze, um zum Beispiel herauszufinden, wie alt Rehe werden. Die Altersbestimmung ist bei wild lebenden Tieren nicht einfach. Entweder man kennt das Geburtsjahr, weil ein Reh in diesem Jahr markiert wurde, oder man kocht den Schädel des verendeten oder erlegten Rehs aus und vermisst die Nasenscheidewand. Je älter das Reh ist, desto mehr Zeit hatte sie zum Wachsen, pro Jahr zirka ein Zentimeter. Bei Böcken beurteilt man zusätzlich die Rosenstöcke, so wird der Adapter genannt, auf dem das Gehörn jährlich wächst, und der gleichzeitig als Sollbruchstelle gilt, wenn es abgeworfen wird. Der Zahnabschliff der Molaren, also der Mahlzähne, gibt weitere Hinweise auf das Alter. Trotzdem bleibt es bei einer Schätzung. Nur mit dem Zementzonenverfahren, das im Labor durchgeführt wird, lässt sich über die Zähne genau

97

bestimmen, wie alt ein Tier ist. Man hat schon fünfzehnjährige Rehe gefunden, in Gehegen sogar zwanzigjährige. Ich habe von einer besenderten Geiß in Österreich gelesen, die mit sechzehn Jahren noch immer Kitze setzt. Das Problem im Alter ist vor allem, dass die Zähne so abgeschliffen sind, dass die Rehe die Nahrung nicht mehr ausreichend zerkleinern und verdauen können. Sie verhungern – eine natürliche Art zu sterben.

Da gerade weibliche Rehe nur schwer zu unterscheiden sind – Jäger erkennen »ihre« Böcke am Gehörn –, erleichtern es die verschiedenfarbigen Ohrmarken, ähnlich wie TÜV-Plaketten, die jährlich ihre Farbe wechseln, Rehmütter und ihren Nachwuchs über Jahre zu beobachten und etwas über ihre Gewohnheiten und Sozialstruktur zu erfahren.

Eines Morgens stand Ulrich vor der Tür, und ich musste meine ganze Kraft zusammennehmen und so tapfer sein wie als Kind. Ich wusste genau, was beim Durchstechen der Ohren für die Markierungen auf mich zukam. Ja, ich konnte es fast noch hören, das Brüllen und Quieken der Rinder und Schweine, je nachdem, welcher Akupunkturpunkt getroffen wurde, das Knacken von Knorpel. In schlimmster Erinnerung habe ich die Brandzeichen, mit denen Tiere bis heute gequält werden. Jeder kleine Mensch erfährt beim ersten Kontakt mit der Herdplatte oder einer Kerze, wie weh das tut und wie lange es danach noch wehtut. Das Verbot für Brandzeichen, die Verbrennungen dritten Grades hinterlassen, um die es sich hier handelt, hätte 2013 im Tierschutzgesetz verankert werden sollen, der Gesetzentwurf wurde dann aber kurzfristig zurückgezogen. Das nennt man gute Lobbyarbeit.

»Sollen wir, Susa?«, fragte Ulrich. Er sah mir wohl an, wie ich mich fühlte.

»Gleich«, bat ich um einen allerletzten Aufschub und flüsterte in einen der weichen Lauscher des Rehs: »Das musst du jetzt aushalten. Bitte, ich will dir ganz bestimmt nicht wehtun. Es ist zu deiner Sicherheit. Damit du ein langes Leben hast. Damit du frei sein kannst.« Ich atmete tief durch, nickte Ulrich zu und hielt mein Reh fest.

Mit entschlossenem Griff tackerte Ulrich zwei Ohrmarken in Schneewittchen, eine rechts, eine links. Nach kurzer Zeit war alles vorbei. Das kleine Reh schüttelte sich, die Marken klackerten. Ein dünnes Rinnsal Blut tropfte ins Gras. Schneewittchen schnaubte empört und lief auf und ab. In seinem Gehege war es sicher. In freier Wildbahn würde man das Kitz durch eine solche Blutspur seinem Feind schmackhaft, riechbar machen. Wenn es Glück hat, kommt davor seine Mutter und schleckt das Blut ab. Es kann aber auch sein, dass der Fuchs schneller ist.

Franziska brachte einen Apfel zur Belohnung und zur Ablenkung. Sie war im Haus geblieben, hatte nicht dabei sein wollen. Ich ehrlich gesagt auch nicht.

Ein paar Tage später glaubte ich, nicht recht zu sehen. Anstatt einer Ohrmarke prangte auf der linken Seite ein Schlitz. Nur noch die blaue Marke am rechten Ohr war vorhanden. Was war passiert? Franziska erzählte mir, dass Schneewittchen ihren Kopf immer wieder durch die Katzenklappe an der Haustür gesteckt hatte. Rehe sind neugierig. Vielleicht saß auch eine Katze hinter der Klappe und provozierte: »Trau dich doch, du falsche Katze, die nicht mal auf Bäume klettern kann!«, zumal Schneewittchen auch bei Franziska aus der Katzenschüssel mit dem Trockenfutter naschte. Damit hatte sie bestimmt Missgunst geweckt. Letztlich war sie bei dem Versuch, den Kopf aus der Katzenklappe zu ziehen, mit der Marke hängen geblieben.

Nachdenklich ging ich nach Hause. Wie gut hatte ich alles geplant. Das Halsband, die Ohrmarken, wie nett war es von Ulrich gewesen, extra zu mir zu fahren, wie viel hatte ich schon unternommen, um das Reh zu beschützen. Doch genau das konnte ich ja nicht leisten, das Beschützen – oder nur ein bisschen, zu wenig, viel zu wenig.

Ich hatte keine Kontrolle über dieses Tier, nun, im Grunde hat man über gar nichts und niemanden Kontrolle, auch wenn man es sich unbedingt wünscht und oft einbildet. Dieses kleine Wildtier spiegelte mir meine Wenigkeit sehr deutlich. Ich konnte mich bemühen, wie ich wollte, das Reh vor Unbilden zu schützen. Es würde stets Unwägbarkeiten zuhauf geben, die sich meiner Macht entzogen. Immerhin, es blieben eine Ohrmarke und das Halsband. Nach zahlreichen Versuchen – die liebe Margot hatte eine ganze Kollektion genäht – hatte ich das richtige Material mit dem richtigen Klettverschluss gefunden, das gut haftete, ohne Schneewittchen zu beengen oder zu gefährden.

Schneewittchen war übrigens kein bisschen nachtragend. Ich hatte große Sorge, sie könne nach der Markierung kopfscheu werden, wie man es von Pferden kennt. Doch sie trug mir die Ohrmarken nicht nach und liebt es bis heute, an ihren Lauschern gekrault zu werden. Der Riss im Ohr wuchs über die Jahre zu. Er bedeutete für mich lange Zeit eine quälende Erinnerung. Immer wieder fragte ich mich, ob ich das Richtige getan hatte. Durfte ich das Wildtier markieren, mich so sehr einmischen? Wo verlief die Grenze zwischen Fahrlässigkeit und Farbe bekennen? Letztlich muss das jeder für sich alleine entscheiden. Ich wäre nicht mehr froh geworden, wenn ich das kleine Kitz in der Wiese hätte verenden lassen. Jetzt war das Kitz groß, eine junge Rehdame fast schon mit seinen vier Monaten – und ich würde nicht mehr froh werden, wenn ich ihr verweigerte, ein freies Rehleben zu führen. Gleichzeitig barg dieses Leben Gefahren, die mir große Sorgen bereiteten. Am besten, ich dachte nicht so viel darüber nach, sondern genoss die Zeit, die wir miteinander verbrachten, und meine Erinnerungen.

Der Wasserkocher klingelt, das Zeichen zum Aufbruch. Schneewittchen springt vom Bett und hoppelt in die Küche. Auch Moll hört das Geräusch und erhofft sich ein paar verkleckerte Tropfen aus der Flasche auf den Dielen und um das Rehmäulchen. Mit zwei Sätzen steht er an der Schwelle zur Küchentür. Weiter geht er nicht. Das ist absolutes No-Go. Er weiß das seit seinen ersten Tagen im Haus, und auch draußen kennt er seine Grenzen. Zäune und der Teerrand der Straße sind für ihn leicht verständliche Zeichen, die seinen Aufgaben- und Zuständigkeitsbereich markieren. Anders bei Schneewittchen. Sie kann all diese Begrenzungen zwar sehr gut sehen und orientiert sich an ihnen, im Haus, am Waldrand, dem Bachlauf oder dem Bewuchs an Feldwegen folgend, aber als Grenzgängerin ist das Reh nur sich selbst verpflichtet. Was schert sie das Küchenbetretungsverbot. Hier klingelt die Ziegenmilch!

Nach der Mahlzeit gehen wir noch mal hinaus, und ich werde blind, so dunkel ist die Nacht. Ich sehe nichts, ich höre wahrscheinlich auch nichts, was mir aber nicht bewusst ist, da ich ja nicht weiß, wie es sein könnte. Das Reh sieht und vernimmt gut in der Nacht. Seine Augen können Licht in geringer Menge aufnehmen und deuten. Seine großen Lauscher sind wie Trichter, die Töne auf weite Distanzen filtern und verwerten können. Es windet, schnuppert also, auf mehrere hundert Meter und weiß längst, was Sache ist, wenn ein Mensch noch völlig ahnungslos in seiner olfaktorischen Taubheit umherstapft, was er selbstverliebt als Pirschen bezeichnen mag. Allein der Wind kann ihm wohlgesonnen sein, sobald er ihm entgegenbläst und ihn in einen Mantel der Unscheinbarkeit hüllt. So kann er eine Weile unbemerkt bleiben.

Ich muss mich nicht verstecken vor meinem Reh; ich darf sein, wie ich bin, und es fürchtet sich nicht. Es bewertet mich nach dem Füllungsgrad des klingelnden Gesäuges und der Bereitstellung anderer Leckereien wie Äpfel, Birnen, Trauben und Knisterbrot. Für mich habe ich auch ein Leckerchen dabei. Neben dem Reh und Moll sitze ich auf einem Holzstapel vor dem Haus und rauche eine Zigarette. Die beiden finden das langweilig und inhalieren ihrerseits die Nacht, entfernen sich ein Stück von mir. Ich sehe sie nicht mehr. Riechen kann ich sie sowieso nicht. In mir ist überhaupt keine Sorge, dass das Reh weglaufen könnte. Es bleibt in meiner Nähe. Noch gehören wir zusammen.

Das Winterkleid

Schneewittchen verwandelte sich. Schon im September bemerkte ich, dass sie zu verfärben begann. Nachdem die süßen kleinen weißen Tupfen bereits im Juli verschwunden waren – »wie abgefallen«, hatte Franziska eines Morgens bemerkt – und das Reh ein hellbraunes Sommerkleid trug, wuchs nun von unten ein dichtes dunkles Winterfell. Die Bezeichnung Reh bedeutet ursprünglich »das Scheckige, Gesprenkelte« – nach der Farbe des Fells. Auch wenn die Rehe ihre Punkte verlieren, bleiben sie doch Rehe. Ihr neuer warmer Pelz kleidete Schneewittchen gut, sie sah kräftiger aus und fühlte sich noch weicher an. Auch ihr Gesicht wurde dicker, ihr ganzes Antlitz veränderte sich. Am Po bildete sich der weiße Spiegel, den Rehe nur im Winter haben. Ende Oktober war die graubraune Winterdecke mit dem silbernen Schimmer, der dichten Unterwolle und den mehrere Zentimeter langen, innen hohlen Grannen vollständig. Rehe müssen im Winter bei minus zwanzig Grad am Boden liegen können, ohne zu frieren. Das kann man sich als Mensch kaum vorstellen, man möchte dann doch gerne etwas anziehen. Aber Rehe sind angezogen. Ihr Problem besteht darin, dass sie sich nicht nach Belieben ausziehen können. Allein die dünnen Rehbeine sind nicht so stark behaart wie Hals, Rumpf und Kopf. Die Beine sind auch immer kühl, was mich zuerst ein wenig verunsicherte, weil ich befürchtete, das Reh habe Kreislaufprobleme. Mir fehlte der Vergleich, denn wenn ich andere Rehe anfasste, waren sie tot, also kalt. Wolf beruhigte mich, die kühlen Beine seien normal.

Mit seinem Winterfell war das Reh für tiefere Temperaturen bekleidet, als in meinem Haus herrschten. Und es konnte seinen Pelz ja nicht an der Garderobe abgeben. Auch draußen war es Schneewittchen tagsüber oft zu warm, sie zog unter die schattigen Bäume am Haus oder wanderte mit ihrem gelb leuchtenden Halsband, auf dem meine Handynummer stand, in den Tobel. Wann immer ich es einrichten konnte, folgte ich ihr und bemerkte am eigenen Leib den Befindlichkeitsunterschied zwischen einem Aufenthalt an der Sonne oder im Schatten. Zum ersten Mal in meinem Leben wurde mir bewusst, welchen unschätzbaren Vorteil unsere Unbehaartheit darstellt und dass wir dank unserer vielen Schweißdrüsen mit einem zuverlässigen Kühlsystem ausgestattet sind. Ein Reh oder Hund hechelt. Bei geöffnetem Mund wird über die Zunge Feuchtigkeit und Wärme abgekühlt im Fahrtwind des beschleunigten Atmens. Hunde haben lediglich an den Pfoten Schweißdrüsen, das kann man auch riechen. Rehe halten ihre langen Lauscher in den Wind, sie haben keine Schweißdrüsen. Das Reh ist ein sogenannter Drücker. Es ist nicht für Dauerläufe mit Schwitzen ausgelegt wie zum Beispiel Pferde, es sprintet ausschließlich auf der Flucht – schnell und kurz, über Ausdauer verfügt es nicht. Dann drückt es sich in ein Gebüsch und wartet, bis die Luft rein ist. Rein kann auch frei von Menschen bedeuten.

Im Spätherbst wurde es still um unser kleines Tobelschloss. Die Schumpen standen nicht mehr auf den Wiesen, keine Glocken klangen, und die elektrischen Zäune waren abgebaut. Schneewittchen war nun groß genug, um sich gegen den Fuchs zu wehren. Sie war meistens draußen. Zuweilen lag sie in Sichtweite vor dem Haus. Oft sah ich sie aber auch nicht. Manchmal hatte ich Glück, und auf meinen Pfiff kam sie angesprungen. Meistens aber regte sich nichts, nur Moll schaute mich fast schon verzweifelt an: Wieso rief ich ihn dauernd, wenn er doch vor mir stand, saß, Pfote gab! Auch meine Katzen folgten dem Pfiff. Deutlicher konnte mir meine Haustierbande den Unterschied kaum zeigen. Meine Alltagsbindung zum Reh war nicht vergleichbar mit der zu meinen Haustieren, die Herzensbindung schon. Selbst wenn Schneewittchen in der Nähe sein mochte, sah sie keine Veranlassung, auf Kommando zu folgen. Das war in ihrem Programm nicht vorgesehen, während der »will to please« in viele Hunde hineingezüchtet ist. Sie möchten ihren Menschen zufriedenstellen, das ist ihre Aufgabe, und so machen sie es uns leicht, weil sie sich unseren Bedürfnissen anpassen. Schmusekatzen, Schmusehund – das Schmusereh kam nur selten zum Vorschein, eine Rarität, die ich umso mehr zu schätzen wusste. Als kleines Kitz mochte Schneewittchen am liebsten an Körperstellen gestreichelt werden, die sie selbst nicht gut putzen konnte, wie Hals, Ohren und Kopf. Ich stellte fest, dass das Reinlichkeitsbedürfnis des kleinen Rehs durchaus einer gepflegten Katze entspricht. Womöglich müssen die Tiere sich aber auch besonders intensiv putzen, um den aufdringlichen Menschengeruch loszuwerden. Denn am liebsten schlecken sie die Hand, die sie kraulen will, vorher ab. Dann riechen Kopf und Hals wenigstens nach Katze – oder Reh – anstatt nach Mensch.

Wie Wolf es einmal vorausgesagt hatte, interessierte sich Schneewittchen nun nur noch mäßig für ihr Fläschchen. Das Pling des Wasserkochers hörte sie, wenn sie gerade in der Nähe war, vielleicht sogar draußen, sah aber keine Veranlassung, zum Haus zu laufen. Es kam sogar vor, dass Franziska ihr eine wohltemperierte Flasche anbot – aber das Reh verschmähte sie und äste lieber auf der angrenzenden Wiese. Dann gab es Tage, an denen war sie ganz verrückt nach ihrem Fläschchen. Hin und wieder stand sie morgens vor meiner Haustür und schaute erwartungsvoll an mir vorbei die Treppe hoch. Wann plingte es? Ende Oktober kam der erste Schnee, was für Schneewittchen kaum Konsequenzen hatte, da Franziska und ich eifrig für ihr Buffet sammelten, das wir vor ihrem und meinem Haus anrichteten. Heute noch, also acht Jahre danach, zucken unsere Hände, wenn wir an Brombeergebüsch vorbeigehen. Damals führte ich überall eine Tasche mit einer Gartenschere mit mir. Egal, wo ich war, ich suchte Nahrung für Schneewittchen, auch im Englischen Garten in München. Oft pirschte ich während meiner Pause im Dienst nach Rehfutter, und hin und wieder wurde ich von anderen der Unaufmerksamkeit bezichtigt, weil ich auf einem Spaziergang mitten im Gespräch im Unterholz verschwand.

Ab Weihnachten wollte Schneewittchen gar nicht mehr in ihren Stall. Franziska und Karl schenkten ihr eine kleine Tanne, die sie nach Herzenslust verbeißen konnte. Was sie allerdings nur halbherzig tat, da es genügend schmackhaftere Snacks bei uns gab, zum Beispiel Misteln, die bei Rehen außerordentlich beliebt sind. Wenn bei stürmischem Wetter Bäume entwurzelt werden, in denen Misteln wachsen, oder sie bei Holzfällarbeiten abfallen, liegen sie nicht lange auf dem Boden. Über Nacht, still und heimlich verleiben die Rehe sich diese Delikatesse ein.

An Silvester verzichtete Karl auf ein Feuerwerk, um das Reh nicht zu erschrecken, und wieder einmal war ich meinen lieben Nachbarn unendlich dankbar. Nach meiner Schicht stießen wir auf das neue Jahr an und freuten uns darüber, dass wir es geschafft hatten, das kleine Geschöpf auf seinem Weg in die Selbstständigkeit zu unterstützen. Das kleine Geschöpf war zu einer Göre herangewachsen, die sich ziemlich dünnemachte zum Jahresanfang. Wenn ich abends von der Spätschicht nach Hause kam, stapfte ich auf der Suche nach Schneewittchen durch den tiefen Schnee.

Eisige Kälte beißt in mein Gesicht. Bei minus 18 Grad haftet der Schnee knirschend unter meinen dicken Stiefeln in den Schneeschuhen und bietet mir guten Halt im Anstieg auf die Kuppe. Die Kristalle der Schneeflocken stellen sich funkelnd aufrecht im fahlen Licht des zunehmenden Mondes. Die Wiese vor mir – ein Glitzermeer. Kein Reh ist zu sehen. Es ist trotzdem atemberaubend schön draußen.

Ich folge der Spur im Schnee, die verrät, wohin die Rehe gezogen sind. Bei diesen hohen Schneelagen wird gepfadet, alle gehen in derselben Spur, um Anstrengung zu vermeiden. Es ist schwer genug, mit diesen dünnen Beinen wie High Heels, dem Gegenteil von Schneeschuhen, zu laufen. Tief sinken die Rehe ein, bei jedem Schritt. Mühsam versuchen sie, ihre pelzigen Körper springend und schiebend aus dem Schnee zu befreien. Auch ich als Mensch wäre ohne meine künstlich verbreiterten Füße nach wenigen Metern erschöpft. Rehe und auch Füchse sind klug, sie meiden das offene ver-

wehte Gelände und nutzen jede Möglichkeit, am Rand der Wiese und unter dem Dach der Bäume zu laufen. Die von der Last des Schnees tief herabhängenden Zweige entladen sich und schnellen empor, als ich sie berühre. Ein kalter Regen rieselt mir in den Nacken. Ich bin zu hoch gewachsen für diese Route. Aber ich will ihr folgen, ich will wie ein Reh sein und mein Reh begleiten. Leise pfeife ich in die Nacht. Nichts regt sich. Ich warte und schaue und stapfe schließlich weiter durch die Dunkelheit, bis ich einige freigescharrte Liegestellen finde, fünf kleine Kuhlen in der Größe eines Rehrumpfes, dicht nebeneinander. Ich taste mit der Hand, nein, sie sind nicht mehr warm. Die Rehe sind woanders. Es ist spät, ich sollte allmählich umkehren. Ein weiter Weg liegt vor mir. So gehe ich zurück auf dem gleichen Weg, trete den Pfad der Rehe noch fester, damit sie es leichter haben. Wenigstens das kann ich für sie tun. Ich bin eine Widergängerin, laufe zurück auf meiner eigenen Fährte. Plötzlich merke ich, dass ich verfolgt werde. Ein kleines Reh mit Halsband steht hinter mir und schaut mich freundlich an.

Vorfahrt für Oldtimer

Eines Tages stand Karl vor meiner Tür – ein seltener Besuch. Da sein Haus oberhalb von meinem Richtung Straße liegt, hatte es sich eingebürgert, dass ich bei ihm und Franziska vorbeischaute. Karl redete nicht um den heißen Brei herum. »Es got ums Oldtimerrennen«, benannte er sein Anliegen nach unserer Begrüßung.

Ich hatte keine Ahnung, was er meinte, nickte jedoch und wartete ab. Zwar ähneln sich der Münchner und der Allgäuer nur rudimentär, wenngleich beide als Bayern gelten können, doch es hat sich bewährt abzuwarten, das lernte ich in meiner ersten Zeit in München von der Einheimischen Hob: Wenn einer erst naa, also Nein sagt, oder homma ned, nimmst du das keinesfalls für bare Münze, sondern bleibst freundlich stehen, aber ohne Druck aufzubauen und ungeduldig zu wirken. Weil: A bisserl was geht imma.

Karl ging ins Detail: »Do brauch i d'Franziska, weil mer die Strecke abfahra.«

Jetzt begriff ich. Am kommenden Wochenende hatte ich Dienst, wie so oft; drei Wochenenden im Monat verbringe ich auf der Straße. Karl wollte mir mitteilen, dass Franziska sich nicht um Schneewittchen würde kümmern können.

»Okay, klar«, sagte ich.

Wir redeten noch eine Weile über dies und jenes, dann verabschiedete Karl sich. Nachdenklich schraubte ich meine

Kaffeekanne auf und füllte Pulver ein. Warum hatte Franziska mir das nicht persönlich gesagt? Ich gab mir die Antwort selbst: Sie wollte mich nicht im Stich lassen. Außerdem hatte sie Schneewittchen ins Herz geschlossen. Und als Krankenschwester war sie an das Versorgen anderer gewöhnt. Aber seit Schneewittchen da war, hatte sie überhaupt keine Erholung mehr. Eine Woche Nachtdienst, eine Woche Rehdienst. Bei der Hege meines kleinen Rehs war die Hege meiner Nachbarn ins Hintertreffen geraten. Natürlich hätte ich gern die komplette Versorgung übernommen, doch wegen meines Dienstplanes war das nicht möglich. Und auch wenn meine Freundinnen und hier vor allem die liebe Manu aus der Schweiz gern einsprangen, es war Franziska, die das Fläschchen am häufigsten gab. Ich musste sie entlasten. Dies entsprach zum Glück auch Schneewittchens Bedürfnissen, die immer seltener Lust auf Fläschchen hatte und ihre Streifzüge durch die Umgebung ausdehnte. Einerseits freute mich das, andererseits bereitete es mir Kummer, wenn ich sie nicht jeden Tag einmal sah. Ging es ihr gut? Sie rief mich ja nicht an, wie ich es früher – heute weiß ich, viel zu selten – bei meiner Mutter gemacht hatte, wenn ich verreist war. Und Schneewittchen war auch nicht verreist. Sie folgte einfach ihren Instinkten, dem Ruf der Wildnis.

Erst Jahre später erzählte mir Franziska, wie ausgelaugt sie nach der langen Flaschenzeit mit Schneewittchen war. Ich hörte, dass sie in ihrer Freiwoche alle privaten Termine abgesagt hatte, anfangs musste das kleine Kitz ja alle zwei Stunden gefüttert werden. Pflichtbewusst und treu, wie Franziska war, wollte sie das hungrige Reh nicht darben lassen. Denn selbst wenn ich eine Freundin zu Besuch hatte, war es nicht gewährleistet, dass Schneewittchen die Flasche von ihr annahm. Da war sie manchmal heikel – und dann wurde ein Notruf abgesetzt, der bei Franziska landete. Und wie es eben so läuft in der Pflege – Franziska selbst merkte es in dieser Akutsituation gar nicht, dass sie burnoutgefährdet war. Sie tat, was getan werden musste. Ich machte mir Vorwürfe, nicht besser aufgepasst zu haben, denn ich habe schon einige Menschen, vor allem Frauen, kennengelernt, die sich stark im Tierschutz engagieren und dabei im wahrsten Sinne des Wortes vor die Hunde gehen. Es ist eben nicht möglich, alle leidenden Tiere zu retten. Nur das eine noch. Und das noch. Und das noch. Und am Ende muss ein Mensch gerettet werden, der sich grenzenlos überfordert hat. Es ist schier unglaublich, was manche Menschen auf sich nehmen, um Tieren zu helfen. Ich selbst hatte noch ausreichend Reserven, doch ehrlicherweise muss ich gestehen, dass auch ich viele Tage meines Lebens den Bedürfnissen des Rehs anpasste, später auch auf Urlaube verzichtete, um Schneewittchen zu beschützen, als das Gras im Sommer hoch stand und die Kreiselmäher zerschnitten, was ihnen unter die Messer kam. Ich kenne eine alte Dame, die oft von Kartoffeln und Quark lebt – weil sie ihre Rente für Tierfutter aufbraucht. Sie klagt nicht, sie sagt, dass man so lange Freude am Leben habe, wie man gebraucht werde. Nun, ich selbst möchte nicht andere dazu benutzen, gebraucht zu werden. Doch ich muss zugeben, dass ich gelegentlich nach einer gefährlichen Reifenpanne auf der Autobahn nicht nur an meine menschlichen Angehörigen dachte, sondern auch an Schneewittchen.

Franziska gelang etwas, wofür ich sie bewunderte. Sie schaffte es, Schneewittchen loszulassen. Als das Reh nachts überhaupt nicht mehr in seinen Stall einkehrte, sondern lieber draußen blieb – und wir wussten nicht, wo –, stapfte Franziska nicht durch den Schnee und suchte Schneewittchen. Sie ließ das Reh ziehen und nabelte sich ab. Davon war ich weit entfernt – aber ich wollte es so, und außerdem sind kranke Autos nicht so kräftezehrend wie kranke Menschen, die Franziska ja hauptberuflich versorgte.

»Ich sehe das so«, sagte Franziska zu mir. »Schneewittchen ist ein Wildtier. Ohne uns wäre sie heute nicht mehr am Leben. Dabei ist es mir völlig schnuppe, ob sie ein Schwein, ein Hase oder ein Siebenschläfer gewesen wäre. Sie war ein Wesen in Not. Wir haben das Maximum getan, ihr zu helfen. Jetzt muss sie alleine klarkommen. Ich traue ihr zu, dass sie es schafft. Schneewittchen ist ein starkes Mädchen. Karl und ich haben nun unsere Winnie. Die muss nicht alleine klarkommen. Die ist als Hund ein Haustier, und da brauch ich mich auch nicht abzunabeln.«

Oh wie wahr. Und wie schwierig. Wie viel Haustier kann in einem Wild stecken, beziehungsweise darf man ein Wildtier zum Haustier machen? Manche meiner Rehaufzuchtvorgänger haben Wildgatter gebaut und ihrem Reh niemals die Freiheit geschenkt, wie ich las und hörte, sondern weitere Rehe »domestiziert«. So etwas bräche mir das Herz. Das Schöne am Wild ist auch seine Freiheit. Das Reh im Wald zu beobachten macht den Reiz aus, nicht, es in einem Wildgehege zu sehen. Aber natürlich muss man für den Anblick eines Rehs im Wald oft lange ansitzen. Das ist der Preis, aber er ist es mir wert. Selbst wenn ich erbärmlich friere – beim Anblick eines Rehs wird mir warm ums Herz.

Ich war Franziska unendlich dankbar, dass sie mir in dieser ersten wichtigen Zeit so viel geholfen hatte. Nun benötigte ich ihre Hilfe nur noch selten, weil Schneewittchen neugierig die Welt erkundete. Darüber freute ich mich, und gleichzeitig bereitete es mir schlaflose Nächte. Denn obwohl ich recht abgelegen wohne, gibt es auch in meiner Gegend Straßen, besonders eine, die ich als gefährlich einstufe. Hier werden oft Rehe überfahren. Und Schneewittchen hatte keine Angst vor Autos. Sie war selbst schon einige Male mitgefahren, sie war im Schatten neben mir gelegen, wenn ich mein Auto im Hof reparierte, auch bei laufendem Motor. Sie freute sich sogar, wenn sie mein Auto sah, weil das ja bedeutete, es würde Leckereien geben. Würde sie unterscheiden können, dass andere Autos kein Knisterbrot, sondern den Tod brachten?

Jährlich werden rund eine Viertelmillion Wildunfälle gemeldet, in der Regel verlaufen sie tödlich. Unser Land ist flächendeckend durchzogen von einem dichten Straßennetz. Schneewittchen war auch in der Nähe meines Hauses gefährdet, oberhalb verlief eine schmale Straße mit einer scharfen Kurve. Ich stellte Schilder auf: Vorsicht! Frei laufende Katzen und Rehe! Oh ja, mein Reh genoss seinen Freilauf. Einmal, ich war im Dienst, erhielt Franziska einen Anruf von einem einige Kilometer entfernten Hotel. Wanderer hatten an der Rezeption gemeldet, dass ihnen ein Reh nachgelaufen war. Als Franziska hörte, wo, wusste sie, dass dies ein Notfall war, denn Schneewittchen hatte sich sehr weit von uns, von ihrem Einstand entfernt. Franziska machte sich Sorgen, das Reh könnte nicht zurückfinden. Gemeinsam mit Manu suchte sie nach Schneewittchen. Sie fanden sie nicht, doch als sie müde und ein bisschen verzweifelt nach Hause kamen, lag das Reh unter einer der drei hohen Tannen vor Franziskas Haus. Manu lachte erleichtert: »Ui, diä Ufregig isch aber für nüt gsi!« Sie kam gerade von einer Besichtigung des Mili-Weber-Hauses in Sankt Moritz. Mili Weber, die Malerin bezaubernder Bilder voller Fabelwesen, zarter Pflanzen und Tiere, bemalte ihr idyllisch gelegenes Haus komplett. An Balken, Möbeln, Wänden drückte sie ihre Liebe und Achtung für die Natur aus. Auch sie hatte als Kind ein »Rehli« namens Fin aufgezogen, und diese Erfahrung prägte ihr ganzes Leben. Später schrieb sie ein Buch in Mundart über diese Zeit, welches laut vorzulesen sehr viel Freude bereitet. Mili Webers Geschichte erzählte mir die meine, lange bevor ich sie selbst erleben durfte.

Bei Fremden in meiner Begleitung zeigte das Reh keine Scheu, ich stellte wohl eine Art Unbedenklichkeitserklärung dar. Andere erzählten mir, dass es ohne mich in der Nähe zwar stehen blieb anstatt wegzulaufen, sich dann aber duckte und klein machte – eine Unterwerfungsgeste, wie man sie von Hunden kennt und wie ich sie später unzählige Male bei anderen Kitzen beobachtete, wenn sich ältere Rehe näherten.

Da der Presserummel um mein Buch nun etwas nachgelassen hatte, konnte ich mich in meiner dienstfreien Zeit viel mit dem kleinen Reh beschäftigen. Nicht nur dass ich zahlreiche Bücher über die Wildbiologie der Rehe las, ich hatte auch Zeit, mit Moll lange Spaziergänge durch die Wälder zu unternehmen. Wenn ich Glück hatte, trafen wir Schneewittchen, und ich konnte mich vergewissern, dass es ihr gut ging, dass sie gesund aussah. In dieser ersten Zeit ihrer Freiheit war ich oft aufgeregt, ob ich sie finden würde oder ob sie abgewandert wäre. Aber irgendwann kam Schneewittchen in anmutigen Sprüngen auf mich zu – oder ehrlicher gesagt auf die Leckereien, die ich ihr reichte. Womöglich nahm sie mich weniger als Mutter denn als eine Art Fütterungsautomat wahr; egal, es war wunderschön, die weichen Rehlippen in meiner Handinnenfläche zu spüren und zu hören, wie das Knisterbrot knackte. So nannte ich das Vollkornbrot, das ich für mein Reh in kleine Würfel schnitt und auf der Heizung oder an der Sonne trocknete. Rehe mögen Brot, vertragen es aber aufgrund ihrer sehr sensiblen Verdauung nur als ausgetrocknetes Vollkornbrot. Schneewittchens Vorliebe für Katzentrockenfutter war mir nämlich nicht geheuer – Rehe sind schließlich Vegetarier. Bei den Katzenbrekkies war mir aufgefallen, vielleicht interpretierte ich auch falsch, dass Schneewittchen das Knistern und Knacken beim Zerkauen des Trockenfutters gefiel. Ich stellte mir das ähnlich vor wie das Cornflakes-Feeling meiner Jugend. Wenn die Cornflakes noch nicht vollständig aufgeweicht waren, sondern knisterten, waren sie am besten. Als Wiederkäuer besitzt ein Reh nur im Unterkiefer Schneidezähne und kann kein hartes Brot abbeißen, deshalb schneide ich es in kleine Würfel, die Schneewittchen mit den Backenzähnen zermalmt. Auch die Äpfel serviere ich in kleinen Stücken. Ich bereite sie allerdings nicht vor, sondern zerteile sie mit dem Taschenmesser vor Schneewittchens Augen. Wenn ich das Haus verlasse, schnalle ich mir meistens meinen Bauchgurt um – ich könnte Schneewittchen begegnen. Die schaut auch immer gleich auf den tollen Beutel, in dem ich Knisterbrot, Äpfel, mein Taschenmesser, Ersatzhalsbänder und einen Salzstein verwahre. Wenn ich daran denke, nehme ich auch das Fernglas mit, um andere Rehe und Füchse, Dachse und Vögel zu beobachten. Dafür verzichte ich auf die Damenhandtasche.

Mittlerweile hatte ich einige Menschen kennengelernt, die ebenfalls Rehe aufgezogen hatten. Oft hörte ich, dass diese Rehe nach dem Auswildern nie mehr gesehen wurden. »Sie sprangen in den Wald, und weg waren sie. Es sind eben Wildtiere.«

Als Jägerin ist der Wald für mich kein schwarzes Loch, in dem man sang- und klanglos verschwindet. Rehe sind ihrer Natur nach standorttreu. Ich halte es leider für wahrscheinlicher, dass die ausgewilderten Rehe ums Leben kamen, ob durch Füchse, Hunde, Unfälle, Krankheiten oder eben einen Jäger. Deshalb kehrten sie nicht zu den Menschen zurück, bei denen sie aufwuchsen. Der Wald ist für ein zahmes Reh gefährlich. Es hat keine Angst vor Menschen, die Witterung des Jägers auf dem Hochsitz beunruhigt es nicht. Vertraut und neugierig bleibt es stehen – eine leichte Beute, zumal es ja, weil es wahrscheinlich ein Schmalreh oder Jährling ist, ohnehin auf der von Amts wegen vorgeschriebenen Abschussliste steht. Ein Reh, das sich nicht artgerecht, also nicht scheu verhält, macht sich verdächtig. Ist es vielleicht erkrankt? Am besten wäre es, ein Jäger würde das Reh ansprechen, aber eben nicht final, sondern von Mensch zu Tier: Hallo Reh. Wenn es dann die Lauscher spitzt und neugierig zu der Stimme blickt, kann man davon ausgehen, dass es handzahm ist. Aber welcher Jäger spricht mit Rehen? Deshalb haben von Menschen aufgezogene Rehe oder Füchse schlechte Chancen, in freier Wildbahn zu überleben. Schneewittchen sollte ihr Leben so lang wie möglich genießen. Dabei würde ihr das Halsband als leuchtende Lebensversicherung hoffentlich helfen. Ich war unendlich erleichtert, weil sie es nicht allzu oft verlor. Mit dieser Kennzeichnung wollte ich sie nicht kontrollieren oder als meinen Besitz ausweisen, nein, ich wollte ihr Freiraum schaffen und ihre Chancen erhöhen. Über die machte ich mir wenig Illusionen. Ich hätte Straßen sperren, Autos stilllegen oder eine neue Abgasplakette einführen müssen. Aber ich war ja keine Lobby.

Die Währung Vertrauen

Im März, als der Schnee an sonnigen Stellen schon wegge-
schmolzen war und das erste frische Grün aus dem aufge-
tauten Boden wuchs, fuhr ich gegen Mitternacht von der
Spätschicht nach Hause. Im Scheinwerferlicht reflektierte
etwas dicht am Straßenrand sehr hell. Es waren keine Tier-
augen, es sah eher aus wie ein Begrenzungspfosten, aber im
falschen Abstand zu den anderen Pfosten und zirka einen
Meter in der Wiese. Irritiert nahm ich den Fuß vom Gas,
fuhr langsamer, dann begriff ich: Das war Schneewittchens
Halsband! Mein Herz hüpfte. Ich freute mich, sie zu sehen.
Dann realisierte ich, dass sie direkt an der Straße stand. Ich
bremste. Schneewittchen lief nicht weg, was mich noch mehr
entsetzte. Sie musste sich in Sicherheit bringen! Aber wieso
sollte sie Angst vor Autos haben, wie oft hatte sie mich
hin- und wegfahren sehen, und im Hof parkten Autos, das
war alles normal und ungefährlich für Schneewittchen. Sie
konnte nicht zwischen meinen und fremden Autos unterscheiden. Oder doch? Ich stieg aus, da erkannte sie mich und
lief in der Hoffnung auf Leckereien zu mir. So standen wir
reflektierend im Scheinwerferlicht, beide in Dienstkleidung.
Wäre jemand vorbeigefahren, hätte er eine doppelte Marien-
erscheinung gehabt. Doch um diese Zeit war kaum mehr
Verkehr. Ich steckte Schneewittchen einige Würfel Knisterbrot zu, während ich nachdachte. Was sollte ich tun? Ich

konnte dem Reh nicht verbieten, über die Straße zu laufen, ich konnte ihm diese Gefahr nicht erklären. Aber ich würde eine schlaflose Nacht haben, wenn ich es hier am Straßenrand zurückließ. Kurz entschlossen packte ich Schneewittchen und hob sie auf den Fahrersitz. Routiniert, Autofahren kannte sie, ließ sie sich verfrachten. So fuhren wir nach Hause. Dort sprang sie vom Sitz und trollte sich. Ich schlief besser in dieser Nacht mit dem Gefühl, sie in Sicherheit gebracht zu haben. In der nächsten Nacht entdeckte ich sie erneut an der Straße und lud sie wieder ein. In der dritten Nacht ließ ich es bleiben. Mein Auto war ein Engelmobil, kein Rehtransporter. Es fiel mir sehr schwer, mein liebes Reh so nah an der gefährlichen Straße zu wissen. Ich versuchte darauf zu vertrauen, dass Schneewittchen jeden Tag in Freiheit mehr lernte. Und jeder Tag, an dem sie nicht überfahren wurde, machte mich froh.

Immer wenn man sich Sorgen macht und diese sich als unbegründet herausstellen, sollte man sie auf das Beruhigungskonto buchen. Der Name der Währung lautet Vertrauen. Diesbezüglich war ich zuweilen knapp bei Kasse. Mir fehlte das Vertrauen, von dem Franziska zehrte. Sie glaubte, dass die Auswilderung gut gehen würde, aber sie kannte auch nicht alle Gefahren, die mir durch den Kopf gingen. Hab Vertrauen, sagte ich mir immer wieder vor. Das hatte ich selbst doch auch, wenn ich am Straßenrand zwar nicht äste, aber doch arbeitete. Vertrauen wurde mein Mantra, ohne allein darauf bauen zu wollen. Wachsamkeit kann Leben retten, meines und Schneewittchens. Angst ist ein schlechter Ratgeber. Gekoppelt mit Vertrauen entsteht entspannte Achtsamkeit. So versuchte ich jene Bilder, die Schneewittchen am Straßenrand zeigten, gegen solche zu tauschen, auf denen sie sicher im Wald und auf Wiesen äste, weit entfernt von Autos und fremden Jägern. Wie schön sie aussah … ob ein Reh so etwas wie Glück empfindet? Vielleicht wenn der Winter weicht und endlich frisches Grün sprießt?

Rehkitze lernen von der Mutter, welche Pflanzen erlaubt sind. Außerdem verfügen sie über einen sicheren Instinkt und finden sich über den Geruch der Kräuter und Pflanzen zurecht. Dennoch wird das jeweilige Kraut nur von solchen Rehen gepflückt, deren Mütter ihnen das empfohlen haben. Das nennt man Traditionsäsen. Bei Schneewittchen schien das mit der Tradition nicht so zu klappen. Leider wusste ich nicht, dass ich meinem Reh in seiner Kindheit alles Mögliche hätte vorkauen müssen. Das hatte ich versäumt, und so war sie ganz auf sich selbst gestellt und entwickelte Vorlieben, die andere Rehe links liegen lassen würden. So begann Schneewittchen erst als junge Rehmutter, Springkraut zu fressen. Ihre Kitze ästen es alle von klein auf. Kastanien und Runkel, die bei ihren Artgenossen angeblich hoch im Kurs stehen, mag sie nicht. Sie schüttelt dann fast schon empört das Haupt: bäh!

Hund mit Hasenohren

Im Frühling wurde mein nun gelegentlich schon an Zuversicht grenzendes Vertrauen auf mehrere harte Proben gestellt. Ich hatte Schneewittchen einige Tage nicht gesehen und keine Ahnung, ob sie in der Nähe weilte. Meine Schutzbefohlene kam nicht mehr jeden Tag nach Hause, wobei – was bedeutet »nach Hause« für ein Reh? Nach Hause ist da, wo sich die Milchbar befindet. Und von der hatte sich Schneewittchen emanzipiert, sie hatte sich sozusagen selbst abgestillt. Dennoch kam sie häufig bei Franziska und mir vorbei, mindestens jeden zweiten oder dritten Tag. Aber das konnte ich eigentlich gar nicht so genau wissen, da ich ja nicht ständig auf der Lauer lag. Vielleicht besuchte sie uns sogar mehrmals täglich. Ja, sie könnte glauben, uns Post gebracht zu haben, nämlich ihren Geruch, den sie aus den Zwischenzehendrüsen an den Schalen und den sogenannten Kastanien an den Hinterläufen absondert. Leider erreichten mich diese Sendungen nicht. Ich musste mich auf meine Augen verlassen. Es vergingen vier, es vergingen fünf Tage – und mein Reh blieb unsichtbar. Ich hatte keine Ahnung, wo es sich herumtrieb. Es war nicht ausgeschlossen, dass Schneewittchen wiederkäuend in der Nähe des Hauses ruhte. Sie sah einfach keine Veranlassung, ihr bequemes Lager zu verlassen, wenn ich nach ihr pfiff.

Eines Spätnachmittags wurde ich zu einem abgerissenen Auspuff gerufen. Ich konnte ihn so befestigen, dass einer – wenn auch lautstarken – Weiterfahrt des Havaristen nichts im Wege stand. »Da bin ich aber froh«, seufzte der Mann erleichtert, der mir, während ich unter dem Auto lag, erzählt hatte, dass er Geschichtslehrer war und seit bald zwanzig Jahren im Allgäu Urlaub machte, früher mit seiner Frau, nun als Witwer. »Denn so ein lauter Auspuff erschreckt doch bestimmt auch die Rehe. Das wäre mein Albtraum, ein Reh zu überfahren. Es sind so herrliche Tiere. Neulich dachte ich fast, es wäre so weit. Aber dann war es ein Hund, der am Straßenrand stand. Er trug ein reflektierendes Halsband, sah aber irgendwie aus wie ein Reh und hatte Hasenohren.«

Mein Herz klopfte bis zum Hals. »Könnte es ein Reh gewesen sein?«, fragte ich.

»Nein, bestimmt nicht. Es trug wie gesagt ein Halsband.«

»Und wo genau war das?«

Der Havarist nannte den Ort, und mir wurde flau. Wie weit laufen Rehe, fragte ich mich und später am Tag Wolf.

»Über den Berg auf jeden Fall«, entgegnete er und erzählte mir dann, dass ein mit ihm befreundeter Jäger von der anderen Seite unserer Hügelkette mit seinem Hund unterwegs war und ihn fast der Schlag getroffen habe, weil auf einer Wiese ein Reh mit Halsband seelenruhig äste und keine Anstalten machte wegzulaufen, ja sogar den Hund mit freundlicher Neugier musterte. »Der Kollege hat mehrfach betont, dass er nüchtern war«, lachte Wolf.

»Hinter dem Berg? Die Jäger dort kenne ich gar nicht!« Mir war jämmerlich zumute. »Mit wem muss ich denn da reden?«

»Ich habe ihn schon informiert, das Reh mit Halsband

hat ganzjährige Schonzeit«, beruhigte Wolf mich, fügte dann aber etwas ziemlich Beunruhigendes hinzu: »Die haben dort allerdings Regiejagd.« So wird es genannt, wenn kein Jagdpächter mit seinen Gehilfen für ein Revier zuständig ist und es betreut, sondern die Jagdgenossenschaft, also die Waldbesitzer, mehrere Jäger zur Tätigung des Abschusses beschäftigt. Diese Jäger müssen nur die Rehe bezahlen, die sie töten, keine Pacht. Sie haben zuweilen eine weniger emotionale Einstellung zur Hege des Wildes als feste Revierpächter, die über einen langen Zeitraum ihr Revier wie einen großen Garten betreuen und aufgrund ihrer Erfahrung und Sachkenntnis versuchen, die Interessen von Wild und Wald in Einklang zu bringen.

Wolf merkte, wie mich diese Nachricht, dass die Jäger keine festen Revierpächter waren, traf. Er versuchte mich auf andere Gedanken zu bringen: »Dein Reh wurde vor zwei, drei Tagen dort gesichtet. Das heißt nicht, dass es jetzt immer noch in der Gegend ist. Du musst bedenken, es ist Frühling, es ist ein junges Tier, es ist neugierig, es schaut sich die Welt an. Es muss jetzt allmählich auch herausfinden, welche Böcke wo ihre Einstände haben. Es ist an der Zeit, erste Sondierungsgespräche zu führen und für die Brunft schon mal einen Termin zu reservieren.«

»Meinst du so was wie flirten?«

Wolf verzog keine Miene. »Wenn du es so nennen willst.«

Mehrmals wanderte ich mit Moll über die Hügelkette und pfiff und rief nach Schneewittchen. Kein Reh erschien am Waldrand. Das ist normal, beschwichtigte ich mich selbst. Das ist gut so. Aber es tat weh, und ich war in ständiger Sorge. Lebte mein Schneewittchen noch?

»Du häsch s' Rehli frei gla und di ighaget«, brachte Manu es auf den Punkt. Das Reh war unbeschwert unterwegs, und ich eingezäunt von meinen Ängsten. Ich haderte nicht damit, dass es frei war, ich wünschte mir einfach nur, dass es seine Freiheit in einer sicheren Umgebung auf unserer Bergseite genoss und nicht im Revier der unbekannten Söldner. Vielleicht so, wie meine Mutter sich damals gewünscht hatte, dass ich nach dem Abi nicht nach Indien reiste, sondern durch Europa oder noch besser Deutschland. Damals gab es kein Internet, telefonieren war schwierig, Briefe waren wochenlang unterwegs. In diesen Tagen der Suche nach Schneewittchen dachte ich oft an meine Mutter, die ihre Sorgen von mir ferngehalten hatte, was mich mit dem nötigen Selbstbewusstsein erfüllte, alle Schwierigkeiten unterwegs zu meistern. Hätten meine Eltern mir weniger zugetraut, hätte auch ich nicht an mich glauben können. Nun, wo meine Mutter, hoch in den Achtzigern, von ihren Kindern abgenabelt ist, melde ich mich öfter als früher, schicke ihr fast jeden Tag eine Nachricht über Whatsapp. Was mein Reh ja nicht machte. Ach, es hatte keine Ahnung, wie sehr ich mich sorgte, und die hatte ich früher auch nicht. Mütterliche Sorgen waren nur eines – lästig. Allzu gern wäre ich meine Rehsorgen losgeworden. Allzu gern hätte ich mich abgenabelt wie Franziska. Aber es klappte nicht. Ich streifte durch die Wälder und über die Wiesen und suchte mein Reh und fand es nicht, obwohl Moll mir mit seiner feinen Nase half.

Eines Morgens glaubte ich, eine Erscheinung zu haben. Ich schaute aus dem Fenster und sah … zwei Rehe! Eines mit Halsband, eines ohne. Schneewittchen war wieder da und hatte eine Freundin mitgebracht, ein anderes Schmalreh, ich schätzte die beiden gleich alt. Friedlich lagen sie nebeneinander im Gras, käuten wieder, und vielleicht erzählte Schneewittchen von dem klingelnden Gesäuge und dem Knisterbrot, das es hier gab. Von nun an tauchten die beiden oft zusammen auf, und ich freute mich sehr, dass mein Reh Anschluss gefunden hatte. Ich hoffte, dass die zwei zusammenbleiben würden, auch für das andere Reh, denn solange Schneewittchen durch Wolfs Revier zog, wäre ihre Freundin sicher wie sie selbst. Schneewittchen wurde nie wieder jenseits der Hügelkette gesichtet, und es klärte sich auch auf, wie sie dorthin gelangt war. Sie war Karl, der mit Winnie und Moll auf unseren Hausberg wanderte, nachgelaufen und dann neugierig einfach weitergegangen. Schneewittchen wurde allerdings in diesem Frühling auch am Sportplatz gesichtet, wo sie gemäß ihrer kindlichen Prägung beim Fußballtraining zuschaute. Hätte sie dazu nicht eine gefährliche Straße überqueren müssen, wäre dagegen von meiner Seite nichts einzuwenden gewesen.

Mein Nachbarjäger erzählt mir, er sei durch seinen Wald gegangen, da habe plötzlich Schneewittchen vor ihm gestanden und ihn neugierig angeschaut. Es sei ihm vorgekommen, als würde sie ihn fragen: Wer bist du, und was machst du hier? Er sei stehen geblieben, habe freundlich geantwortet, und dann habe sie ihn von oben bis unten beschnuppert. Magie sei über dieser Begegnung gelegen, das sagte er wörtlich, was ich bemerkenswert fand: dass ein Jägersmann sich verzaubern ließ. Doch nicht jedem Waidmann wird das Glück zuteil, einem lebenden Reh sozusagen auf Augenhöhe zu begegnen. Ganz anders erging es einem Freund von Karl, der im Wald nach seiner Quelle schauen wollte und sich beobachtet fühlte. Hinter ihm knackten Äste auf dem Boden, gerade so, als würde er verfolgt. Er blieb stehen, die Geräusche verstummten. Er ging ein paar Schritte, das Knacken folgte ihm. Er drehte sich um – nichts. Mulmig war ihm zumute, dem gestandenen Kerl. Bis sich Schneewittchen zu erkennen gab. Was für eine Erleichterung. »Nur« ein Reh.

Manu erzählte mir, dass Schneewittchen sie bis zum Schwimmbad begleitet habe. »Gang hei, Schneewittchen, gang hei, Rehli«, habe sie gebeten, doch das Rehli sei vor dem Hallenbad stehen geblieben, und als Manu später ihre Bahnen zog, sah sie Schneewittchen, die ihre Nase an die Glasfassade drückte und interessiert die Schwimmenden beobachtete. Ob das Hallenbad für sie ein überdachter, übel riechender See war?

Zu meiner großen Erleichterung fand sie schließlich einen idealen Einstand bei einem benachbarten Bauernhof. Schneewittchen war ja ohne familiäre Anbindung und musste damit rechnen, von anderen Rehen vertrieben zu werden. Da Rehe normalerweise die Nähe von Menschen meiden, war dieses Revier sozusagen frei. Wenn man keine Angst vor Menschen und lauten Maschinen hat, ist es sogar der perfekte Einstand – weitläufige Wiesen, hohes Gras, vereinzelte verwilderte Stellen, weil der ledige Landwirt mit der Arbeit nicht nachkommt, ausreichend Schattenspender in Form von Bäumen und eine hervorragende Deckung hinter verwahrlosten Maschinen, deren Blütezeit schon lange zurücklag. Ein ausrangierter Anhänger gehörte zu Schneewittchens Lieblingsplätzen, unter den legte sie sich besonders gern, wie früher unter oder neben die Autos in meinem Hof. Auch meine Katzen legten sich gern unter die Autos, und Moll grub und buddelte so lange, bis auch er flunderflach unter ein Auto robben konnte. Allein die Straße in der Nähe von Schneewittchens idyllischem Einstand bekümmerte mich. Aber sicher hatte Schneewittchen sie mittlerweile unzählige Male überquert auf dem Weg von meinem Zuhause zu ihrem Zuhause, eine Entfernung von zirka vierhundert Metern Luftlinie, leicht zu bewältigen für ein Reh, anstrengend für einen Menschen, wenn das Gras hoch stand. »Bevor er mäht, sage ich Bescheid«, versprach die Mutter des Bauern.

Aber würde sie auch wirklich Bescheid geben? Würde sie meine Telefonnummer wiederfinden, die sie mit einem stumpfen Bleistiftstummel auf einer abgerissenen Ecke der Tageszeitung notiert hatte?

Vertrauen!, beschwor ich mich.

Rehe sind Grenzgänger. Sie leben an Vegetationsgrenzen, zwischen Wald und Wiese, weil sie so auf der Wiese äsen können, und wenn Gefahr droht, springen sie in den Wald. Für kurze Distanzen reicht ihre Kondition. Aufgrund ihrer Seheigenschaften haben Rehe Mühe, sich auf Flächen zurechtzufinden. Sie sehen Punkte als Striche, alles etwas unscharf und verzerrt mit sehr geringer Tiefenschärfe und wenig Farben. Blau und gelb heben sich dunkel ab vor einem Schwarzweißhintergrund mit Grautönen. Aufgrund dieses Abbildungsfehlers nehmen sie aber jede kleinste Bewegung als starken optischen Reiz wahr. Sie erkennen nicht, was, aber dass sich etwas bewegt. Ihr sehr guter Geruchssinn gleicht den Mangel an Sehschärfe aus. Deshalb bleiben sie oft wie angewurzelt stehen und beobachten etwas in der Ferne, dessen Bewegung wir Menschen überhaupt nicht wahrgenommen haben. Während ich als Mensch noch mit Suchen beschäftigt bin, worum es hier überhaupt geht, ist mein Reh längst bei der olfaktorischen Feinbestimmung. Die Rehnase besteht aus 320 Millionen Riechzellen, das sind fünfunddreißig Mal mehr, als der Menschennase zur Verfügung stehen. Und auch deutlich mehr als den berühmten Spürnasen der Hunde. Noch dazu sind Nasenzellen beim Reh unterschiedlich ausgelegt, das ist einzigartig im Tierreich. Vermutlich braucht es diese, weil es Pflanzendüfte und Gerüche von anderen Säugetieren für seine Sozialkontakte und die Feindvermeidung gleichermaßen gut erkennen muss. Was muss das für ein buntes, klingendes Riechen sein! Optisch orientieren sich Rehe an Wegrändern mit den Linien aus Licht und Schatten. Sie brauchen diese Landmarken, um sich zurechtzufinden. So kann es eben geschehen, dass eine Geiß ihr Kitz auf einer gemähten Wiese nicht wiederfindet, weil sie die Orientierung verliert.

Wie würde es wohl Schneewittchen als Mutter ergehen? War sie nicht viel zu klein für einen ausgewachsenen Bock? Bald würde die Brunft beginnen. Ich war gespannt.

Bei meinem Reh darf ich sichtbar, riechbar, hörbar sein. Es freut sich, wenn es mich sieht, ja, es freut sich wirklich, wobei ich stark vermute, dass es nicht mich meint, sondern die Leckerlis, die ich in der Tasche trage. Birne, Trauben, Apfel, Knisterbrot. Ich bin die große Verheißung. Dennoch bleibt eine klitzekleine Hoffnung. Vielleicht freut es sich doch ein bisschen über mich. Ich für meinen Teil freue mich sehr, wenn es mir entgegenläuft, vertrauensvoll und neugierig. Jedes Mal breitet sich ein Zauber aus, legt sich wie ein samtener Ton über uns, schwingt, solange das Reh da ist. Und ist verflogen, sobald es sich abwendet und lautlos in die Unsichtbarkeit entschwindet. Mein kleiner Trughirsch.

Mit den Waffen einer Frau

Die Beziehung zu einem Wildtier wird oft romantisiert, wozu auch einige Bücher beigetragen haben. Das Rehkitz erhielt von Walt Disney den Stempel Bambi – und der Jäger wurde zum bösen Feind. Als ich den künstlerisch anspruchsvollen Zeichentrickfilm aus dem Jahr 1942 neulich im Internet anschaute, konnte ich es kaum fassen, wie kitschig, vermenschlicht und sexualisiert die wunderbare Geschichte des ursprünglichen Autors Felix Salten, selbst Jäger, umgesetzt wurde. Nichtsdestotrotz – ein großer Erfolg, und die Liebe zum Reh, zum kleinen süßen Rehkitz vieler Menschen hat hier ihre Wurzeln. Wie auch die Ablehnung von Jägern, die das Böse darstellen. Wer als kleiner Mensch mit ansehen musste, wie Bambis Mutter erschossen wird und die Hundemeute später Bambi und seine Freundin Feline hetzt, wird das nie vergessen, jedoch wahrscheinlich vergessen, woher die Aversion gegen Jäger rührte. Collies hingegen finden viele Menschen einfach sympathisch, weil sie als Kind Lassiefilme angeschaut haben.

In manchen Büchern ist die Aufzucht eines Kitzes wesentlich einfacher dargestellt, als sie in der Realität vonstattengeht. Und sie scheint immer zu klappen. Die Wahrheit ist, dass es sehr oft nicht gelingt, ein Kitz mit der Flasche großzuziehen, doch darüber schreibt natürlich niemand ein

Buch, was aber gar nicht so schlecht wäre, denn aus Fehlern lernen wir. Viele Menschen wollen zwar, wissen aber nicht, wie sie helfen sollen, so wie auch ich am Anfang ziemlich ratlos dastand. Oder sie befolgen gut gemeinte, aber leider falsche Ratschläge, die verheerende Folgen haben. Solche können auch von Tierärzten stammen. Nicht jeder Tierarzt, der Kühe, Schafe, Hunde, Katzen und Hamster behandelt, kennt sich mit Wildtieren aus. Aber viele Menschen glauben dem Heilsversprechen des Tierarztes, des Tierheilpraktikers, so wie ich als kleines Mädchen, das seinen Vater über alles liebte, sicher war, er wisse alles über Tiere. In der Literatur über Rehe fand ich manche Geschichte, die das stärkste Reh nicht überleben könnte. Zum Beispiel Leberwurst- oder Marmeladenbrote als Leibspeise. Als ich dies meinem Jagd-herrn Wolf simste, antwortete er umgehend: Sind die Leute sicher, dass sie ein Reh aufgezogen haben?

Der Säuregrad im Pansen des Rehs ist niedriger als bei anderen Wiederkäuern, dadurch ist die Pansenflora extrem empfindlich. Wenn sie aus der Balance gebracht wird, über-säuert das Reh, sein Bauch gast auf und – das Tier stirbt qualvoll. Tragisch ist es, wenn Menschen ein Wildtier ret-ten wollen, keine Kosten oder Mühen scheuen, und es durch fehlende Informationen nicht gelingt. Oder die Tierliebe in einem Desaster endet. Das Tierheim München meldete kürz-lich, dass bei einem Viertel der dort lebenden Wildtiere der Mensch aus Unkenntnis der natürlichen Abläufe zu früh eingegriffen habe, zum Beispiel indem Spaziergänger Jung-tiere einsammelten in der fälschlichen Annahme, diese hätten keine Mutter mehr. Das traurige Resultat sieht so aus, dass diese Wildtiere bis zu ihrem Tod im Tierheim bleiben wer-den – gut gemeint, schlecht geholfen.

So ehrenwert die Idee auch ist, Straßenhunde zu retten und ihnen ein sicheres und liebevolles Zuhause zu schenken, zuweilen mutet die Rettung wie eine Entführung an. Auch Straßenhunde können ein schönes Leben haben. Sicher gibt es Hunde, die gerettet werden sollen, aber nicht jeder Hund ohne menschliche Bezugsperson ist arm dran. Freiheit und ein stabiles Rudel in einer vertrauten Umgebung bedeuten Lebensqualität. Die Gefahr für das Tier liegt darin, dass wir unsere eigenen Maßstäbe und Bedürfnisse übertragen. Manche Menschen glauben, nur im Schutz eines überdachten Hauses am warmen Ofen und vor voller Futterschüssel ließe es sich gut leben. Die anderen – und zu ihnen zähle ich auch mich – empfinden die Freiheit als das höchste Gut, dicht gefolgt von der Futterschüssel. Projektionen klappen schon nicht bei Menschen – mittlerweile wird jede dritte Ehe geschieden –, erst recht nicht bei Tieren. Bei einigen Hunden misslingt der Neustart in Deutschland. Mein Reh stammt aus dem Allgäu, wir trafen uns im gemeinsamen Habitat. Und doch sollte auch mein Leben ein wenig aus der Bahn geraten. Mitgehangen, mitgefangen. Manchmal passen Hund und Mensch einfach nicht zusammen. Während man bei einem Hund, dessen Rasseeigenschaften bekannt sind, im Vorfeld überlegen kann, ob diese sich in den menschlichen Alltag integrieren lassen, ist das bei einem Mischling aus Südeuropa, dessen Herkunft im Dunkeln liegt und der gewohnt ist, seiner eigenen Nase zu folgen, schwierig. Die Trennung von einem Tier, mit dem man nicht zurechtkommt, ist für eine Tierretterin in der Regel undenkbar, selbst wenn das eigene Leben aus den Fugen gerät. Das wird ausgelitten und ernährt mittlerweile eine Reihe neuer Berufe, zum Teil ohne oder mit erfundener Ausbildung. Die

Kunden Letzterer erinnern mich an jene Menschen, die glauben, dass sich Tankwarte mit Autos auskennen. Nicht selten werde ich zu Pannen gerufen, die dadurch entstanden, dass ein Autofahrer weniger seinem gesunden Menschenverstand vertraute als dem Outfit eines Tankwarts, der zum Beispiel so viel Öl in den Motor einfüllte, bis es oben am Deckel anstand, und dann beherzt startete. Das führt zum schnellen Motortod. Aber es gibt natürlich auch seriöse, kompetente Hundetrainerinnen, Hundepsychologinnen, Hundeernährungsberaterinnen. Und dann sind da die verzweifelten Hundehalter, die nur nachts Gassi gehen, weil ihr Hund ausrastet, wenn er andere Hunde sieht, oder Jogger und Radfahrer jagen möchte, weil er ständig bellt oder leinenaggressiv ist oder nie von der Leine gelassen werden kann, weil er sonst abhaut. Oder er wird mit einem GPS ausgestattet, damit man ihn wiederfindet. So hat man sich das nicht vorgestellt. Anstatt harmonische Spaziergänge mit dem frei laufenden, aufs Wort folgenden Hund zu unternehmen, muss alles geplant werden, man kann den Hund auch nicht allein in der Wohnung lassen. Da lob ich mir mein ausgewildertes Hausreh. Das kann nämlich sehr gut allein sein, und den kleinsten gemeinsamen Nenner eines Grundgehorsams habe ich gar nicht erst versucht zu erreichen. Trotzdem – auch mein Leben veränderte sich gravierend. Immerhin machte mir mein lieber Moll keine Sorgen. Als Berner Senne war er ein Hofhund. Eigentlich hätte ich als Jägerin eher einen Gordon Setter als Vorstehhund brauchen können oder einen Wachtel als Stöberhund, einen Labrador für die Entenjagd, einen Gebirgsschweißhund für die Nachsuche. Doch seit meinem Studium wünschte ich mir einen Berner Sennenhund, und als ich ins Allgäu zog, war der rechte

Zeitpunkt gekommen. Als Kind hatte ich einen Kuvasz namens Lontje, ein weißer Riese. Der Berner Sennenhund ist genauso groß, aber eben bunt: schwarz, weiß, braun. Sein Charakter ist sanft, und er ist gern an einem Ort, für den er sich zuständig fühlt. Trotzdem nahm ich Moll mit zur Jagd, und er war auch nicht unbegabt. Kleine Schweißfährten von bis zu fünfzig Metern bewältigte er spielend. Das ist die normale Distanz, die ein Reh, das tödlich getroffen ist, noch laufen kann, bevor es tot zusammenbricht. So war mir Moll eine große Hilfe, besonders in der Dämmerung, denn ich rieche die Blutstropfen nicht. Für ihn war die frische Schweißfährte ein roter Teppich, er musste dafür keine besonderen Fähigkeiten haben, einfach nur Hund sein. Ein Schweißhund läuft viele Stunden, sogar Tage auf einer alten Fährte. Er würde sich allerdings anders benehmen als Moll. Tote Tiere stupste er wedelnd an: Bitte steh auf! Ja, das kann eine Fehlinterpretation sein. Doch sie rührte mich sehr.

Ich knie mich neben das Reh, das ich geschossen hatte, Moll sitzt neben mir, sein warmer brauner Blick beobachtet mein Ritual.

Wenn ich das erlegte Reh finde, überkommt mich eine tiefe Ruhe. Ich bin erleichtert, weil ich gut getroffen habe, weil das Leid und der Schmerz des Tieres nicht unnötig groß waren und es schnell gestorben ist. Ich habe Adlerjagd auf Rehe gesehen, das ist grausamer als ein zielsicherer Schuss. Ich habe Rehe gesehen, die von Hunden gewildert wurden. Auch das ist sehr viel grausamer als ein guter Schuss. Da kann man als Reh von Glück sprechen, wenn einen ein Profi erwischt. Wie der Luchs. Oder ein guter Schütze.

Neben dem erlegten Reh kniend breitet sich ein Gefühl

der Dankbarkeit in mir aus. Ich möchte die Achtung vor der Schönheit des Tieres, wie ich sie empfand, als ich es lebend sah, mit dem erlegten Körper zusammenbringen. Die Lichter sind erloschen, die Seele soll entweichen. Zeit gewähren. Auch das ist ein Grund, nicht zu schnell zu einem erlegten Tier zu eilen. Die Inbesitznahme, wie dies unter Jägern genannt wird, ist für mich das Schönste an der Jagd, wenngleich ich mit dem Wort und dem Konzept von Besitz wenig anfangen kann. Dennoch gehörte das Wild vor seinem Tod niemandem, danach gehört es mir. Ich nehme es aus dem Wald, und damit hadere ich nicht. Ich handle im Einklang nicht nur mit den Vorgaben für den Abschuss, ich will auch kranke, alte, schwache Tiere erlösen. Wer einmal einen räudigen, tollwütigen oder an Staupe erkrankten Fuchs gesehen hat, kann vielleicht ahnen, wie fürchterlich er leidet. Gerade im Winter, wenn die Nahrung knapp wird, ist das Rehleben kein Zucker-, ja nicht mal ein Salzschlecken. Das Ritual des letzten Bissens, so nennt man es in der Jägersprache, wenn man einem getöteten Wildtier einen grünen Zweig ins Maul legt, empfinde ich nicht als zynisch. Es ist mir wichtig, es zeigt die Achtung vor diesem Individuum. Ich weiß, wie es in Schlachthöfen zugeht, begleitete meinen Vater früher oft zur Fleischbeschau. Dort wird ein getötetes Tier nicht gewürdigt oder geachtet. Weder vor der Tötung noch danach. Das verroht die Menschen, die dort arbeiten, und verursacht unnötige Qualen für die Tiere. Niemand ehrt sie mit einem letzten Bissen. Bevor ich diesen Brauch zum ersten Mal vollführte, hielt ich ihn für albern und altbacken. Erst in der Praxis verstand ich – und nicht nur bei diesem Jagdritual. Vieles hat sich mir in den letzten Jahren als Jägerin erschlossen, wenngleich die Theorie pervers anmuten mag. Erst *töten, dann ehren. Wenn man es aber selbst erlebt, bekommen diese rituellen Handlungen einen Sinn. Wir Jägerinnen und Jäger müssen mit der Schuld umgehen, einem Wesen, das wir schätzen, das Leben genommen zu haben. Man denkt ja nicht, so ein hässlicher Hirsch, ehe man auf ihn anlegt. Nein, man bewundert ihn. Dieser Zwiespalt wird durch die Zunft mit ihrer eigenen Sprache ein wenig gemildert. Aber mit der Verantwortung und der Schuld muss jeder für sich allein zurechtkommen.*

Ich kenne Jäger, die sich erst nach dem hundertsten oder zweihundertsten erlegten Tier fragen: Mit welchem Recht mache ich das? Ich glaube, dass bei der Jagd Hormone eine große Rolle spielen. Wer einen starken Beutetrieb hat, wer unter viel Adrenalin und Testosteron steht, dem fällt das Töten leichter. Claudius erlegte sein erstes Reh und wurde danach sofort Buddhist. Ein anderer, älterer Jäger erzählte mir, dass er nach jedem getöteten Reh zwei Wochen brauche, ehe er wieder in der Balance sei. Vielleicht wird er von manchen tollen Hechten belächelt, aber viele kennen das Gefühl. Auch mein Arbeitskollege Nino, der, so sagte er mir neulich, die »Rehlein« mittlerweile lieber beobachtet und sich an ihnen erfreut, als sie zu bejagen. Die Jägerinnen, die ich kenne, reden vielleicht ein wenig offener über ihre Zweifel am so genannten Recht zu töten, das ein Jäger, eine Jägerin hat. Die meisten schon vor dem ersten Schuss. Nicht erst danach. Ich für meinen Teil habe es eines Tages einfach ausprobiert. Ich wollte wissen, ob ich ein Tier töten kann und wenn ja, wie es mir nachgeht.

Der Prinz

Es war sehr heiß an diesem Tag Ende Juli. Der untere Teil der Wiese war vor Kurzem gemäht worden, hier oben auf dem kleinen Hügel, wo ich mich befand, stand das Gras hüfthoch. Die süßlich duftenden Ähren des Getreides, das zwischen den Gräsern wuchs, kitzelten meine Nase. Unzählige Insekten waren unterwegs, es sirrte und brummte emsig in allen Richtungen. Hier und da landete eine Biene an einer Zapfsäule und tankte voll. Mücken, die wie Mopeds klangen, versuchten mich anzuzapfen. Aber ich war nicht im Dienst. Ich hatte frei an diesem prallen Sommertag. Ein leichter Windhauch strich sacht über Gräser, brachte aber keine Kühlung. Unten im Tal fuhr ein Traktor, viel leiser als das über mir schwätzende Kolkrabenpaar. Es klang, als würden sie sich beschweren über den Eindringling. Ich hatte es mir auf dem Dach eines kleinen Heustadels bequem gemacht. Von hier aus hatte ich den unteren Teil der Wiese gut im Blick, ein idealer Aussichtspunkt, um Schneewittchen und ihre Freundin zu beobachten, die sich gern auf dieser Wiese tummelten. Vom Stadel aus hatte ich auch schon mehrmals einer Dachsfamilie und ihrem Nachwuchs beim drolligen Spiel zugeschaut. Heute sah ich zuerst einmal gar nichts. Kein Dachs, kein Rehe. Dann trabte plötzlich ein Reh mit Halsband aus dem Wald auf die Wiese, im Schlepptau einen imposanten Rehbock, ein guter Sechser, weit über Lauscher hoch trug er sein sehr schön verecktes Gehörn. Landläufig wird das Gehörn als Geweih bezeichnet. Das wird allerdings nur beim Hirsch so genannt, obwohl es auch bei Rehen die richtige Bezeichnung wäre. Man spricht von Geweih, wenn es aus Knochen besteht und jährlich abgeworfen und neu gebildet wird – und das geschieht bei Rehen. Man sagt dennoch Gehörn zu ihrem Geweih, wie bei Kühen, Stein- und Ziegenböcken, die ihre Hörner aber ein Leben lang behalten. Es besteht, wie sein Name schon sagt, aus Horn, wächst immer weiter und fällt nicht ab. Ich vermute, dass man dem Reh, dem »Wild des kleinen Mannes«, kein Geweih gönnen wollte. Manche Hirsche tragen beeindruckende Kronen auf ihren Häuptern. Ich erinnere mich gut an den ersten Dreizehnender, den ich in der Nähe von Oberstdorf sah. Ich konnte es kaum fassen, dass der Hirsch dieses mächtige Geweih in einem Jahr gebildet hatte. Wie schade, dass er es im Winter abwerfen würde. Aber es würde sich ja neu bilden bis zur Brunft. So ein Geweih ist für eine Hirschkuh vielleicht wie ein Ferrari, aus dem eine brünftige Menschin Schlüsse auf die Finanzpotenz des Bewerbers ziehen könnte. Doch im Gegensatz zur Menschin irrt die Hirschkuh nicht, da es Geweih nicht auf Kredit gibt, und klauen kann man es auch nicht. Ein weit verbreiteter Irrtum ist übrigens auch die Annahme, weibliche Kühe hätten keine Hörner. Sie werden bei den kleinen Kälbern, egal welchen Geschlechts, verödet. Ich stelle mir das sehr, sehr schmerzhaft vor, einen Lötkolben auf die empfindliche Knochenhaut pressen zu lassen. Doch das scheint der Preis sein zu müssen für die Aufgabe der Anbindehaltung zugunsten der Laufställe. Das Verlöten soll die Tiere bei Gerangel unter ihresgleichen schützen – und natürlich auch den Agraringenieur, vormals Bauer. Wer will schon auf die Hörner genommen werden. Vielleicht nehmen wir Menschen uns aber selbst auf die Hörner, denn mittlerweile wurde erforscht, dass das Wachstum des Gehörns auch mit dem Wohlbefinden und der Gesundheit, vor allem dem Stoffwechsel, der Tiere zu tun hat. Es ist vielleicht vergleichbar damit, einem Hund den Schwanz zu kupieren und ihn am Wedeln zu hindern. Es gibt Stimmen, die die mittlerweile weit verbreitete Laktoseunverträglichkeit beim Menschen mit der Verlötung der Kuhhörner in Zusammenhang bringen, die Auswirkungen auf die Qualität der Milch haben könnte. Das Gehörn besteht aus überflüssigen Stoffwechselprodukten, die hier in Form von Horn eingelagert werden. Auch wenn ich selbst das für postfaktischen Milchquark halte, weil ja stellvertretend für die Hörner die Klauen schneller wachsen könnten, finde ich es grausam, den Tieren diese Schmerzen zuzufügen.

Der Bock, der Schneewittchen verfolgte, war kein so genannter Spießer, wie man junge Rehböcke wegen ihrer kleinen Spieße nennt. Er war ein ausnehmend schöner Bock mit einem muskulösen Träger, so heißt der Hals, unter einem grauen Haupt. Ich schätzte den Kavalier auf gut fünf Jahre. Hier hatte ich ihn noch nie beobachtet. Ältere Böcke bekommt man oft nicht zu Gesicht, ihr langes Leben verdanken sie ihrer Scheu. Sie achten auch nachts auf eine gute Deckung. Doch wenn die Hormone kochen, wird selbst ein alter Recke unvorsichtig. Ich gratulierte Schneewittchen zu ihrer guten Wahl. Wie meistens in der Natur – und auch beim Menschen, wenngleich die Medien uns etwas anderes vormachen wollen – trifft das weibliche Tier seine Wahl unter den Bewerbern. Um sich einen Überblick über das Angebot zu verschaffen, wandern die Geißen im Frühling herum und besichtigen die Einstände der Rehböcke, die diese wiederum untereinander ausgeforkelt haben. Mit ihrem Gehörn klären sie, wer welches Territorium besetzen darf. Junge Böcke auf der Suche nach einem Einstand werden von älteren oft vertrieben und ergreifen dann die Flucht, auch über eine Straße, und nicht selten werden sie von einem Auto zu Tode geforkelt. Die Kämpfe zwischen zwei Böcken enden in der Regel nicht tödlich. Sie sehen zwar spektakulär aus, doch meistens zieht der Unterlegene seinen Hodensack hoch, was mittels des extra dafür entwickelten Hodenhebers möglich ist, und gibt auf. Der Sieger hingegen lässt diesen Muskel locker und dadurch den Hodensack herunter, damit er schön sichtbar ist. Damit wäre die Sache dann geklärt. Hodenheber, Tortenheber, Wagenheber. Nachtreten, wie unter Menschen, gibt es nicht. Aggressivität gegenüber Artgenossen bis zum Töten ist eine Stressreaktion, die man jedoch leider in Wildgehegen und Rinderlaufställen mit angeblich artgerechtem Platzangebot beobachten kann, wenn sich die Tiere nicht aus dem Weg gehen können.

Der Sechser machte einen langen Hals und schnupperte an Schneewittchens Schürze herum. Da ließ sie ihr Hinterteil schwingen, trabte elegant los, beschrieb, wie man es früher im Pflichtprogramm beim Eiskunstlauf sah, Achten. Der Schürzenjäger folgte ihr. Nach einer Weile blieb sie stehen, und er besprang sie. Großer Bock auf kleinem Reh. Mein Mutterherz zuckte. Nach ein, zwei Minuten stand er wieder auf vier Beinen, und die beiden ästen friedlich nebeneinander. Ich zündete mir eine an. Die Zigarette danach. Zehn Minuten später taten sich beide nieder und ruhten. Plötzlich sah ich eine Bewegung im hohen Gras. Schneewittchens Freundin! Die beiden hatten sich für denselben Prinzen entschieden. Das ist nicht ungewöhnlich, sondern die Regel, dass mehrere Geißen vorübergehend zu einem Bock ziehen. Der bewirtschaftet sie dann nacheinander. Die Paarung ist eine sehr anstrengende Zeit, besonders für die Böcke. Ab Mitte August sind sie komplett abgebrunftet, also regelrecht ausgezehrt. Und auch die Geißen sind geschwächt, zumal sie erst vor Kurzem ihre Kitze gesetzt haben und diese ja säugen, also von Haus aus viel Energie für die Milchproduktion benötigen. Darüber hinaus ist es in der Paarungszeit meistens besonders heiß, was die Rehe zusätzlich belastet. Und dann sind auch noch die Rachendasseln in den Nasennebenhöhlen der Rehe herangereift und erschweren ihnen das Atmen. Je nach Nachfrage kann ein Bock bis zu drei Wochen im Dauereinsatz sein. Wenn er nicht aufspringt, läuft er der Geiß hinterher, womit sie auch seine Kondition überprüft. Schließlich möchte sie die besten Gene für ihren Nachwuchs sicherstellen.

Ich war sehr bewegt, Zeugin bei Schneewittchens erstem Zeugungsakt geworden zu sein. Hin und wieder hatte ich Böcke und Geißen auch im Wald beobachtet, aber so nah war ich noch nie dabei gewesen. Gerade heute hatte ich keine Kamera dabei. Nachdem ich in der ersten Zeit mit Schneewittchen viel zu wenig Fotos gemacht hatte, weil mich das unmittelbare Erleben völlig in den Bann zog, begann ich nun mehr zu fotografieren. Manchmal kam es mir vor, als wären die Fotos für mich Beweise, dass dieses kleinegroße Reh wirklich existierte. Jedes Mal, wenn ich ihm begegnete, war ich so im Glück, dass ich mir nicht vorstellen konnte, jemals wieder ohne mein Schneewittchen zu sein. Sobald sie sich aber still entfernte und ohne, dass ich es merkte, aus meinem Blickfeld verschwand, verflog meine Erinnerung wie der Duft einer Rose. Wenn mich jemand besucht und wieder abreist, bleibt die Erinnerung, auch wenn er oder sie keinen Duft, kein Pfand hinterlässt. Nie zweifle ich an der Tatsache des Besuches. Anders bei Schneewittchen. Die Erinnerung trägt nicht, keine fünf Minuten, sie ist flüchtig wie das Wesen dieses Tieres. Und so frage ich mich immer wieder: War das jetzt wirklich, oder habe ich nur geträumt? Nun, mittlerweile konnte ich eine Reihe von Beweisfotos und auch Videos betrachten. Doch wie so oft fehlte mir bei den besonderen Momenten die Kamera. So auch eines Nachts, ungefähr zwei Jahre nach meiner Zeugenschaft auf dem Heustadel.

Diesmal fand die Vereinigung nachts statt, und zwar hinter meinem Haus. Der kapitale Bock hatte Schneewittchen nicht aus den Augen gelassen, war ihr bestimmt sehr lange gefolgt, bis zu der Wiese am Waldrand. Ich schnappte mir meine Taschenlampe mit dem grünen Licht. Grünes und rotes Licht sind für viele Tiere nicht klar zu erkennen, und so stört man sie weniger. Ich beobachtete den Flirt der beiden, und schließlich sprang der Bock auf mein Reh. Als der Akt beendet war und beide ästen, entdeckte mich Schneewittchen. Ich wollte ihr einen kleinen Snack zur Stärkung reichen, denn es würde ja bald weitergehen, Rehe begnügen sich nicht mit einem Mal, da wird zwei, drei Tage lang nahezu ununterbrochen geliebt – das reicht aber dann auch bis zum nächsten Jahr. Schneewittchen lief freudig zu mir. Der Bock, noch immer im Zustand höchster Erregung und völlig verzückt, rannte Schneewittchen grunzend nach. Plötzlich standen beide unmittelbar vor mir. Das war mir dann doch ein bisschen zu nah, zumal ich annehmen musste, dass der Bock in diesem Moment wenig begeistert wäre, seiner Schwiegermutter vorgestellt zu werden. So zog ich mich diskret zurück und überließ der Jugend Feld, Wiese und Wald.

Ich glaube, dass Schneewittchen ihren Liebhabern treu ist, bis der Tod sie scheidet. Zwischen 1. Mai und 15. Oktober werden viele Böcke geschossen. Geißen haben Schonzeit, weil sie erst noch trächtig sind und dann ihre Kitze großziehen. Schwangere Rehe darf und möchte man nicht erschießen. Nach dem Honeymoon kehrt die Geiß zu ihren Kitzen zurück, die in dieser Zeit als Schlüsselkinder ziemlich planlos durch die Gegend streifen und sich selbst versorgen müssen. Die Mutter kommt nur kurz vorbei, wenn das Gesäuge voll ist, und schon ist sie wieder weg. Die Schlüsselkinder benehmen sich seltsam. Stehen wie bestellt und nicht abgeholt im Wald und auch auf Wanderwegen und fiepen nach ihren Müttern.

Eiruhe

Das befruchtete Ei geht nun für den Rest des Jahres in den Stand-by-Modus. Bis zur Geburt wird es neuneinhalb Monate dauern. Von den zirka zweihundertneunzig Tagen Tragzeit ruht das befruchtete Ei rund einhundertvierzig Tage, also die Hälfte der Zeit. Erst um Weihnachten herum beginnt das neue Leben zu wachsen, und dann kommen ein, zwei, drei neue Rehe zur Welt, im Allgäu zwischen April und Juni, im Unterland oft früher.

Nachdem das Ei befruchtet wurde, finden einige Dutzend Zellteilungen statt, bis der Embryo zur Größe von zirka einem Millimeter herangereift ist. Er schwimmt frei in der Gebärmutter und wird von der ihn umgebenden Uterusmilch ernährt. Die weitere Entwicklung wird hormonell gebremst. Hierbei spielen keineswegs die Lichtverhältnisse eine Rolle, wie man lange vermutete. Denn das Verhalten der Böcke, was die Ausbildung ihres Gehörns betrifft, richtet sich deutlich nach dem Sonnenstand. Bei den Geißen hingegen bestimmen eher innere Prozesse und Stoffwechselvorgänge, wann das Zellwachstum gebremst und wann es beschleunigt wird. Der Embryo leitet durch Stoffwechselsignale seine zweite Wachstumsphase selbst ein. Bei Rehen, die erst im Dezember, während der so genannten Nachbrunft beschlagen werden, fällt die Eiruhe komplett aus. Ihr Embryo entwickelt sich ohne Verzögerung wie bei anderen

Säugetieren. Es kommt also auch auf das bestehende und zu erwartende Nahrungsangebot an. Die Kitze sollen gesetzt werden, wenn genügend eiweißreiche Nahrung für die Geiß vorhanden ist, um die Kitze säugen zu können. Wildbiologisch betrachtet sind die Geißen im Dezember am stärksten und können von ihrem Bauchfett, dem Feist, den nun wachsenden Embryo gut nähren, vorausgesetzt, sie haben in den nächsten nahrungsarmen Monaten viel Ruhe, um ihre Kräfte nach innen zu richten. Diese vorausschauende Art, erst einmal ein bisschen schwanger zu sein, ist bei zirka einhundert Arten im Tierreich bekannt. In unseren Breiten betrifft es Marder, Bären, Dachse und Fledermäuse. Besonders interessant finde ich es, dass die Geißen anscheinend steuern können, ob sie eines, zwei oder drei Kitze setzen. In Revieren mit einer hohen Rehwilddichte werden deutlich weniger Kitze gesetzt als in solchen, in denen aufgrund eines hohen Abschusses weniger Geißen einen Einstand teilen müssen. Auch scheint reguliert zu werden, ob mehr weibliche oder männliche Kitze gesetzt werden. Das hat man ja auch bei uns Menschen festgestellt, wenn Frauen nach Kriegen mehr Jungen als Mädchen gebären.

Meine Freundin Rin war zu Besuch, um ein paar Rehvideos zu drehen, und ich erzählte ihr, dass sich mein Reh nun in der Eiruhe befände.

»Wie, das Kitz ist jetzt schon in der Menopause?«, fragte sie. Da fiel mir zum ersten Mal die Analogie auf. Mein Reh war schon drin, und ich würde demnächst hineinschliddern, wie manche meiner Freundinnen. Sie litten zum Teil an Schlafstörungen, Depressionen, Stimmungsschwankungen, Hitzewallungen. Ich konnte mir nicht vorstellen, dass mir diese Befindlichkeitsstörungen auch widerfahren sollten. Sie passten nicht zu meinem Körper, wie ich ihn bisher kannte. Dennoch bahnte sich etwas an. Mein Körper und mein Bewusstsein entfernten sich voneinander.

Mir fiel auf, dass ich attraktiven jungen Männern um die zwanzig nachblickte, gerade so, als würde ich ansitzen. Es kam mir vor, als würde mein Körper hartnäckig bei meinem Bewusstsein anklopfen, um es, also mich darauf hinzuweisen, dass noch Eier im Handel wären, deren Verfallsdatum bald überschritten wäre. Er drängte darauf, keine solche Verschwendung zuzulassen und schreckte auch vor psychologischen Tricks nicht zurück, indem er mir vorhielt, wie umweltbewusst ich sonst sei, ich würde ja sogar kleinste Plastiktütchen aufbewahren. Hilfsbereit schlug er mir Kandidaten vor, schöne, stolze, potent vereckte, imposante Böcke, die zwar nicht mein Singledasein beenden sollten, da es hierzu vielleicht an Kompatibilität mangelte, wohl aber meine Mutterlosigkeit. Das Alter der Kandidaten schien dabei eine tragende Rolle zu spielen, in der Jugend ist das Erbgut besser; sie waren auch allesamt vielversprechend bemuskelt, ihr Gang war federnd, und ihre Gesichtsbehaarung machte einen weichen Eindruck. Ganz anders ihr Reviergehabe, da plätzten sie, dass der Staub nur so wirbelte. Mancher Feger röhrte lauter als ein aufgebohrter Auspuff. Ich versuchte mit Statistiken über faule Eier, Eibruch, Fehlgeburten, also nachlassende Fertilität im Alter, gegen meinen Körper zu argumentieren. Doch ich erntete nur Gelächter unter meiner Schürze.

Wildwochen

Ich habe noch nie von einem Jäger gehört, der als Vegetarier lebt. Zwar würde ich theoretisch gern ohne Fleisch auskommen, doch praktisch kann ich der Verlockung eines gebratenen Fleischstückes kaum widerstehen und muss das ja auch nicht. Natürlich mag auch ich keine unglücklichen Hähnchen und nur zum Töten gemästete und gequälte Schweine essen. Am liebsten ist es mir, ein Tier zu essen, von dem ich weiß, dass es ein gutes Leben hatte und erst als Leichnam transportiert wird.

Oft sorgt die Jägersgattin für den Rehbraten. Die fehlt bei mir zu Hause. Hin und wieder kocht mir aber mein Hausfreund Hartmut ein Stück Wild aus meiner Gefriertruhe. Ich mache ihm dafür gern einen Ölwechsel. Was die Qualität und Herkunft des Rehfleisches betrifft, würde es in das Sortiment von Bioläden gehören. Doch die wollen damit anscheinend nichts zu tun haben. Schade, denn es wäre nur folgerichtig, wenn Jäger Bioläden beliefern würden. Das Fleisch stammt von wirklich artgerecht lebenden Tieren, ist mager, schadstoffarm, ohne Medikamentenrückstände. Viele Menschen haben Vorbehalte gegen Wildfleisch. Sie glauben vielleicht, es würde streng schmecken – und so war das früher auch manchmal, wenn die Wildbrethygiene nicht eingehalten wurde und das Fleisch zu lange warmen Temperaturen ausgesetzt war. Heute muss es innerhalb einer Stunde nach dem Tod des Rehs auf sieben Grad gekühlt werden. Bevor es in der Kühlkammer hängt, wird es fachgerecht versorgt – und dann entsteht auch kein strenger Wildgeruch. Davon abgesehen kommen alte, zähe Geißen heute gar nicht mehr in den Verkauf, sie werden verwurstet oder im Haushalt des Jägers verarbeitet.

Im Herbst veranstalten viele Restaurants so genannte Wildwochen. Würde man sich an der Wildbiologie und Jagdpraxis orientieren, wäre es besser, diese Wildwochen im Mai anzubieten. In diesem Monat wird in der Regel am meisten geschossen, am ersten Mai endet die Schonzeit für Böcke und Schmalrehe, also die weiblichen Kitze vom Vorjahr. Die männlichen einjährigen Rehe nennt man Jährlinge. Das Fleisch dieser Tiere ist besonders mager, zart und schmackhaft, da die Rehe nach dem langen Winter noch keine Fettreserven aufgebaut haben. Es ist bedauerlich, dass so mancher Jäger im Frühling auf seinem guten Abschuss sitzen bleibt, während er im Herbst beziehungsweise an Weihnachten gar nicht genug heranschaffen könnte.

Durch die meist hohen Vorgaben, wie viel geschossen werden muss, können der Jäger und die Jägerin aber nicht warten, bis das Jahr zu Ende ist, um dann, wenn bereits Ruhe im Wald einkehren sollte, dem urbanen Feinschmecker den Braten unter den Baum zu legen. Niemand möchte eine trächtige Geiß erlegen oder den Kitzen die Mutter wegschießen. Und wenn die Vegetationsruhe einsetzt – hierzulande Winter genannt –, sollte man die Tiere in Ruhe lassen und nicht beunruhigen. Denn der erhöhte Energiebedarf führt zu erhöhtem Appetit, der nur mit dem gedeckt werden kann, was der Wald zu bieten hat. Das verursacht den Verbiss an jungen Bäumen, der wiederum zur Erhöhung des Abschussplanes führt – eine Spirale des Bösen, die durch vernünftiges und kluges Konsumentenverhalten gebremst werden könnte.

Ich finde nicht, dass jeder, der Fleisch isst, Tiere töten oder zerteilen muss. Aber ich erlebe es immer wieder, dass manche Menschen, die selbst Fleisch essen, Jäger oft ungerecht und ohne Kenntnis der Umstände verurteilen, ja als Mörder titulieren. Das mag daran liegen, dass vielen nicht bekannt ist, dass nicht nur die oberen Zehntausend jagen, sondern auch viele »kleine« Revierpächter, deren Anliegen es ist, den Wald, die Wiesen und das Moor sowie deren Bewohner zu schützen. Dafür investieren sie Zeit und Geld und, ja – Liebe. Manchmal würde ich dieses falsche Bild des Jägers, der aus blanker Mordlust tötet, gern korrigieren, merke dann aber, dass es kaum möglich ist, da allein der Begriff Jagd bei einigen friedliebenden Menschen die Waffen entsichert. Also ziehe ich mich in den Wald zurück, wo ich nichts erklären muss, einfach nur bin und schaue und lausche. Nichtsdestotrotz finde ich manche Aspekte der Jagd abscheulich. So ist alles, was die Tötung von Tieren mit irgendeiner Art des Sportes in Zusammenhang bringt, für mein Empfinden verwerflich. Typische Beispiele sind die in Deutschland verbotene Jagd zu Pferd mit der Hundemeute, bei der ein Fuchs zu Tode gehetzt wird, und die Fasanenjagd, bei der die Fasane erst in Gefangenschaft aufgezogen und dann in ihrer Ahnungslosigkeit ausgewildert werden, um sie postwendend niederzustrecken. Überhaupt kann ich den Sinn einer Jagd mit Schrot nicht erkennen, was auch an unserem Revier liegen mag, in dem es keinerlei Grund gibt, Unmengen von Blei in der Landschaft zu verteilen, um ein paar Stockenten oder vereinzelt eine Krähe zur Strecke zu bringen. Den Bestand der Tiere reguliert man auf diese Weise sicher nicht, und auch wenn so eine Entenbrust wirklich köstlich schmecken mag, fände ich einen Kugelschuss angemessener, weil er die Umwelt nicht so stark belastet.

Völlig fremd ist mir die Leidenschaft einiger Betuchter, sich die wenig heldenhafte Tötung seltener Tiere in fremden Ländern zu erkaufen. Eine Fotosafari täte es doch auch. Leider schadet dieser Trophäenkult einiger weniger dem Ansehen der ganzen Zunft.

»Könntest du Schneewittchen essen?«, fragte mich neulich jemand.

»Ich war noch nie so hungrig, dass ich es mir vorstellen könnte«, erwiderte ich. »Und ich hoffe, dass ich nie so hungrig sein werde.«

»Und wie ist es, ein Reh zu essen, das du geschossen hast?«, werde ich manchmal auch gefragt und antworte mit der Gegenfrage, warum niemand einen Bauern fragt, wie es für ihn ist, das Kalb, das er auf die Welt gebracht hat, im zarten Alter von sechs Wochen vom Viehhändler abholen zu lassen, der es weiterverkauft an einen Mäster, vielleicht tausend Kilometer weit weg, wohin es dann transportiert wird unter grauenhaften Bedingungen, um dann im Dunkeln eingequetscht seiner finalen Fleischreifung entgegenzuwachsen. Auch der gute Biobauer lässt schlachten. Je nach eigener Verfassung ist es auch mir angenehmer, wenn das Fleisch des erlegten Wildes schon ein paar Monate in der Kühltruhe liegt. Na ja, fast. Natürlich habe ich das Jagderlebnis vor Augen. Das besteht aber nicht aus dem Schuss, sondern dem Ansitzen davor, allen Ereignissen, die geschahen, bis es zum Schuss kam, und die Inbesitznahme des erlegten Tieres, meine Erleichterung, dass ich es gut getroffen habe. Wieso also sollte mir der Bissen im Hals stecken bleiben? Ich habe gejagt, und jetzt esse ich, das ist die Geschichte der Menschheit. Früher habe ich das anders erlebt. Als Kind wollte ich meine Hasen, die der Metzger geschlachtet hatte, nicht essen. Aber ich habe sie dann doch gegessen, weil ich groß sein wollte und die Großen es mir vorkauten.

Fernwartung

Ich betastete den Rehbauch und spürte keine Veränderung. Doch das Verhalten Schneewittchens änderte sich, sie erschien mir schmusiger. Ich genoss diesen ersten Sommer mit meinem jungen Reh sehr, der mir manchmal vorkam wie aus einem Bilderbuch. So viel blauer Himmel und abends mächtiges Donnergrollen, herrliche Gewitter und wundervolle Sternennächte mit vielen Schnuppen über dem Gebimmel der Schumpen. Nachts legte ich mich manchmal auf den Rücken ins hohe Gras und ließ mich vom Augusthimmel besternschnuppen. Wünsche hatte ich keine. Schneewittchen war ja bei mir und äste und äugte und windete. Viele Nächte schlief ich auf der Terrasse, den treuen Moll neben und die Milliwillis schnurrend auf mir. An meinen freien Tagen wanderte ich häufig in den Allgäuer Alpen, und es verging kein Nachmittag, an dem ich nicht in einen See sprang. Wie so oft fühlte ich mich im Urlaub, wenngleich ich während meiner Schichten gut zu tun hatte. Zu den einheimischen kamen ja nun noch die vielen Touristenautos. Eine Autopanne im Urlaub ist doppelt ärgerlich, und wenn einem geholfen wird, hat man auch viel mehr Zeit, sich richtig zu freuen. Ich mag meinen Beruf, ich helfe gern. Auch an Tagen, an denen ich mich selbst nicht so gut leiden kann, also schrottreif fühle, habe ich meinen inneren Ölstand meist bereits nach der ersten Panne aufgefüllt, und alles läuft wieder geschmeidig.

Menschen mit einem kaputten Auto sind Menschen in Not. Für mich ist ein kaputtes Auto normal, und es fällt mir leicht, schnell eine Lösung für das jeweilige Problem zu finden. Eine kleine Reparatur hier, etwas Klebeband oder Draht dort, ein leichter Schlag mit dem Hammer. Kleiner Aufwand, großer Erfolg. Die Erleichterung und Freude meiner Gegenüber tun auch mir gut und verleihen meinem Alltag einen schönen Sinn.

»Wahrscheinlich bist du deshalb in letzter Zeit so wortkarg«, meinte Hob bei einem ihrer Besuche. »Du deckst deine Sozialkontake während deines Arbeitsalltags ab. Da geht es ja immer gleich ans Eingemachte.«

Ich hatte ihr eben von einer Frau erzählt, die in Tränen ausgebrochen war, weil der Kühler ihres Wagens einem Steinschlag zum Opfer gefallen war und trielte.

»Oder liegt es etwa am Reh?«, fragte Hob.

Sie nannte das Reh nie bei seinem Namen, daran hatte ich mich gewöhnt. Ich dachte nach. »Vielleicht«, sagte ich dann zögernd. »Irgendwie brauche ich im Moment keine Anregungen von außen. Es genügt mir, was ist. Ich bin zufrieden damit, zur Arbeit zu gehen und in meiner Freizeit draußen zu sein. Ich bin auch viel im Wald unterwegs. Mit Wolf nehme ich Trakte im Wald auf und bereite jetzt schon einiges für den Herbst und Winter vor.«

»Aber man könnte doch wenigstens hin und wieder telefonieren«, tadelte Hob, statt nach den Trakten zu fragen. Sie interessierte sich nicht für die Gutachten, welche Pflanzen verbissen waren. Wolf und ich wollten uns selbst einen Überblick über den Zustand unseres Reviers verschaffen, ob genug Pflanzen nachwuchsen. Aus hohem Eigeninteresse verließen wir uns nicht allein auf die Gutachten der amtlichen Förster. Hob interessierte sich auch nicht für meine Telefonphobie, sie ignorierte sie einfach. Trotzdem war und blieb sie meine BF. Und bestimmt hatte sie es auch nicht leicht mit mir, wo sie es doch liebte, stundenlang zu telefonieren. Ich hingegen war seit meiner frühesten Kindheit ein Opfer des allgegenwärtigen Telefonapparates. Mächtig und laut dröhnte es zu jeder Tages- und Nachtzeit mit einem antiquierten Klingelton. Ob am Wickeltisch oder später beim Essen, ob aus dem Schlaf gerissen oder bei einem spannenden Film – damals konnte man Filme entweder anschauen oder sie waren für immer gelaufen. Kein Video, keine Mediathek, kein Streaming-Dienst. Eine Tierarztpraxis musste jederzeit erreichbar sein, und wenn sich ein Bauer schon mal durchgerungen hatte, den teuren Tierarzt in Anspruch zu nehmen, sollte der sofort vorbeikommen. Ein Privatleben gab es nur interruptiert. Verwunderlich im Nachhinein, wie meine Eltern es zu vier Kindern gebracht haben. Die ständige Erreichbarkeit war damals zwingend erforderlich – heute wird sie freiwillig geleistet. Ich bin als Telefongeschädigte aus meinem Elternhaus ausgezogen. Noch heute genieße ich es, das Telefon klingeln zu lassen. Lang. Vielleicht gar nicht ranzugehen. Man gönnt sich ja sonst nichts. Aber – wenn ich es ehrlich betrachtete, klingelte es nur noch selten. Man nutzt mittlerweile andere Kommunikationskanäle. Allein Hob wollte sich das Telefonieren nicht abgewöhnen. Und jetzt hielt sie auch noch eine zum Hörer geformte Hand ans Ohr, als würden wir telefonieren. »Du siehst jedenfalls glücklich aus«, grinste sie.

Dazu sagte ich nichts. Denn was soll man darauf schon sagen, ja, ich bin glücklich, so ganz ohne Beziehung, ohne

Lottogewinn, ohne was weiß ich? Es war das einfache Leben, das mich mit Freude und Dankbarkeit erfüllte, die Natur, meine Tiere. Doch hin und wieder ertappte ich mich dabei, dass mich dieses Glück einschüchterte. War dies vielleicht nur ein Kraftschöpfen, ehe etwas Schlimmes geschehen würde? Vielleicht morgen schon. Vielleicht würde jemand anrufen und mir mitteilen, dass ein Reh mit Halsband überfahren worden war? Doch nicht das Reh wurde zu meinem Sorgenkind, es war Moll, der mir Kummer bereitete. Eines Tages humpelte er. Ich untersuchte seine Pfoten, fand nichts. Dachte, na ja, vertreten halt. Abwarten. Aber es wurde nicht besser. Mein Vater fehlte mir. Der einzige Tierarzt meines Vertrauens war vor dreißig Jahren gestorben. Viel, viel, viel zu früh, wie mir nun wieder einmal schmerzlich bewusst wurde. Ich probierte einen lebendigen jüngeren Kollegen aus. Er spritzte Moll ein Schmerzmittel und riet mir zu beobachten, ob er damit besser lief. Das tat er. Bis das Mittel nicht mehr wirkte. Oder täuschte ich mich? Sah ich es oder wollte ich es sehen? Moll hinkte vorne links, manchmal auch rechts, oder? »Probier doch mal was Homöopathisches«, riet mir eine befreundete Tierkommunikatorin, nachdem sie ausführlich mit Moll telepathiert hatte. Ich gab ihm Kügelchen aus dem Ferndiagnosezentrum: Rhus Tox. Denn man lebt ja im Zeitalter der Globulisierung.

»Und, ist es schon besser?«, fragte sie mich.

»Ich seh nix«, entgegnete ich.

»Das kann auch die Erstverschlimmerung sein, warte ab.«

Ich wartete und war bedrückt. Moll hingegen wirkte nicht bedrückt. Ich konnte nicht einschätzen, ob und wie sehr er Schmerzen litt. Deshalb hatte ich auch wenige Anhaltspunkte, wie dringlich es war, ob eine Behandlung nötig wäre.

»Ich kenne da eine Osteopathin, die behandelt Tiere«, sagte mir eine Bekannte.

»Und wo finde ich die?«, fragte ich hoffnungsvoll, denn Osteopathie hatte ich selbst schon ausprobiert und für gut befunden. Ich schleppte ja den ganzen Winter lang die schweren Futtersäcke, jeder wog fünfundzwanzig Kilogramm, da war auch ich schon mal in Schieflage geraten, und das viele Autofahren tat auf Dauer auch nicht gut.

Die Osteopathin hatte ihre Praxis im süddeutschen Raum, und Moll mochte sie auf Anhieb. Ihre feinstoffliche Art entsprach seinem sanften Wesen, und er fuhr gerne Auto, nun, er konnte dabei im Gegensatz zu mir auch liegen. Leider half Moll die Behandlung nicht so gut wie mir die Behandlung bei der Menschen-Osteopathin, von der ich gelernt hatte, dass alle Organe, alle Muskeln, alles im Körper mit einer Art Folie eingewickelt und miteinander verbunden ist. Faszinierende Faszien.

Auch die Diagnose der Tier-Osteopathin blieb für meinen Geschmack etwas diffus. Ja, ich konnte mir schon vorstellen, dass die Leber und der Magen irgendwie im Moll-Innenraum aufgehängt und beweglich befestigt waren, aber warum humpelte er vorne links, wenn er gar keinen Alkohol trank?

»Mach dich nicht lustig«, tadelte Jule, die einen spirituellen Blog betrieb beziehungsweise als Medium diente. »Man muss daran glauben.«

»Ich oder der Hund?«, fragte ich.

»Wenn du daran glaubst, glaubt auch dein Hund dran, das überträgt sich.«

»Also bin ich schuld, wenn ich nicht daran glaube, weil ich ihm dann die Heilung verbaue?«

»Nein, aber du solltest Molls Humpeln ganzheitlich betrachten.«

»Was meinst du damit?«

»Dass er sich zurückgesetzt fühlen könnte, weil du dich seit so langer Zeit vor allem um dein Reh kümmerst. Es ist der Mittelpunkt in deinem Leben. Moll läuft nur noch so am Rande mit.«

»Das stimmt nicht«, widersprach ich betroffen, denn es fühlte sich überhaupt nicht so für mich an. Moll war Moll. Ganz dicht bei mir.

»Aber Moll hat das doch alles mitgekriegt. Nur weil er ein so gutmütiger Kerl ist, heißt das nicht, dass er nicht gekränkt wäre. Also musste er eine Möglichkeit finden, deine Aufmerksamkeit zurückzugewinnen. Hat nicht das Reh auch mal gehumpelt, und du hast dir wahnsinnige Sorgen gemacht?«

»Ja.«

»Es wird langfristig nichts bringen, wenn Moll irgendwelche Chemie schluckt. Er hat ein seelisches Problem, verstehst du?«

Ich schaute Moll an. »Möchtest du mit mir eine Paartherapie machen?«, fragte ich ihn und fügte »Urlaub auf der Couch?« hinzu. Moll verstand nur Urlaub. Das kannte er. Er legte sich auf den Rücken und streckte alle viere von sich, wie ich es ihm schon als Welpe beigebracht hatte.

»Na siehst du!«, rief Jule. »Ich kenne da eine super Hundepsychologin.«

»Schreib mir doch mal den Namen auf«, bat ich sie, nicht um Kontakt aufzunehmen, sondern um das Thema zu wechseln. Hoffentlich nicht karmatös, dachte ich, denn Karma war, laut Jules eigener Einschätzung, ihre Kernkompetenz.

Vielleicht war ich wirklich schuld an Molls Humpeln, denn wir waren in diesem Sommer sehr viel unterwegs gewesen, und als Berner Senne, auch wenn er das Wandern liebte, war sein Fahrwerk für lange Touren nicht ausgelegt. Doch dass ich schuld an den Schmerzen meines Hundes sein sollte, wenn ich nicht an die Heilkraft seiner Therapeutin glaubte, erschien mir an den Haaren herbeigezogen und völlig falsch. Ungefähr so, wie wenn Krebspatienten in ihrer verzweifelten Lage auch noch unterstellt wird, eine falsche Lebensführung habe zu ihrer Erkrankung geführt. Und damit ist nicht Rauchen oder Trinken gemeint, sondern beispielsweise dass sie zu schüchtern gewesen seien oder nicht glücklich genug, nur an andere gedacht oder zu wenig auf sich geachtet hätten, was sie jetzt tun müssten, deshalb seien sie ja krank geworden, um achtsam mit ihren eigenen Bedürfnissen umzugehen.

Ich für meinen Teil achtete auf Moll. Manchmal humpelte er, dann wieder nicht. Hatte er Schmerzen? Franziskas Fußpflegerin empfahl eine Heilerin. Sie und Karl nahmen großen Anteil an Molls Befinden. Bevor Winnie bei ihnen einzog, hatten sie Moll stets willkommen geheißen wie einen eigenen Hund. Und auch jetzt noch stand die Tür immer offen für ihn. Ich rief die Heilerin an und bat um einen Termin.

»Das ist nicht nötig«, sagte sie.

Ich wollte die Diagnose schildern. Doch auch das war nicht nötig. Sie teilte mir mit, dass sie sich einschwingen und eine Fernheilung durchführen würde. Ich staunte nicht schlecht. Es gilt unter Automechanikern und Ärzten als in höchstem Maße unseriös, Ferndiagnosen zu stellen, nicht einmal, wenn sie mit ihren Patienten bekannt waren. Ohne Diagnose gleich mit der Heilung zu beginnen, war unverfroren. Aber es war zweifellos eine geniale Geschäftsidee. Und durchaus nicht aus der Luft gegriffen. Es gibt Fälle, bei denen müsste man nur das Handy in den Motorraum halten, und ich würde allein aufgrund des Geräusches eine Ferndiagnose stellen können. Und wenn der Havarist dann noch ganz fest an meine übersinnlichen Kräfte glauben würde – schließlich bin ich von Berufs wegen Engel –, könnte das Auto nach einer Fernheilung wie frisch geölt weiterfahren.

Handaufleger

Der Sommer verabschiedete sich aus dem Allgäu. Er winkte noch lange mit warmen Tagen, doch die Kraft der Sonne ließ deutlich nach. Die Saison zelebrierte ihr Hoch, viele Touristen waren in den Bergen unterwegs. So wie die Angestellten im Fremdenverkehr – was für ein Wort – hatte auch ich gut zu tun, denn wo viele wanderten, warteten auch viele Autos auf Parkplätzen, und nicht bei allen war das Licht ausgeschaltet. Zudem forderten die kalten Nächte mit Temperaturen um den Gefrierpunkt unter den sommerverwöhnten Batterien erste Opfer. Hin und wieder wurde auf einer Wanderung ein Autoschlüssel verloren – oder in der Erwartung des herrlichen Wandertages unkonzentriert im Kofferraum des Autos eingeschlossen. Autos öffnen mag ich. Wobei es bei mir sanft geschieht, nahezu ohne Gewalt. Auf die richtige Technik und das richtige Werkzeug kommt es an. Ich schätze das Geräusch der Zentralverriegelung, die nie ganz synchron an allen Türen gleichzeitig klackt. Leicht versetzt, um eine sechzehntel Note im Dreivierteltakt. Zum Beispiel beim Honda Akkord, was für ein Glück in den Gesichtern des Publikums um mich herum, den Autobesitzern. Manchmal auch Tränen der Erleichterung, wenn ein Kind im Auto eingesperrt war. Oder ein Hund. Sehr dramatisch können Autopannen sein, wenn der Urlaub beendet ist. Die Koffer sind im Auto verstaut, der Schlüssel wird ins Zündschloss gesteckt und gedreht – aber nichts rührt sich. Das eigene Empfinden, die Zeit an diesem Ort sei abgelaufen, die Vorfreude auf zu Hause kollidiert zuweilen schmerzlich mit der anhaltenden Urlaubslaune des Wagens. So hat alles seine Zeit, und manche Menschen tun sich schwer damit, sich auf neue Umstände einzustellen. Oder die Winterzeit. In den Tagen, nachdem die Zeit umgestellt wird, kommt es zu deutlich mehr Wildunfällen auf den Straßen. Die Tiere haben sich nämlich an den Rhythmus der Pendler gewöhnt. Sie wissen, ab wann der Verkehr auf den Straßen einsetzt – wird die Uhr um eine Stunde vorgestellt, erwischt es einige von ihnen kalt.

Schneewittchen hatte ihre leichte Sommerdecke gegen den dichten grau schimmernden Winterpelz getauscht. Ihr Interesse an milden Gaben aus dem schwarzen Beutel nahm sichtlich zu, es war zu merken, dass die Nahrung um sie herum an Substanz verloren hatte. Her mit dem Knisterbrot, her mit dem Kraftfutter, her mit den Äpfeln! Sie kam so gut wie immer angaloppiert, wenn ich rief, und machte sich über die angelieferte Ware her. Und dann blieben wir oft noch eine Weile zusammen auf der Wiese in ihrem Einstand, ich kraulte sie, sie stupste mich an und knabberte mit ihren weichen Lippen an meinem Hals. Leise redete ich mit ihr, und die Lauscher spielten, als würde sie jedes Wort verstehen. Plötzlich drehte sie sich weg – und war mit wenigen Schritten im Unterholz verschwunden. Ohne Abschied, ohne Winken. Manchmal konnte ich die Ursache für ihre Flucht nach einer Weile erkennen. Ein sich bewegendes Auto, ein Radfahrer, Wanderer mit Hund oder ein anderes Reh. Meistens aber nicht, dazu fehlten mir die sinnlichen Fähigkei-

Ziemlich beste Freunde (2010)

Am Bufett

Als Youngster vier Monate alt
(© Matthias Hagmann)

Schneewittchen siebenjährig als
erfahrene Rehgeiß

Pubertät

Unbeschwert mit der Lebensversicherung um den Hals
(© Matthias Hagmann)

Das kleine Yinyang (2016)

Im ersten Winter allein unterwegs (2011)

Nach dem Setzen der Kitze wird umgehend die Nachgeburt vertilgt

Schneewittchens Familie (rechts der junge Doktor im Bast, links das kleine Yinyang mit gebrochenem Fuß (2017))

Moll und ich betrachten unsere Ländereien

Schlafend auf der gluckernden Waschmaschine

Verfärbend im Oktober

An der Milchbar

Im September (2014)

Einander zugetan (2012)

ten. Zuweilen war ich selbst auch froh, wieder ins Warme zu dürfen. Längst hatte ich die dicken Wollsocken im Schrank von hinten nach vorne geräumt und auch die Thermohosen und warmen Pullover. Wie mein Reh in sein Winterkleid schlüpfte, so musste ich mich umstellen, eine Schutzschicht herstellen zwischen meiner Haut und dem Herbst. Kleidung allein genügte da nicht. Kuchen und Kartoffelgerichte, Rote-Bete-Suppe und Nudeln mit Sauce aus selbst gesammelten Birken- und Steinpilzen, die ich mir von Franziska nach jeder Beutetour freigeben ließ. Auch ich brauchte einen Feist, eine Fettschicht, wie mein Reh. Seine Qualität zu messen auf der Waage vergaß ich absichtlich. Schneewittchens Feist prüfte ich an ihrem Brustbein, so wie man es bei Greifvögeln tut. Ich versuchte die Haut aufzuklauben, um herauszufinden, wie es um ihre Kondition bestellt war. Je mehr Haut ich anheben und bewegen konnte, desto mehr Fett befand sich darunter. Wie auch bei mir selbst.

Molls Kondition verbesserte sich mit jedem Tag. Schlussendlich war ich mit ihm zum Ellenbogenpapst nach München gefahren, der in wenigen Minuten eine Knochenabsprengung an beiden Ellenbogen feststellte, eine degenerative Erkrankung, die bei großen Hunden häufig vorkommt. Schon am nächsten Tag operierte er diese so genannte Ellbogendysplasie. Drei Stunden und eintausendfünfhundert Euro später lief Moll schwankend, aber wedelnd aus dem Behandlungsraum.

»Mit dieser Diagnose gibt es einen Zuchtausschluss«, sagte der Papst.

Ich fragte mich, ob der Papst gar nicht gemerkt hatte, dass Moll kastriert war, aber womöglich mied er solche Regionen. Molls Kastration war der Preis für seine Freiheit, er lief immer frei auf meinem Gelände, besuchte höchstens mal die Nachbarn. Allein in seiner Jugend hatte er einen einzigen Ausflug ins Dorf unternommen. Er war es gewöhnt, Manu zum Einkaufen zu begleiten. Sie ging meistens zuerst zum Bäcker, dann in die Metzgerei. Eines Tages schien Moll unwiderstehlichen Appetit auf eine Wiener Wurst zu haben, die er beim Metzger stets geschenkt bekam. Manu weilte in der Schweiz. So lange konnte Moll nicht warten. Er brach allein auf und setzte sich in Erwartung der Wurst vor die Eingangstür der Metzgerei, wo ihn Franziska fand und nach Hause brachte. Doch das lag lang zurück, und er hatte gelernt, dass er die Wurst nur in Manus Begleitung bekam. Auch wenn ich Dienst hatte, blieb er auf dem Grundstück, er kannte seine Grenzen ohne Zaun, Zwinger, Kette. Bei schlechtem Wetter zog er sich in seine gemütliche Hundehütte zurück, oder Franziska ließ ihn ins Haus. Ich hatte mich damals für die Kastration entschieden, weil mir Freiheit wichtiger ist als Fortpflanzung. Müsste ich heute entscheiden, ich weiß nicht, ob ich es wieder genauso täte. Denn derartig massive Eingriffe in die Unversehrtheit werden heute, zehn Jahre später, völlig anders bewertet.

Der Ellenbogenpapst fragte: »Haben Sie Molls Zuchtpapiere dabei?«

»Er ist ein Illegaler«, sagte ich. »Ein Sans Papier. Er hat keine Papiere.«

»Aber Sie wissen schon, woher er stammt?«

»Ja. Ich habe ihn als Welpe öfter besucht. Die Papiere seiner Eltern habe ich gesehen.«

»Vermutlich wurden die von der Zucht ausgeschlossen«,

meinte der Papst. »Die Besitzer haben trotzdem weiterge-
züchtet, schwarz sozusagen. Und das kommt dann dabei
heraus.« Er deutete auf Moll, der sanft wedelnd an der Tür
zur Freiheit stand. Gehen wir jetzt, bitte, las ich in seinen
Augen.

Gleich, dachte ich zu ihm hin und fragte den Ellenbogenpapst: »Ist das denn verboten, dass man dann weiterzüch-
tet?«

»Nein. Verboten ist es leider nicht. Aber es ist leichtfer-
tig und eigentlich Tierquälerei. Doch das stört solche Leute
nicht. Mit Welpen gefragter Rassen kann man auch ohne
Papiere Reibach machen. Es gibt genug Dumme oder Ahnungslose, die auf so etwas hereinfallen.«

»Wie mich«, sagte ich.

»Das habe ich nicht gesagt«, erklärte der Papst milde und
erteilte mir seinen Segen. »Jetzt ist Ihr Hund ja wie neu,
und wenn ihm später die Arthrose zusetzt, kann er trotzdem noch viele schöne Jahre genießen. Er muss dann eben
Schmerzmittel bekommen.«

Nun ja, er war fast neu. Es dauerte noch einige Wochen
Schonung und Leinenzwang, keine leichte Zeit für Moll, bis
ich ihn guten Gewissens frei laufen ließ. Doch ein anderer
Neugeborener bereicherte unser Rudel.

Wildfang

Eines Tages sagte Franziska zu mir: »Es wär doch schad drum.«

»Um wen?«, fragte ich sie.

»Na bei mir in der Klinik. Also in der Garage. Da ist ein Wurf Katzen. Der Hausmeister will sie wegschaffen. Die Kolleginnen haben schon alle vermittelt, bis auf einen Kater. Wär doch schad drum.«

»Warum nimmst du ihn nicht?«, fragte ich.

»Das will ich unserem alten Kater Fieby nicht zumuten.«

Ich dachte an meine zwei Milliwillis… Ob zwei oder drei…

»Okay, ich nehm ihn«, sagte ich.

Am nächsten Tag zog ein kleiner ockerfarbener Draufgänger mit blauen Augen bei mir ein. Samsung, ein sprühendes Bündel feuerroter Energie, eine Persönlichkeit der anderen Art. In einem Moment sanft, im nächsten jähzornig, sobald es nur ansatzweise um Triebaufschub ging. Er war sofort der neue Mittelpunkt. Moll wurde zum wedelnden und ihn dadurch provozierenden Turngerät, auf dem er herumtobte. Die Milliwillis blieben fürs Erste reserviert. Katzen haben andere Gepflogenheiten, was Gastfreundschaft gegenüber Artgenossen betrifft – ungefähr so wie Deutsche, die im Ausland Deutschen begegnen. Man tut so, als sei man sich fremd, fremder als die Einheimischen an dem Ort in der Fremde. Samsung sah keinerlei Veranlassung, auf ihre spröde Reserviertheit Rücksicht zu nehmen. Ich überließ es ihnen, den Abstand zueinander einzustellen. Menschen verzauberte der kleine Wirbelwind, obwohl keiner, der mich besuchte, abreiste, ohne tiefe Spuren von Samsungs Temperament in die Arme oder das Gesicht eingraviert bekommen zu haben. Man musste ihn einfach mögen.

Seine rücksichts-, furchtlose und gänzlich unvernünftige Art füllte eine energetische Lücke in meiner kleinen Familie, deren Existenz mir davor gar nicht bewusst gewesen war. Besonders genoss ich den Anblick seines gesunden, kräftigen Gebisses, wenngleich ich nicht selten darunter litt. Die Milliwillis hatten nach und nach alle Zähne eingebüßt. Es hatte lange gedauert, bis ich herausgefunden hatte, dass meine Katzen unter Zahnschmerzen litten. Sie ließen es sich nicht anmerken, wurden ruhiger, schliefen viel. Das ist das Alter, dachte ich. Erst als sie nicht mehr fressen wollten, ließ ich das Schwesternpaar untersuchen. Sie hatten nicht nur Zahnfleischentzündungen, sondern auch eitrige, faulige Zähne. Deren Entfernung verjüngte meine Katzen schlagartig und schmälerte ihre Jagderfolge nicht. Heute weiß ich, dass auch zahnlose Katzen erfolgreich mausen und Trockenfutter verspeisen können. Katzen sind Schlinger, keine Kauer wie wir und wie Schneewittchen, die wir Nahrung mechanisch zerkleinern müssen, um sie verdauen zu können. Weil ich selbst nur zu gut weiß, wie sehr Zahnschmerzen die Lebensfreude dämpfen, lasse ich die Zähne meiner Katzen einmal im Jahr untersuchen. Wenn es einem Tier nicht gut geht, zeigt es das nicht unbedingt, denn das könnte seine Feinde aufmerksam machen. Auch ist Schmerzempfinden sehr individuell. Ich plädiere dafür, im Zweifelsfall dem behaarten Gegenüber lieber zu viel Empfindsamkeit zuzugestehen als zu wenig.

Im November hatten auch die letzten Urlauber die Berge und Ferienwohnungen verlassen und waren in ihre Heimaten zurückgekehrt. Gaststätten, Hotels und Bergbahnen stellten den Betrieb ein, die Schumpen wurden verladen und in ihre Ställe gebracht. Im November ruht das Allgäu, um Kraft zu schöpfen für den Ansturm der Weihnachtszeit. Wolf und ich hatten keine Gelegenheit, Kraft zu tanken, wir mussten vorsorgen für den Ansturm des Winters. Früher oder später würde es schneien, Klimaerwärmung hin oder her, bis jetzt hatte es noch jeden Winter Schneelagen weit über einen Meter gegeben, und dann konnten die Rehe keine Brombeersträucher mehr freischlagen. In tieferen Lagen können Rehe sich im Winter von den Baum- und Strauchknospen der Laubhölzer ernähren. Sie sind eiweißreich und liefern zirka achtzig Prozent der natürlichen Ernährung eines Rehs im Winter. In unserem Revier ist das Angebot nicht so üppig. Von den paar Tannentrieben und dem spärlichen Efeu können die Rehe nicht leben. Im Jagdgesetz ist ein Fütterungsgebot für Rehe festgeschrieben, das für Notzeiten gilt. Kein Tier soll unnötig leiden müssen. Notzeit ist unnötig. Deshalb beginnt man auch nicht erst dann zu füttern, wenn schon Not herrscht, sondern sobald sie droht. Wenn der Wald nicht ausreichend Buchen- und Eichelmast bietet, da vor allem Fichte und Tanne gepflanzt wurden, weil dies lukrativer für den Waldbesitzer ist, da sie schneller wachsen, kann sich das Wild im Herbst nicht den nötigen

Feist anfressen, von dem es im Winter zehren sollte. Und dann hat es Pech gehabt und verhungert womöglich. Es erfüllt mich mit Fassungslosigkeit, dass über solche Selbstverständlichkeiten wie Rehfütterungen in Notzeiten gestritten werden muss, zumal dies ja gesetzlich geregelt und zudem in der Bayerischen Hegerichtlinie festgelegt ist. Aber leider ist die Wirklichkeit im Wald mit Billigung oder auf Wunsch der Obrigkeit eine hungerleidende. Ich war jedenfalls froh, dass Wolf in seinem Revier im Spätherbst zu füttern begann, womit er eine Ausnahme unter den meisten Jägern darstellte, die ich kannte. Wolf spendierte den Rehen qualitativ hochwertiges Futter, das auf die Bedürfnisse der Tiere abgestimmt war und nicht der Trophäenbildung diente, sondern durch seine Ausgewogenheit verhindern sollte, dass die Rehe aus einem Mangel heraus Tannen verbeißen. Sehr erfahren stellte er seine Erhaltungsfütterung klug und maßvoll zusammen. Das kostete nicht nur reichlich Geld, sondern auch viel Zeit. Alle zwei Tage befüllen wir im Winter unsere Fütterungen, die wir im Herbst instandsetzten und für den Winter vorbereiteten. Insgesamt betrieben wir acht Fütterungen, damit sich das Wild verteilte. Bei gutem Wetter und fester Schneeunterlage macht diese Arbeit Spaß, bei Schneetreiben, Sturm oder Regen ist es eine mühsame und schmerzhafte Angelegenheit, die einige Stunden in Anspruch nimmt. Und niemand dankt es einem, im Gegenteil, es gibt Stimmen, die strikt gegen die Fütterung der Rehe plädieren, weil es dann noch mehr Rehe gäbe, die den Wald zerstören würden. Von Wolf lernte ich, dass angemessen gefütterte Rehe die Bäume eher in Ruhe lassen. Ich bewunderte sein Durchhaltevermögen, jahrelang etwas zu tun, wofür man keine Anerkennung bekommt. Ich selbst werde nie ein Revier pachten, dachte ich. Durch meine Arbeit als Gelber Engel bin ich einfach mehr Wertschätzung gewohnt. Was ich tue, weckt Dankbarkeit, Freude, manchmal auch Begeisterung. Und darauf möchte ich nicht verzichten.

Im Ansitzsack

Der Winter 2011/2012 war außerordentlich kalt, und sogar für Allgäuer Verhältnisse währte die strenge Frostperiode lang. Vor den Fenstern meines Hauses wuchsen Stalaktiten aus Eis, so dass ich mich manchmal fühlte wie hinter Gittern. Die Kälte klirrte und knackte, der Schnee lag über einen Meter fünfzig hoch. Mein Zuhause war seit dem ersten Advent nur noch zu Fuß erreichbar; Schneeketten und Allrad streckten alle viere von sich in den hart gefrorenen Schneewehen. Wie meine Kollegen machte ich viele Überstunden, um die fröstelnden Autos zu kurieren. Fast alle Diesel versulzten, das hatte ich lang nicht mehr erlebt. Und auch ich fror, was nicht allzu häufig vorkommt. Besonders unangenehm ist es, wenn die Hände am kalten Metall des Motorblocks festkleben. Bei Minusgraden versuche ich zwar, mit Handschuhen zu arbeiten, doch früher oder später ziehe ich sie aus, weil sonst das Fingerspitzengefühl fehlt, das dann allerdings auch schnell einfriert. Im Winter gestaltet sich die Arbeit schon dadurch mühsam, dass jede Feuchtigkeit friert. So dauert es manchmal eine Weile, die Motorhaube zu öffnen, da der Haubenzug festgefroren ist. Und wenn sie offen ist, geht sie vielleicht nicht mehr zu. Eine Starthilfe – im Prinzip eine Kleinigkeit – kann lange währen, wenn der Anlasser festgefroren ist. Oder das Auto springt zwar an, doch dann bemerkt der Fahrer, dass er die

Handbremse angezogen hat, und die ist ebenfalls festgefroren. Doch alle diese Unbilden können mir den Winter nicht verleiden. Ich mag ihn wie den Sommer, den Herbst, den Frühling. Ich kann mir nicht vorstellen, in einem Land zu leben, in dem jeden Tag die Sonne scheint oder in dem es jeden Tag schneit. Die Abwechslung macht's, und sie ist es auch, die das Schauspiel Natur so wundervoll belebt. Jede Jahreszeit hat ihre Reize, ihre ganz eigene Schönheit, Gerüche und Geräusche. Ich wünsche mir, es würde so bleiben, aber leider wird es weniger von Jahr zu Jahr. Immer weniger Vögel, immer weniger Naturgeräusche, immer mehr Menschenlärm. Der Komponist, Natur- und Klangforscher Bernie Krause hat über Jahrzehnte Geräusche von Tieren aufgenommen, rund 15 000 Tondokumente sind es mittlerweile. Bernie Krause fand heraus, dass ein jedes Tier sich in seiner eigenen Frequenz eingenischt hat, so dass die Sänger der verschiedenen Arten sich mit ihren Strophen nicht stören. Leider stellte er auch fest, dass der Verlust der Artenvielfalt hörbar ist, und das machte er sichtbar, indem er die Töne der Tiere ähnlich wie ein EKG notierte – so kann man deutlich sehen, wie immer mehr Frequenzbereiche verstummen. Für Bernie Krause liegen die Quellen der Musik in den ursprünglichen Klanglandschaften der Natur. Sein Begriff des großen Orchesters der Tiere spricht, nein, singt mir aus dem Herzen, und das gilt bei jedem Wetter, ob das die Regentrommel ist oder die Kunst der Pause im Flockenfall, das Knistern der Sonnenstrahlen oder die beinahe tonlose Dumpfheit des Nebels.

Als Mensch mit Heizung, Warmwasser, Vorratskammer, Kühlschrank und Tiefkühltruhe bin ich fast unabhängig von

Wetterkapriolen. Anders ergeht es den Wildtieren. Meine Gedanken waren bei Schneewittchen. Wie würde sie ihren ersten strengen Winter in Freiheit meistern? Sie schlüpfte ja nicht mehr in den Stall bei Franziska wie im letzten Jahr. Es beruhigte mich, dass ich ihren Standort ungefähr kannte. Mit einer Gruppe Rehe blieb sie in der Nähe unserer Fütterung, die Wolf und ich im Tobel eingerichtet hatten. Im Winter bewegt sich das Wild ohnehin nur wenig, es spart Energie. Die Fütterung zu betreiben war Schwerstarbeit. Ich musste das gefrorene Futter mit einer Grabgabel aus den blauen Fässern schlagen, die Wolf und ich mit dem Schneemobil in den Wald gefahren hatten. Rehe benötigen zwei Liter Flüssigkeit am Tag. Diese allein über Schnee aufzunehmen ist schwierig, die Bäche waren gefroren. Deshalb hat unser Wildfutter einen hohen Feuchtigkeitsanteil von fast fünfzig Prozent, was gut für die Rehe und schlecht für uns ist, weil wir uns sehr anstrengen müssen, das tiefgefrorene Futter auszubringen. Ehrlich gesagt war schon der Weg in den Tobel eine Herausforderung, dort das Hacken, schließlich der Heimweg – da spürt man jeden Knochen. Doch oft wurde ich belohnt: Denn dann stand Schneewittchen vor mir und stubste an meinen Bauchgurt mit dem Knisterbrot und den Äpfeln.

Um die Futterstelle hatten die Rehe Kuhlen freigeschlagen, in denen sie ruhten. Wenn sie mich hörten, erhoben sie sich und entfernten sich einige Meter. Auch Schneewittchen brachte sich erst einmal in Sicherheit, bis mein Pfiff ertönte. Es freute mich sehr, dass mein Reh so gut Anschluss gefunden hatte. Ich machte mich schon ein Stück vor der Fütterung laut bemerkbar, damit Schneewittchens Freundinnen und Freunde Zeit für einen gemächlichen Rückzug hatten. Panikartige Fluchten wollte ich unbedingt vermeiden, da sie zu viel Energie kosten. Auch Moll wusste genau, wo er warten musste, damit die Rehe nicht erschraken. Wenn der Waldboden im Herbst mit Laub bedeckt war, bräuchte ich nicht so laut atmen und seufzen. Da verriet mich das Rascheln bei jedem Schritt. Rehe mögen keine überraschenden Besuche, sie haben es gern, wenn man vorher anruft, wenn sie hören, wer da kommt, während sie selbst, so wie ich, lieber nicht telefonieren. Leise ziehen sie ihre Kreise. Sie möchten unbemerkt bleiben.

Zwei Tage in Folge kam Schneewittchen nicht auf meinen Pfiff. Schade, aber damit hatte ich mich abgefunden. Wer bequem liegt und müde ist und satt, steht nicht gern auf. Auch am nächsten Tag kam sie nicht. Vielleicht käute sie gerade wieder? Als ich sie auch am vierten Tag nicht entdeckte, wurde ich unruhig. Bei so hohen Schneelagen bewegen sich Rehe wie gesagt nur wenig: Sie müsste sich eigentlich in der Nähe der Fütterung aufhalten.

»Schneewittchen«, sagte ich zu Moll. »Wir müssen Schneewittchen suchen.« Er legte seinen Kopf schräg und schaute mich freundlich hechelnd an. Seine hellrosa Zunge hing weit heraus, es war auch für ihn anstrengend, durch den hohen Schnee zu pflügen. Beide gaben wir unser Bestes, doch wir fanden unser Reh nicht. Am nächsten Tag ließ ich Moll zu Hause, da ich vermutete, er hätte einen Muskelkater; er lief ein wenig steif. Ich wünschte ihm von Herzen, er sei nicht so schlimm wie meiner, und stapfte voller Hoffnung in den Tobel. Kein Schneewittchen sprang mir entgegen. Nun war ich schon ziemlich nervös. Es beruhigte mich immerhin ein wenig, dass ich keine Blutspuren von einem Kampf fand. In einem harten Winter wie diesem wagen hungrige Füchse sich auch an erwachsene Rehe heran, vor allem, wenn sie verletzt sind. Die Bereitschaft des Fuchses, die Gefahr einzugehen, vom Reh verletzt zu werden, ist höher, sein Hunger macht ihn risikobereiter. Kommt es zu einem Kampf, schlägt das Reh mit seinen Schalen, wie die Füße heißen, und kann den Fuchs günstigenfalls vertreiben, außer es gelingt ihm, sofort in die Halsschlagader zu beißen. Im Herbst hatte ich Schneewittchen einmal auf den Arm genommen, das machte ich gelegentlich, damit sie das Gefühl des Getragenseins nicht vergaß, es könnte ja einmal notwendig werden, dass ich sie trug, und dann sollte sie damit vertraut sein. Diesmal hatte sie gestrampelt und gegen meinen Oberschenkel getreten. Das war ziemlich schmerzhaft, und ein blauer Fleck erinnerte mich lang daran. Bestimmt würde Schneewittchen sich erfolgreich gegen einen Fuchs verteidigen… aber wo war sie? Vielleicht war sie an einer Wurzel hängen geblieben, hatte sich das Bein gebrochen, oder sie war aufgeschreckt und auf der Flucht gegen einen Baum gelaufen, vielleicht hatte sie sich auch in einem Stacheldraht verheddert, wozu sie allerdings hätte weit laufen müssen. Horrorszenarien konnte ich mir genug vorstellen. Am schlimmsten war die Ungewissheit.

Wolf lieh mir seine Wildkamera, die ich an der Fütterung installierte. Fünf Tage lang kontrollierte ich vor und nach meinen Schichten – kein Bild und kein Ton von Schneewittchen. Ein gutes Dutzend anderer Rehe stand und lag an der Fütterung. Die Wildkamera löst immer dann aus, wenn Bewegung stattfindet. Nach einer Minute schaltet sie ab. Schneewittchen konnte sich nicht anschleichen. Sie konnte sich aber auch nicht in Luft auflösen. Wo war mein Reh? Es dauerte noch mal vier Tage, bis ich ihr leuchtendes Halsband vor der Kamera entdeckte. Mein Herz machte einen Sprung. Sie lebte! Dann wurde mir flau zumute. Schneewittchen stand auf drei Beinen. Sie ging nach rechts, wiederum auf drei Beinen. Hatte sie sich das Bein gebrochen? Wie sollte sie mit einem gebrochenen Bein bei diesen Schneeverhältnissen überleben? Ich war in größter Sorge. Humpelnd war sie für den Fuchs ein gefundenes Fressen, sie konnte ja nicht weglaufen, sie könnte sich auch nicht verteidigen, sie würde das Gleichgewicht verlieren, stürzen – eine leichte Beute. Wie war das überhaupt passiert? Und was konnte ich tun? Ich musste eingreifen. Ich musste mein Reh aus dem Tobel bergen. Bloß wie? Zuerst einmal musste ich es finden. Ich würde an der Fütterung ansitzen müssen, stundenlang in dieser Eiseskälte. Gesagt, getan.

Meine Freunde aus München hatten mir zum Geburtstag einen Ansitzsack geschenkt, der nun zum ersten Mal zum Einsatz kam. In diesen geräuscharmen Schlafsack kann man auch dick angezogen bequem einsteigen. Ich trug lange Unterhosen, eine Thermohose, Unterhemd, Sweatshirt, Pullover und meine dickste Jacke und fror trotzdem. Eigentlich macht mir Kälte nichts aus, doch meistens bewege ich mich draußen. Stundenlang starr zu sitzen verwandelt mich in einen Eiszapfen, da fehlt mir eindeutig die Sitzhärte wie manchen meiner Jagdkollegen, die bewundernswert lange bei extremer Kälte ausharren können.

Rehe kamen und gingen, nur meines nicht. Aber was, wenn sie erschiene? Was sollte ich dann tun? Es war unmöglich, sie im tiefen Schnee durch den Tobel zu tragen. Mittlerweile wog sie knapp zwanzig Kilo. Mit dem Auto konnte ich nicht in den Tobel fahren. Sollte ich Molls Hundebox auf den Schlitten spannen und durch den Tobel ziehen? Ohne Schlittenspur? Ich würde jämmerlich versinken. Überhaupt war der Schlitten keine gute Idee, wie ich am nächsten Tag merkte, als ich ihn mitnahm, um es zu testen. Ich kam kaum voran. So verging die Zeit, und ich fand mein Schneewittchen nicht. Ich war sehr bedrückt. Ich konnte sie nicht füttern, ich konnte sie nicht versorgen, ich wusste nicht, wie es ihr ging, lebte sie überhaupt noch? Ich war verzweifelt.

»Im Fernsehen schießen die Tierärzte dann immer einen Betäubungspfeil ab«, meinte meine Freundin Kathi. »Kannst du das nicht auch machen?«

»Erstens weiß ich nicht, wo Schneewittchen sich aufhält. Zweitens bin ich keine Tierärztin.«

»Dann musst du eben eine holen.«

»Und die sitzt dann mit mir stundenlang in klirrender Kälte an und wartet, ob vielleicht mein Reh kommt? So eine gibt es nicht«, sagte ich.

»Das ist wohl eine Frage des Preises«, meinte Kathi.

Ich widersprach. »Ich glaube, bei dieser Kälte ist es eine Frage der Herzenswärme.«

Wolf mangelte es nicht an Herzenswärme, aber auch er war kein Tierarzt. Allerdings kannte er einen mit dieser speziellen Genehmigung. Ich rief ihn an, er lag mit einer Grippe im Bett. Er nannte mir einen Kollegen. Der wollte nicht. Außerdem hatte er auch Grippe und teilte mir mit, dass ich unbedingt das Gewicht des Rehs bis auf ein Kilogramm genau feststellen sollte, um das Narkosemittel richtig zu dosieren, ansonsten bestünde die Gefahr, dass das Tier sterben würde. »Rehe sind ja nicht besonders stressresistent«, fügte er hinzu. »Überhaupt ist bei wilden Tieren der Stresspegel sehr schnell sehr hoch.«

»Ich weiß«, sagte ich bedrückt.

Er hustete ins Telefon, und ich verstand ihn kaum. »Auch wenn die Tiere den Eindruck erwecken mögen, ruhig und dem Menschen gegenüber fast zutraulich zu sein, ist dieses Verhalten doch eher ein Zeichen dafür, dass sie mit dem Leben abgeschlossen haben. Sie wissen doch bestimmt, dass man angefahrene Rehe auch tötet, um ihnen Stress zu ersparen?«

Völlig gestresst verabschiedete ich mich. Dieses Thema war auch bei meiner Falknerausbildung angesprochen worden. Viele wilde Tiere, auch verletzte Vögel, die von Menschen »gerettet« werden, erleiden nicht selten eine Fangmyopathie. Manche sterben daran, weil eine durch Stress ausgelöste neurochemische Überreaktion ihren Stoffwechsel vergiftet, manche erleiden durch die totale Anspannung irreparable und sehr schmerzhafte Muskelrisse, so dass sie sich nicht mehr bewegen können und getötet werden müssen. Vor allem Tiere, die bei Gefahr auf Flucht, also Mobilisierung aller Kräfte setzen, schließen innerlich mit dem Leben ab, wenn man sie daran hindert, und sterben im festen Griff des vermeintlichen Retters den plötzlichen Herztod.

Die sieben Zwerge

Drei Wochen später war ich abends bei mir zu Hause, trank einen Kaffee, um mich vor meiner Nachtwanderung zu stärken, schaute durch die Stalaktiten nach draußen und ... traute meinen Augen nicht. Schneewittchen! An der Salzlecke! Mit einem Knall setzte ich die Kaffeetasse ab, der Schwung verbrühte mir die Hand, was ich kaum spürte. So schnell war ich die Treppe noch nie hinuntergerannt. Ich zog das Hundegeschirr aus dem Regal, nestelte es eng, schnappte mir den Beutel mit Knisterbrot und einen Apfel und ging mit rasend klopfendem Herzen langsam, so als wäre überhaupt nichts Besonderes vorgefallen, ums Haus zur Salzlecke.

»Hallo, Schneewittchen«, sagte ich.

Sie hob den Kopf.

»Schön, dass du da bist.«

Sie humpelte näher, die Augen auf mein Gesäuge, den magischen Beutel, gerichtet. Ich öffnete ihn und nahm eine Handvoll Brot heraus. Da kamen die weichen Lippen. Ich hätte weinen können vor Erleichterung, wenngleich sie noch immer auf drei Beinen stand. Den rechten Vorderlauf hielt sie hoch. Ich streichelte ihren Hals, kraulte ihre puscheligen Lauscher. Sie ließ es sich gefallen, schleckte mir sogar einmal über die Wange. Mit ruhigen Bewegungen zog ich ihr das Geschirr über. Das hatte ich seit der Kitzzeit immer

wieder einmal mit ihr geprobt, so wie man auch mit Hunde-
welpen gewisse Dinge übt, um Tierarztbesuche zu erleichtern – in die Ohren und den Mund schauen, die Pfotenzwi-
schenräume kontrollieren, Fieber messen. Schneewittchen
ließ mich gewähren, Hauptsache, sie bekam Knisterbrot und
Apfel. Ohne Widerstreben gelang es mir, sie in die Scheune
zu führen, wo normalerweise ein Auto parkt; zurzeit stand
es an der Straße, weil ich mein Haus ja nur zu Fuß erreichen
konnte. Schneewittchen kannte die Scheune. Dort ruhte
sie im Sommer oft, es war ein schöner schattiger Platz. Ich
schloss das Scheunentor und atmete einmal tief durch. Dann
holte ich Kraftfutter und Wasser und noch einen Apfel, den
sie gern annahm. Sie machte einen ruhigen Eindruck, war
nicht panisch, wenngleich sie nun hinter Gitter war wie ich
in meinem Haus voller Eiszapfen. Aber es war vertraut.
Bestimmt konnte ich sie kurz allein lassen. Ich rannte den
Hang hinauf zu Franziska und Karl, denn mir war eingefal-
len, dass sie ein Hühnergitter hatten, das sie zu dieser Jahreszeit nicht brauchten. Karl, er hatte schon geschlafen, holte es
für mich aus seinem Schuppen. Er war kein bisschen gran-
tig, sondern hilfsbereit wie immer. Franziska half mir beim
Tragen und begrüßte Schneewittchen. Die hatte sich mittlerweile auf dem Heu niedergetan, das ich für sie ausgelegt
hatte.

»Das sieht doch gut aus«, meinte Franziska. »Ich glaube,
es gefällt ihr hier drin.«

»Hoffentlich«, seufzte ich.

»Überhaupt schaut sie gut aus«, lobte Franziska. »Ich hab
sie ja lang nicht mehr gesehen. Einen schönen dichten Pelz
hat sie.«

»Ja, das stimmt. Aber sie ist ziemlich dünn geworden, das

siehst du jetzt in dem dämmrigen Licht nicht. Und außerdem ist sie dreibeinig.«

»Das wird schon wieder«, tröstete Franziska mich. »Das ist schließlich unser Schneewittchen. Chefin über die sieben Zwerge. Wenn eine das schafft, dann sie. Hast du einen Apfel für mich?«

Ich reichte ihr mein Messer und einen Apfel. Schneewittchens Lauscher schnellten nach vorn. Sie fixierte den Apfel.

»Ist nicht vergiftet, keine Sorge«, sagte Franziska, kniete sich neben Schneewittchen und fütterte sie, während ich das Hühnergitter am Eingang der Scheune befestigte. Es passte, als wäre es dafür angefertigt worden. Ein Stein fiel mir vom Herzen. Der Apfel war verspeist. Franziska stand auf und klopfte sich Staub von ihrer Hose. In dem diffusen Licht der kleinen Lampe, die ich so aufgestellt hatte, dass sie Schneewittchen nicht blendete, erinnerte der Stall an eine Szene aus dem Krippenspiel.

»Du bist wie einer aus dem Morgenland«, sagte ich zu Franziska. Im Augenblick fielen mir die Namen der Heiligen nicht ein, obwohl ihre Initialen mit Kreide über meiner Tür standen. So ist es Brauch auf dem Land. Um Heiligdreikönig ziehen verkleidete Kinder von Haus zu Haus – eines ist schwarz angemalt, der Mohr, die begehrteste Rolle – und sammeln Spenden für die Kirche.

»Ne, ich bin einer von den sieben Zwergen«, entgegnete Franziska.

Wir platzten beide laut heraus und lachten viel zu lang und laut, während Molls Rute wie wild an das Hühnergitter schlug. Das Reh musterte uns leicht irritiert, ließ sich aber nicht aus der Ruhe bringen. Franziska verabschiedete sich, und dann stand ich allein in der kalten klaren Nacht. Ich atmete tief durch. Schneewittchen war in Sicherheit. Dann drehte ich mir eine Zigarette, rauchte sie mit Genuss und dachte nach.

Am besten wäre es, beim Reh zu bleiben. Doch in der eiskalten Scheune auf dem harten Boden wollte ich nicht schlafen. Da fiel mein Blick auf die Umrisse meines abgemeldeten VW-Busses. Die Sitzbank war weich und mit wenigen Handgriffen zu einem Bett aufzuklappen. Einen sehr guten Schlafsack hatte ich auch. Und außerdem sehe ich den Sternenhimmel so gern. Gut, dass ich die Batterie letzte Woche geladen hatte. Der Bus sprang sofort an. Ich parkte ihn so vor dem Hühnergitter, dass ich von meinem Bett aus Schneewittchen in der Scheune sehen konnte. Und den Sternenhimmel. Schneewittchen beobachtete interessiert, was da vor sich ging. Eine Stunde und ein Bier später ruhten wir beide. Und obwohl sie zirka drei Meter von mir entfernt lag, hörte ich das Gluckern ihres Bauches, das typische Pansengeräusch, es erinnert an eine Waschmaschine. Im Weichspülgang schwappte ich zurück in meine Kindheit, legte mein Ohr an den Bauch einer Kuh, und neben mir stand mein Vater in Gummistiefeln, eine Rot-Händle zwischen den Fingern, die andere Hand auf die Kruppe, also dem Kreuz, der Kuh. »Und, was glaubst du, Susa?«, fragte er. »Was fehlt ihr?«

»Sie hat sieben Zwerge verschluckt«, antwortete ich.

Reh in Reha

Am nächsten Morgen, einem klaren Wintertag, der an ein Kalenderblatt erinnerte mit seinem knallblauen Himmel, den schneebedeckten Bäumen und wie mit Brillanten übersäten funkelnden Eiskristallhügeln, öffnete ich die Augen und sah – Karl. Auf dem Weg zur Arbeit wollte er Schneewittchen begrüßen und ihr einen Apfelschnitz geben. Vielleicht hätte er mich gern gefragt, wie kalt die Nacht war, doch er wusste, dass ich um diese Uhrzeit noch keine Sprechstunde habe, und hielt sich deshalb an Schneewittchen, die durchaus empfänglich für einen Schwatz unter alten Freunden war. Als Karl fort war, erfreute ich mich eine Weile am Anblick meines Rehs und schlief dann noch einmal ein. Zwischen sechs und acht Uhr morgens schlafe ich immer vortrefflich, das hat sich in vielen Jahren Spätschicht so eingebürgert. Auch Moll schlief gerne lang, und als ich mir in der Küche einen Kaffee kochte, lief er nach draußen und beschnupperte ausgiebig das Hühnergitter und den VW-Bus. In seinen Augen las ich vielleicht einen kleinen Vorwurf, warum er nicht dabei sein durfte. Doch der Ellenbogenpapst hatte vor Arthrose gewarnt wie vor dem Teufel, so wollte ich ihm die Kälte draußen ersparen, wenngleich er sie sehr schätzte; er lag so gern im Schnee. Als echter Berner verfügte er über ein hervorragend isolierendes Fell.

Erst nach einigen Schlucken Milchkaffee wurde mir bewusst, dass ich das Problem noch nicht wirklich gelöst hatte, nur einen kleinen Teil. Das Reh war sichergestellt, ruhiggestellt. Und nun? Ich brauchte eine Diagnose, warum es auf drei Beinen lief, und dann musste es behandelt werden – oder? Schneewittchen war ein Wild-, kein Haustier, nein, ein Scheunentier. Ich rief eine Tierärztin an, sie kam freundlicherweise gleich in ihrer Mittagspause. Da sie die Scheune zusammen mit mir betrat, ließ sich Schneewittchen ohne Probleme untersuchen. Am unangenehmsten schien ihr die Berührung an den Schalen zu sein. Einen Bruch konnte die Tierärztin zu meiner großen Erleichterung ausschließen. Sie empfahl mir, das Reh für mindestens eine Woche in Ruhe zu halten. Am nächsten Tag besuchte mich eine Bekannte mit ihrer Schwester, und es stellte sich heraus, dass Letztere Cranio-Sakral-Therapeutin war. Gern wollte sie das Reh untersuchen und vermutete einen Kapselriss an der Schulter. Dieser Meinung schloss sich die Tierhomöopathin an, der ich ein Video des humpelnden Rehs sandte.

Manu meinte, dass mir wohl nichts anderes übrig bliebe, als das zu tun, was ich hatte vermeiden wollen: »Am besten, du lässt Schneewittchen röntgen.«

»Mein Reh in eine Tierklinik bringen? Das würde viel zu viel Stress bedeuten, das ist mir zu gefährlich.«

»Aber Schneewittchen ist Autofahren gewöhnt!«

»Darum geht es nicht. Es sind die Geräusche und Gerüche in der Klinik, man müsste sie betäuben, um sie zu röntgen oder eine Kernspinaufnahme zu machen. Und dann? Wie soll ich dann weitermachen? Bei Moll war es einfach, einen Hund kann ich kontrollieren. Nach seiner Operation durfte er eine gewisse Zeit nur an der Leine laufen und keine

Treppen steigen. Und er hatte Nachsorgetermine. Wie sollte ich das mit dem Reh schaffen?«

»Also willst du nichts unternehmen?«

»Ich weiß es einfach nicht«, gestand ich Manu, und meine Stimme hörte sich so verzweifelt an, wie ich mich fühlte. Ich wollte das Richtige tun, doch wie sah das aus? Abwarten? Behandeln? Was würde Schneewittchen wollen, wenn sie die Situation begreifen könnte?

Wolf riet mir, auf die Selbstheilungskräfte des Rehs zu vertrauen. »Ich hab schon Sachen im Wald gesehen, das glaubt kein Mensch.«

Cornelia empfahl Krankengymnastik. Steffi schwor auf ihre Tierkommunikatorin. Hobs Postbotin empfahl eine befreundete Tierärztin in Österreich, die hin und wieder Rehe in einem Gehege behandelte. Allein Sarah hatte kein Heilsversprechen für mich. »Was kostet das eigentlich so?«, wollte sie wissen. »Wie viel Geld hast du jetzt schon ausgegeben für das Reh?«

»Darf man denn für ein Tier nichts ausgeben?«, fragte ich ein wenig lauter, als ich wollte.

Sarah zuckte mit den Schultern. »Ist halt dein Hobby. Die einen leisten sich kostspielige Urlaube oder teure Fahrräder. Du steckst das Geld in dein Reh. Hat mich einfach nur interessiert.«

»Also ich nag deswegen nicht am Hungertuch«, gab ich Auskunft.

»Schön«, sagte Sarah, und das Thema war erledigt. Als sie am selben Nachmittag unbedingt in eine Boutique in Oberstaufen wollte, verlor ich kein Wort über diese völlig überflüssige Aktion.

Ich behielt Schneewittchen drei Wochen in der Scheune und hoffte, dass ihr diese Ruhe guttun würde. Sie sollte nicht durch den tiefen Schnee stapfen und Nahrung suchen müssen, sie sollte das Bein oder die Schulter schonen. Zu meiner großen Erleichterung zeigte das Reh sich mit diesem Therapiekonzept einverstanden. Es gab jeden Tag nur eine kritische Phase von zirka fünfzehn Minuten. Wenn die Dämmerung am Abend hereinbrach, wurde das Reh unruhig, ging am Gitter auf und ab, hob den Kopf und windete in den Wald. Es kam mir so vor, als hätte es einen Termin, den es nur ungern verpassen wollte. Dann war es dunkel, mein Reh tat sich nieder, käute wieder, schlief, nahm Nahrung auf, schlief und schmuste gern mit mir. Das Buffet mit Brombeerzweigen, Kraftfutter und Apfeltrester, das ich stets frisch auffüllte, schien ihr zu munden. Zusätzlich brachte Manu Leckeres aus der Wildapotheke: knospende Zweige von Weide und Hasel sowie Huflattich und Pestwurz aus dem Unterland, die schmerz- und entzündungshemmend wirken. Manchmal leistete ich Schneewittchen beim Äsen Gesellschaft, gelegentlich las ich dabei. Einmal vergaß ich meine Engel-Clubzeitung in der Scheune. Schneewittchen interessierte sich außerordentlich dafür, war aber augenscheinlich mit dem Inhalt nicht einverstanden. Sie zerfetzte die Zeitschrift mit ihren Schalen und riss mit dem Äser ganze Seiten heraus. Das Geräusch, das sie dabei produzierte, schien ihr zu gefallen, der Geruch der Druckerfarbe schien sie in Rage zu versetzen und anzustacheln. Zum Schluss blieben nur noch Fetzen übrig.

Das Reh hatte sehr viel Besuch während seiner Reha. Franziska und Winnie kamen jeden Tag mehrmals, auch Karl schaute vorbei und natürlich Samsung und die Milliwillis. Moll nahm die Rolle eines Krankenpflegers ein und wich dem Reh am liebsten gar nicht von der Seite. Endlich ließ uns der Frost aus seiner starren Faust, ein warmer Föhnsturm brachte einen Hauch von Frühling, und da durfte Moll auch nachts draußen bleiben. Er schlief neben Schneewittchen in der Scheune, ich in meinem VW-Bus davor.

Ich tanke Sterne. Schaue lang in den Himmel, ehe ich in den Schlafsack krieche. Das malmende Geräusch von Schneewittchen am Bufett ist ganz nah. Etwas weiter weg durchschneidet der sehnsüchtige Balzruf eines Kauzes die Dunkelheit. Glücklich schlafe ich alte Kauzin ein, glücklich wache ich auf. Geweckt vom Starenmann, der mit den ersten warmen Sonnenstrahlen sein Prachtgefieder schillernd und bunt präsentiert und dabei aus voller Kehle schmettert, was er auf seiner langen Reise aus Afrika an neuen Tonfolgen zu seinen Allgäuer Strophen hinzugefügt hat. Ich nenne ihn Mozart, denn der hatte auch einen Vogel, und beide waren Stare. Der Komponist widmete seinem geliebten »Stahrl« nach dessen Tod ein Sextett, in dem er nach Starenart frech und frei Phrasierungen und Versatzstücke aneinanderreihte. Was man lange für eine Verspottung unmusikalischer Zeitgenossen hielt, war vermutlich eine Verbeugung vor dem anders musikalischen Mitgeschöpf.

Stare kehren jedes Jahr an ihren Geburtsort zurück und ziehen dort in dasselbe Ferienhaus ein wie manche Touristen. Nur dass die Stare zum Brüten hier sind, und dazu braucht es zwei. Die Starendame muss noch erweicht werden. Mozart beherrschte Dohle, Milan, Schwarzspecht, Gimpel und

Huhn. Neu hinzugekommen waren exotische Gesänge, Fla-
mingo und eine Kreissäge. Dies ist der schönste März meines
Lebens.

Reh-Sozialisation

Im März schmolz der Schnee, die Stalaktiten tauten, Dachlawinen, Molls gefährlichste Feinde, stürzten mit gewaltigem Getöse herab und türmten sich vor meinen Fenstern, und an ersten aperen Stellen spross junges Grün. Mit gemischten Gefühlen entließ ich Schneewittchen aus ihrer Reha. Sie würde nun selbst genug zu fressen finden – und wenn es mal knapp wurde, wusste sie, wo ein gedecktes Buffet auf sie wartete. Ja, es gab eine Stimme in mir, die sie gern noch länger geschont hätte. Doch die Stimme, die meinem Reh seine Freiheit zurückgeben wollte, war kräftiger. Schneewittchen lief noch immer auf drei Beinen, aber im Stehen setzte sie das vierte leicht auf. Das wertete ich als gutes Zeichen. An einem frühlingshaften Märzenmittag entfernte ich das Gitter von der Scheune. Schneewittchen brauchte eine Weile, ehe sie begriff, was das bedeutete. Dann klappte sie das verletzte Bein ein und raste wie angestochen dreibeinig die Obstwiese hinunter, preschte dort in Kreisen herum, wie sie es als Kitz getan hatte, wenn sie der Hafer stach, wenn sie sich sehr freute. Moll spurtete hinterher, und da wollten die Katzen nicht außen vor bleiben. Es erschien mir, als würden sie alle miteinander Schneewittchens Freiheit feiern.

Einige Tage noch blieb mein Reh in der Nähe des Hauses und tat sich gütlich am Buffet im Schuppen. Das erleich-

187

terte mich sehr, denn ich hatte befürchtet, Schneewittchen würde den Schuppen meiden. Doch sie schien die Zeit der Schonung nicht als Gefangenschaft und schlechte Erfahrung abgespeichert zu haben. Als in der Natur immer mehr junge Pflanzen sprossen, mir kam es so vor, als könnte ich das Wachsen beobachten, jede Stunde ein halber Zentimeter, entfernte sich Schneewittchen weiter vom Haus. Abermals musste ich lernen, damit zurechtzukommen. Die Freude, dass sie wieder frei war, überwog meine Sorgen. Und ich hoffte sehr, dass sie bald fest und sicher auf ihren vier Beinen stünde, denn nun würde sie an Gewicht zulegen, schließlich wuchs neues Leben in ihr. Das sah man ihr zwar noch nicht an, aber mit jedem Tag hatte ich mehr den Eindruck, dass ihr Bauch ein wenig durchhing. Oder bildete ich mir das ein? Nein, sicher nicht, ich war doch Zeugin des Aktes gewesen. Ich war gespannt und unruhig. Ich würde so etwas wie Großmutter werden. Wie könnte ich Schneewittchen Beistand leisten, wenn es zu Komplikationen käme? Ich beherrschte ja nur den Kaiserschnitt, und das bei Kühen, hatte aber kein passendes Werkzeug. Und müsste man diese großen Tabletten vor dem Zunähen auch in eine Reh-Gebärmutter werfen? Ob mein Vater das gewusst hätte? Wer konnte mir weiterhelfen?

Wie die meisten Frauen im Zustand guter Hoffnung und viele Co-Schwangere suchte ich nach Ratgebern. Für Menschen gab es Tonnen, für Rehe nichts. Doch immerhin fand ich Schilderungen von Beobachtungen bei Gehegerehen. Ein neugeborenes Kitz wiegt 1200 bis 2300 Gramm. Ich stellte mir die Grußkarte vor, die ich nach der Geburt an meine Verwandtschaft schicken würde: zu 18, 19, 20 und F1 im

Fahrzeugschein: Länge, Breite, Höhe, zulässiges Gesamtgewicht. Und welches Datum wohl dort stehen würde als Tag der ersten Zulassung…

Reh-Aktion

An einem Frühlingsmorgen begab ich mich mit einem frisch gefüllten Beutel Knisterbrot auf die Wiese hinter dem Tobel, wo Schneewittchen sich zu dieser Jahreszeit bevorzugt aufhielt. Ich hockte mich zu ihr und reichte den Apfel, den sie gerne nahm. Tau lag auf den jungen Grashalmen, die meine Knöchel unangenehm kalt befeuchteten. Ich setzte mich in das nasse Gras, einem Impuls folgend, der einer Hingabe glich. Die Vögel am Waldrand zwitscherten sich die Feuchtigkeit aus dem Gefieder. Ich rührte mich nicht. Da trat der Fürst aus dem Wald, mächtig mit schwerem Schritt. Schneewittchen hob und senkte das Haupt und äste in seine Richtung. Kurz darauf traten eine Geiß und ein Schmalreh aus dem Wald und gesellten sich zu uns. Ich atmete ruhig die reine Morgenluft und hörte das Zupfen und Kauen von vier Rehen um mich herum. Ihre anmutigen Körper, die dunklen, nassen Läufe, ihre unbeschreiblich schönen Rehaugen. Ich sah das alles von unten, denn ich war kleiner als sie. Ich wurde geduldet an diesem Morgen in Schneewittchens zweitem Frühling. Sie fürchteten mich nicht. Das kleine Reh war mein guter Leumund vor den anderen. Mein frühes Aufstehen hatte sich gelohnt. Das ist es, dachte ich, die Sehnsucht nach dem verlorenen Paradies, als die Tiere noch nicht vor uns wegliefen, weil wir sie nicht töteten. Es war dies das größte Geschenk, das mir mein Reh machte. Es wog alles auf, was ich für sie auf mich genommen hatte.

In den nächsten Jahren wurde mir noch einige Male die Nähe zu fremden Rehen geschenkt. Schneewittchen bürgte für mich.

Wer hat das Größte?

Hob stemmte die Hände in die Seiten und schaute mich fassungslos an. »Das ist jetzt aber nicht wahr!«, rief sie.

»Äh, was?«, fragte ich, als wüsste ich nicht, was sie meinte.

Hob wies auf das Geweih an der Wand. »Dass du so was aufhängst. Das glaub ich nicht!«

»Hab ich selbst geschossen«, sagte ich souveräner, als ich mich in diesem Moment fühlte.

»Ich weiß noch genau, wie ekelhaft wir damals bei der Motorradtour dieses Zimmer in der Pension fanden, in dem die toten Köpfe hingen«, erinnerte Hob mich, als hätte ich seinerzeit etwas versprochen, das ich nun verriet.

»Da war ich noch keine Jägerin.«

»Und, was ist der Unterschied? Toter Kopf an der Wand bleibt toter Kopf.«

»Das ist kein Kopf. Das ist ein Gehörn.«

»Das macht für mich keinen Unterschied.«

»Aber für mich.«

»Erklär es mir«, sagte Hob, und ich versuchte es.

Die meisten Leute denken bei Geweihen an Rotwild, also Hirsche. Doch während es Rehe überall in Deutschland gibt, leben Hirsche in ausgewiesenen Rotwildgebieten. Dort richten sie erheblich mehr Schaden im Forst an als Rehwild. Unser Revier ist mittlerweile kein Rotwildgebiet mehr. Hin und wieder mag ein Spießer durchziehen, aber ich habe noch keinen gesehen.

Um den Kopfschmuck von männlichen Rehen und Hirschen herrscht ein regelrechter Kult, den ich in der Jägerschule ziemlich albern fand. Was ich da nicht alles lernen musste über Formen und Beschaffenheit der Stangen, aus denen das Hirschgeweih besteht. Es ist genau festgelegt, wie das Geweih oder Gehörn bei welchem Alter des Hirsches oder Bockes auszusehen hat, wie es bewertet wird. Hirschkühe tragen kein Geweih. Der Aufwand, der in der Jägerschaft um diesen Knochenauswuchs betrieben wurde, kam mir unverhältnismäßig, aber bekannt vor. In Rotwildrevieren wird sogar im Wald nach abgeworfenen Stangen gesucht, um sie den einzelnen Hirschen zuzuordnen. Auch die Erkrankung von Kurzwildbret, also Hodenverletzungen an Stacheldrähten und ihre Auswirkungen auf das Geweihwachstum, wurden in der Jägerschule umfassend erörtert. Verletzungen an den Hoden können nämlich entsetzliche Folgen haben, ein so genanntes Perückenwachstum – das Gehörn erinnert an eine Perücke. Der Bast, die Knochenhaut, die das Gehörn in der Wachstumsphase umhüllt und im Frühjahr abgescheuert – verfegt – wird, wächst dann immer weiter ins Gesicht, so dass ein Bock irgendwann gar nichts mehr sieht. Hin und wieder musste ich mir ein Schmunzeln verkneifen. Ich behielt meine Meinung allerdings für mich – das habe ich schon während meiner Ausbildung zur Kfz-Mechanikerin gelernt, wo ich mich auch nicht für Sternfelgen, aufgebohrte Auspuffe oder Heckspoiler begeistern konnte. Das weibliche Reh, gehörnlos und perückenresistent, erhielt nur wenig Aufmerksamkeit, denn sehen sie nicht irgendwie alle gleich aus? Man kann gerade mal feststellen, ob es sich um ein junges, ein tragendes Reh oder eine alte Geiß handelt. Niemand käme auf die Idee, den Schädel einer alten Geiß auszukochen und an die Wand zu hängen. Diesen übel riechenden Aufwand betreibt man nur, wenn den Schädel ein imposantes Gehörn veredelt. Um die Trophäe zu verwerten, trennt man den Kopf ab, zersägt ihn und kocht die Stirnplatte mit der Nase stundenlang aus, bis sich Fleisch und Gewebe lösen. Dann pult man alle Höhlen leer, eine mühsame und scheußliche Arbeit. Schließlich bleicht man den Schädel einen Tag an der Sonne, deshalb sind Trophäentage Schönwettertage. Zum Schluss befestigt man die Stirnplatte auf einem Brett und hängt sie an die Hauswand, übers Ehebett, in den Hobbykeller. Auf der Jägerschule erschien mir das alles wie ein verschrobener Männerkult am Rande der Lächerlichkeit. Es dauerte Jahre, bis ich verstand, welche Bedeutung dieses Gehörn haben kann. Es erfüllt mit Stolz, wenn die Hege erfolgreich ist, die Tiere gesund und kräftig sind. Außerdem ist es wildbiologisch interessant. Denn das Gehörn verrät viel über den Gesundheitszustand seines Trägers. Das Gehörn des Rehbocks ist das Produkt seiner überschüssigen Energie und gibt Aufschluss darüber, wie nahrhaft sein Lebensraum ist. Das weibliche Reh nutzt seine überschüssige Energie, um Kitze auszutragen. Bei meinem Jagdherrn Wolf hingen an die hundert Stirnplatten an den Wänden. Und wenn ich ihn nach dem einen oder anderen Abschuss fragte, konnte er mir zu jedem eine Geschichte erzählen. Die Gehörne und Geweihe waren für ihn Erinnerungen an Jagderlebnisse, und so vergaß er auch die Tiere nicht, die diese Kronen getragen hatten. Der Brauch, Trophäen zu sammeln, stammt aus einer Zeit, in der es nicht möglich war, ein Selfie zu schießen – ich und das erlegte Wild, ich und der geangelte Fisch. Für manche Menschen ist es sehr wichtig, anderen zu zeigen, was sie erjagt haben, ob als Schweine- oder Schnäppchenjäger. Die Jäger veranstalten einmal im Jahr so genannte Hegeschauen, bei denen sie ihre Trophäen der Öffentlichkeit präsentieren.

Meine erste Trophäe stammt von einem zirka vierjährigen Bock. Gegen Ende der Brunft beobachtete ich ihn einige Male von meinem Bodensitz gegenüber des Hangs, der mir als Kugelfang diente. Sein Gehörn ragte weit über die Lauscher, wenn auch nicht besonders stark. Wolf hatte mir aufgetragen, ich solle in den nächsten zwei, drei Wochen einen Bock schießen – wir hatten noch viel zu tun, um die Abschussquote zu erfüllen. Ich habe keinen Ehrgeiz, den Schönsten, Besten, Tollsten zu schießen. Gerade solche Exemplare erfreuen mich, und ich möchte sie gern im Wald lassen, denn dort haben wir Freude an ihrem Anblick.

Dieser hier war ein guter Kompromiss. Kein Spießer, aber eben auch kein alter Recke. Und so entschied ich mich für ihn. Eigentlich ist das eine Ungeheuerlichkeit. Ich entscheide, wem ich das Leben nehmen werde. Hier entlastet nur die Sachlichkeit. Ein kühler Kopf befähigt zur ruhigen Hand. Erstens richtig ansprechen: Es ist ein Bock. Zweitens: Hat er Jagdzeit? Drittens: Wie alt ist er ungefähr? Viertens: Wie beurteile ich seinen Gesundheitszustand? Fünftens: Welche soziale Stellung hat er inne? Sechstens: Schadet er dem Wald? Es gibt Böcke, die beim Fegen, so nennt man es, wenn sie ihr Gehörn an Bäumen reiben, erheblichen Schaden verursachen. Manchmal zerstören sie dabei einen ganzen Baum. Besonders junge Böcke tun sich diesbezüglich hervor, als pubertäre Wichtigtuer reiben und rubbeln sie wie besessen den Geruch ihrer Stirnlocken an die Gehölze. Ältere Böcke haben so etwas nicht nötig, sie gehen an einem Baum vorbei und halten nur leicht die Wange dagegen. Denkt man allein an die Trophäe, würde man den alten Bock schießen. Denkt man an den Wald, erlegt man lieber einen, der größeren Schaden anrichtet. Wolf und ich haben viel Freude an unseren alten Böcken, die wir manchmal jahrelang begleiten, einige sind zwischen acht und zehn Jahre alt. Ihre Trophäen werden wir niemals an eine Wand hängen, sie werden eines Tages natürlich verenden. Sollten wir sie doch schießen, wird ihr Gehörnwachstum seine Blüte überschritten haben. Im Alter setzen Böcke zurück, das Gehörn wird kleiner, wie auch das Geweih alter Hirsche.

Als ich den Bock ausgesucht hatte, stellte ich mir erstmals vor, sein Gehörn an einer Wand in meinem Flur aufzuhängen. Doch das war nur ein kurzes Aufblitzen einer Idee. Ich glaubte nicht, dass mir das gefallen könnte, noch nicht. Dieser Bock entpuppte sich als harter Brocken. Ich saß oft auf ihn an und erwischte ihn nicht. Entweder er war zu weit weg, oder er stand so, dass ich nicht schießen konnte, oder es waren Radfahrer oder andere Rehe anwesend. Da erwachte mein Jagdfieber. Das war anders, als wenn mir ein Reh sozusagen vor die Büchse lief. Es entwickelte sich eine Geschichte zwischen uns, wenngleich nur ich sie schrieb. Wenn ich das Haus mit meiner Büchse verließ, hoffte ich, er möge da sein. Gerade so, als wären wir verabredet. Und wenn er da wäre – würde er gut stehen? So dass ich treffsicher schießen könnte? Keinesfalls wollte ich die Rehe scheu machen. Auch wenn ich keine anderen Rehe sah, nur diesen Bock, konnte es sein, dass es unsichtbare Zeugen gab, die diese Erfahrung abspeichern und weitergeben würden. Man nennt das Erfahrungsvererbung. Seit herausgefunden wurde, dass es neben dem genetischen Code, der auf den DNA abgespeichert ist, noch einen zweiten Code gibt, der darüber entscheidet, welche Informationen des DNA-Codes verwendet und welche sozusagen »still« vererbt werden, beginnen Wissenschaftler zu verstehen, warum und wie individuelle Erfahrungen von Eltern an ihre Kinder weitervererbt werden. Dieses revolutionäre neue Forschungsgebiet heißt Epigenetik und wird wahrscheinlich irgendwann erklären, wie es möglicherweise zu einer ererbten Angst kommt. Eine Angst vor uns als Jäger wollten Wolf und ich unbedingt vermeiden. Wir versuchen so zu jagen, dass die Rehe, das Wild uns nicht als Feind betrachten. Beim Ansitzen auf den Bock dachte ich aber auch: Hoffentlich ist er heute nicht da, es ist so ein schöner Tag, den soll er noch genießen. Doch es lag nicht an mir, es lag an ihm, dem ich nicht habhaft werden konnte und es deshalb immer mehr wollte. Dies ist der Moment, in dem die Frage, ob man auf ein Reh schießen dürfe, verstummt.

Seit einigen Jahren schon hängt sein Gehörn in meinem Flur. Ich weiß alles noch genau. Ich sehe ihn vor mir, wie er kurz vor dem Schuss das stolze Haupt erhob und seinen Windfang in meine Richtung wendete. Und dann doch ruhig weiteräste. Ich erinnere mich an den Hasen, der auf die Wiese hoppelte. Meine Befürchtung, dass der Bock ins Unterholz springen würde. Ich habe auch noch das laute Brummen einer Hummel im Ohr, die kurz vor dem Schuss meine Konzentration störte. Er und ich. Wir haben eine Geschichte miteinander, und es ist mir eine Ehre, sein Gehörn aufzubewahren.

Setzzeit

Bald würde es so weit sein. Schneewittchen würde ihr erstes Kitz setzen. Sie hatte eine pralle Murmel, wie Franziska den dicken Rehbauch nannte. Wir erwarteten mindestens Zwillinge, das ist auch die Regel, vielleicht sogar Drillinge. Wenn ich meine Hand auf Schneewittchens Bauch legte, spürte ich heftiges Strampeln und deutliche Tritte unten rechts und links. Während Schneewittchen einen sehr gelassenen Eindruck machte, wurde ich immer nervöser. Die nahende Großmutterschaft beschäftigte mich. Würde Schneewittchen es alleine schaffen? Ich hatte es unzählige Male erlebt, dass Tiere bei Geburten Hilfe von Menschen, genauer meinem Vater, benötigten. Und wenn alles gut ging – würde Schneewittchen mir ihre Kitze zeigen oder sie vor mir verstecken? Und wie würde ich mit ihnen umgehen? Das würde nicht zuletzt von ihrem Geschlecht abhängen. Während ich bei weiblichen Kitzen nicht besonders vorsichtig sein musste, würde ich bei Bockkitzen Abstand wahren, damit sie ihre natürliche Scheu vor dem Menschen nicht verloren. Zahme Rehböcke halten Menschen für Artgenossen, und wenn sie geschlechtsreif sind, neigen sie dazu, diese aus ihrem Territorium zu vertreiben. Ich habe schon einige Geschichten von solchen Begegnungen gehört, in denen das süße Böcklein zum aggressiven Bock wurde, der die vermeintlichen Rivalen gefährlich verletzte. Wie traurig, wenn die Bambi-

Idylle damit endet, dass der Problembock erschossen werden muss. Die einzige Alternative bestünde in einer frühen Kastration des Bockes, doch dergestalt kann man ihn nicht mehr auswildern, weil er von seiner Community gemobbt würde, was unter Rehen so aussieht, dass er brutal geforkelt, also auf die Hörner genommen wird.

Allerdings wollte ich die Kitze eigentlich gar nicht anfassen. Ich wollte keinen Menschengeruch hinterlassen, wenngleich ich mir überlegte, ob das nicht Vorteile hätte, weil dieser Gestank den Fuchs eher vertreiben als anlocken würde.

Die meisten Geißen in unserem Revier hatten schon gesetzt, manche Kitze waren bereits ein paar Wochen alt. Schneewittchen machte keine Anstalten zu setzen. Die Murmel wurde immer dicker, aber es geschah nichts. Im Juni wurde es schlagartig kalt und nass, es regnete ohne Unterlass, was mir Sorgen bereitete, weil neugeborene Kitze bei einem solchen Wetter häufig erfrieren. In den nassen Wiesen können sie sich nicht warm halten. Normalerweise schlecken die Geißen ihre Kitze trocken, doch wenn es ununterbrochen regnet, schaffen sie das nicht. Schneewittchen schien über diese Gefahren im Bilde zu sein. Sie klemmte zu und bewegte sich kaum. Ich konnte deutlich sehen, dass ihr die Belastung des zusätzlichen Gewichts auf ihrem noch immer schwachen Vorderbein Schwierigkeiten machte. Ihren Einstand verließ sie wahrscheinlich gar nicht mehr, wann immer ich nach ihr suchte, fand ich sie. Sie bewegte sich in einem Radius von maximal einem halben Hektar. Jeden Tag tastete ich ihr Gesäuge ab, das immer größer wurde, eine weiche Handvoll Euter bildete sich aus.

Wie gern wäre ich dabei gewesen, wenn sie ihre Kitze setzte. Aber ich wusste nicht, ob ihr Instinkt, mit dem sie sicher alles richtig machen würde, ihr riet, sich vor mir zu verstecken. Ob sie nachts setzen würde, wenn ich schlief oder mit dem gelben Engelmobil fortgefahren war. Ende der ersten Juniwoche ließ der Regen endlich nach. Schneewittchen hatte sich auf einer höher gelegenen Wiese relativ trocken niedergelassen. Es war mein freier Tag. In der Nacht hatte ich von einem neuen Motorrad, einer Guzzi Le Mans, geträumt. Mein Reh empfing mich freundlich, zeigte sich dann jedoch unruhig. Es legte sich hin, stand wieder auf, ging ein paar Schritte, legte sich hin, stand auf. Viele Rehe setzen im Stehen, hatte ich irgendwo gelesen. War das ein Zeichen, dass die Geburt bald beginnen würde? Ja! Auf einmal sah ich etwas Rotes an Schneewittchens Hinterteil. Die Fruchtblase! Jetzt ging es wirklich los.

Sie wirkt kein bisschen gestresst. Liegt seitlich. Ihr Bauch erscheint mir riesig. Sie atmet schnell, hechelt aber nicht. Im Liegen fällt mir auf, wie bunt ihr Fell ist. Teils grau von den alten Grannen der Winterdecke, teils rot vom neuen Sommerfell. Mit geschlossenen Augen liegt mein Reh da und atmet und betreibt Körperpflege, leckt sich die Beine. Ich höre Autos. Die Straße ist knapp zwanzig Meter entfernt. Keiner der Vorbeifahrenden ahnt, was hier so dicht neben der Straße im hohen Gras geschieht. Die Vögel zwitschern, wie es sich für einen Junitag gehört, emsig summen Bienen, sirren Insekten, alles normal. Ja, es scheint normal für mein Reh zu sein, dass ich bei ihm bin. Vielleicht ist es ihm sogar recht, überlege ich, weil ich den Fuchs fernhalte? Und was das eigentlich für eine Ungeheuerlichkeit ist, während der

Geburt auf der Hut vor Feinden sein zu müssen. Zum ers-
ten Mal seit langer Zeit fällt mir das Kitz von damals am
Straßenrand ein. Die Schockgeburt. Der Jäger hatte sie mit
menschlichen Geburten in Kriegen gleichgesetzt. Kein wei-
ßes Bett und nette Krankenschwestern oder Hebammen, die
geborgene Atmosphäre eines Geburtshauses. Wehen unter
Beschuss, Alltag im Krieg, egal wo. Was für eine Idylle dage-
gen das hohe Gras. Und auf einmal, ich traue meinen Augen
kaum, so schnell geht das? Ein Fuß, nein, zwei weiße Scha-
len, Minihufe. Lugen einfach raus, und der Rehbauch hebt
und senkt sich, ich kann die Wehen deutlich erkennen. Mein
Reh macht noch immer keinen gestressten Eindruck, liegt
auf der Seite, die Augen weiterhin geschlossen, sehr friedlich,
fast wie schlafend. Die Wehen erfolgen im Abstand weniger
Sekunden. Ich weiß, dass jetzt der schwierigste Teil bevor-
steht. Das Kitz wird mit den Vorderläufen zuerst geboren,
die sind dünn, doch dann kommt der Kopf mit dem Schul-
tergürtel. Alle fünf Sekunden wölbt sich der Rehleib. Es erin-
nert an ein Würgen. Und da – eine rosa Zunge. Ist das rich-
tig? Noch zwei Wehen, schließlich erscheint der ganze Kopf.
Schneewittchen, nun ein kleines bisschen unruhig, hebt ihren
Kopf, schließt die Augen wieder, presst, stöhnt und streckt die
Hinterläufe – dann flutscht das Kitz heraus. In seine durch-
sichtige Eihaut gehüllt erinnert es an eine Robbe, glänzt
schwarz vor Feuchtigkeit. Schneewittchen tönt leise, wie zur
Begrüßung. Es ist der Laut, mit dem sie ihr Kitz später rufen
wird. Man hört ihn nur, wenn man sehr nah bei ihr steht.
Wie ein heiseres Stöhnen. Dann beugt sie sich zu dem Neu-
geborenen und schleckt sein Gesicht ab, so befreit sie seinen
Windfang. Das Kleine tut seine ersten Atemzüge. Schnee-
wittchen schleckt wie ein Putzroboter an dem Kitz herum,

die Zunge fährt so schnell über den kleinen Leib, dass ich ihr kaum folgen kann. Zwischendurch beißt sie die Nabelschnur ab, zerkaut sie mit den Backenzähnen. Das Kleine hebt den Kopf und schüttelt ihn, die großen, noch knittrigen Ohren klappen auf und stehen waagerecht in der Luft, als fehlte die Kraft, sie aufzurichten. Aber jetzt schon will es aufstehen. Zwei Minuten nach der Geburt unternimmt es erste Anstrengungen, fällt hin, ist das Kleine groß, was für ein Riesenkitz da in meinem Reh steckte, ich kann es kaum fassen. Und es weiß genau, was es nun zu tun hat. Die Zitzen suchen. Auch Schneewittchen weiß, was sie zu tun hat. Atmung frei machen, Nabelschnur durchbeißen, trocknen. Ich halte mich an meiner Kamera fest und filme. Schneewittchen schleckt weiter wie verrückt. Braunes flaumiges Kitzfell kommt nun zum Vorschein. Vom Hals abwärts steckt das Kitz noch in seiner Eihülle. Nach zehn Minuten steht es wacklig auf seinen langen dünnen Beinen. Fällt auf den Rücken. Schneewittchen schleckt seinen Bauch trocken, während aus ihrem Leib die nächsten beiden Füßchen ragen. Ich habe mit zwei Kitzen gerechnet, kann das aber nun kaum glauben, da doch das erste schon so riesig ist. Wie sollen zwei solche Brocken in meinem zierlichen Reh Platz gefunden haben? Und jetzt schon zeichnet sich die Doppelbelastung einer Alleinerziehenden ab. Vorne putzt Schneewittchen das erste Kitz, hinten presst sie das zweite in die Welt. Rosa leuchtet seine Zunge. Ich erschrecke nicht bei dem Anblick, so war es ja auch beim ersten, und es war nicht tot. Es folgen der Kopf und die Schultern, das zweite flutscht heraus. Bleibt aber bewegungslos liegen. Angst packt mich. Ist es tot? Warum kümmert sich Schneewittchen nicht um das Neugeborene? Sie muss doch sein Gesicht abschlecken und seine Nase be-

freien. Stattdessen schleckt sie am Rücken des Erstgeborenen herum. Ich bin gestresst. Soll ich eingreifen? Soll ich das zweite säubern? Dann begreife ich. Die Mutter will erst ein Kitz komplett versorgen, ehe sie sich dem zweiten zuwendet, das ja noch immer an der Nabelschnur hängt. Aber nicht mehr lang. Das erste Kitz ist fertig. Es öffnet und schließt das Mäulchen und begibt sich auf die Suche nach einer Zapfsäule. Schneewittchen widmet sich nun dem zweiten. Leckt sein Gesicht sauber, durchbeißt die Nabelschnur, schleckt es trocken. Zwanzig Minuten, zwei Kitze. Hoffentlich kommt kein drittes, denke ich, als sich Schneewittchens Bauch abermals stark hebt und senkt. Nein, es ist die Nachgeburt. Und jetzt brauche ich starke Nerven. Mein Reh wird zum Kannibalen. Schneewittchen schleckt und reißt an ihrem Hinterteil herum und zieht die Nachgeburt, ein riesengroßes blutiges, hautfarbenes Teil, das zuerst an eine Blase erinnert, aus sich heraus und frisst es auf. Sie schmatzt und kaut und schluckt, wie ich sie noch nie gesehen habe. Wie kriegt sie das überhaupt runter mit ihrem Vegetariergebiss? Von wegen wählerische Zicke! So zielstrebig und viel vom Gleichen hat sie niemals zuvor gefressen. Zum Schluss zieht sie einen Riesenlappen Fleisch aus sich heraus, der Mutterkuchen sieht aus wie eine Milz. Und auch er wird vertilgt, vollmundig, vollbackig, während die Kitze übereinander kugeln und fallen und schließlich die Zitzen finden. Schneewittchen schleckt nun Grashalme sauber. Kein Geruch soll ihren Geburtsplatz verraten. Der Fuchs soll nicht wissen, was hier geschah. Kein Hund soll sie aufstöbern können. Würde ich hier nicht Wache stehen und wäre ein Feind gekommen, hätte sie die Geburt abgebrochen und wäre weggelaufen so gut es ging mit einem heraushängenden Kitz. Das endet nicht selten tödlich. Und

nicht immer ist der Fuchs der Jäger, auch Hunde stöbern ge-
bärende Rehe auf.

Es beginnt zu regnen. Ich hole einen Schirm, den ich über
die Kitze breite. Ich erinnere mich, dass das kleine Schnee-
wittchen damals bei Franziska vor dem Haus unter einem
roten Schirm gelegen hat. Dieser hier ist regenbogenfarben.
Irgendjemand hat ihn bei mir vergessen, und ich dachte, im
Auto ist er gut aufgeräumt. Ich mag keine Schirme. Jetzt
bin ich froh um den Schutz, den ich über die Kleinen stel-
len kann. Ich berühre sie nicht. Schaue nur. Und bin bis ins
Allerinnerste bewegt.

Reh-Produktion

Das Nieseln hatte sich aufgeplustert zu einem unablässigen Landregen. Die Tropfen prasselten auf meine großen Dachfenster. Ein Geräusch, das ich mag. Aber das war kein Wetter für neugeborene Kitze, die klitschnass werden würden. Moll, Samsung und die Milliwillis waren nah zu mir gekommen. Mit meiner Fell-WG saß ich vor dem Sofa und dachte an Schneewittchen und die Kitze. Ich spürte ein starkes Kuschelbedürfnis. Wahrscheinlich hatte ich eine ebenso vermehrte Oxytocinausschüttung wie mein Reh. Dieses Hormon leitet die Wehen ein, stimuliert die Milchproduktion, ermöglicht das Stillen und stärkt die Bindung zwischen Mutter und Kind. Es ist auch unter dem Namen Kuschelhormon bekannt, und so wie meine Katzen schnurrten, waren sie kurz vorm Kuschelinfarkt. Manchmal rede ich mit meiner Fell-WG auch über ernste Themen, nicht nur in meiner Eigenschaft als Hausvorstand, der gewisse Regeln aufstellt und auf ihre Einhaltung achtet. Ich erzählte meinen Mitbewohnern, dass Schneewittchen Mutter geworden war. Während die Milliwillis sich entspannt räkelten, das war kein Thema, das für sie eine Rolligkeit spielte, fuhr Samsung seine Krallen aus. Er schätzte es nicht, wenn andere im Mittelpunkt standen. Doch als der gute Moll sich eng an mich drückte, ließ Samsung ihn gewähren. Später lagen alle drei Katzen auf Moll. Sie schnurrten, er schnarchte, viel lauter als der Regen. Ich lauschte. Er hatte deutlich abgenommen. Vielleicht würde Schneewittchen ihre Kitze jetzt trocken lecken können. An diesem Ausnahmetag überkam mich die Lust zu telefonieren. Ich wollte meine Freunde gern teilhaben lassen an meinem Glück. Doch dazu hätte ich aufstehen müssen und das Telefon holen. Dieser Abend war ein bisschen ein Déjà-vu-Erlebnis. Vor ungefähr zwei Jahren hatte ich mich um Schneewittchen als Kitz gesorgt und so inständig gehofft, seine Mutter möge zurückkehren. Nun war dieses hilflose Wesen selbst Mutter geworden. Ich hatte ein bisschen lieber Gott gespielt, indem ich das Kitz rettete, und es hatte zwei neue Rehe auf die Welt gebracht. Diese beiden würde ich nicht auswildern müssen, sie sollten Menschen meiden von Anfang an. Nun ja. Was bedeutete auswildern? Dass man die Nabelschnur durchtrennte? Das hatte ich noch nicht geschafft. Schneewittchen wohl schon. Sie lebte mit ihren Artgenossen und pflanzte sich fort. Ich hingegen brauchte noch etwas Zeit und fragte mich, ob meine neue Stellung als Großmutter diesbezüglich förderlich war. Bestand nicht die Gefahr, dass alles wieder von vorne losging? Dass ich meinen Alltag den Kitzen unterwarf? Nein, nahm ich mir vor. Das wäre auch nicht fair, denn damit würde ich meinem Reh unterstellen, es nicht richtig zu machen. Sie war die Mutter, und ohne Zweifel die bessere. Ich hätte die Plazenta niemals vertilgen können. Sobald mir das Kauen und Schlucken in den Sinn kam, wurde mir übel. Wie würde es den beiden Neugeborenen in dieser feuchten Umgebung ergehen, der Nässe und Kälte ausgesetzt und ihren Feinden? Aber das war der Lauf der Natur. Ich wollte das akzeptieren.

In dieser Nacht dachte ich abermals an jene bedrückende Rehgeburt vor vierzehn Jahren bei dem Wildunfall. Ich vermutete, dass ich ohne die Begegnung mit dem Jäger damals vielleicht kein Interesse für die Jagd entwickelt hätte. So wie ich nun auch in der Nähe des Kleinwalsertals wohne, weil ich mich dort als Kind in die Berge verliebt habe. Viele Fährten werden in einem Leben gelegt, und oft ahnen wir nicht, dass unsere Entscheidungen Spuren folgen, die wir nicht mehr verfolgen können.

Ich stellte mir vor, wie ich als Jägerin heute handeln würde, wenn ich zu einem Jagdunfall gerufen würde. Bisher hatte Wolf alle diese Anrufe entgegengenommen. Jemand meldet einen Wildunfall, entweder der Verursacher oder ein Unbeteiligter, der es gesehen hat, oder jemand informiert die Polizei über ein angefahrenes Tier am Straßenrand, das nicht mehr weglaufen kann, vielleicht weil die Beine überrollt wurden. Das sind keine schönen »Aufträge«. Man wird nicht selten aus dem Schlaf gerissen, fährt nachts an einen vage beschriebenen Ort, und das, was getan werden muss, sitzt einem im Nacken. Oft findet man das verletzte Tier, das man so schnell wie möglich erlösen möchte, lange nicht. Oder man erkennt, dass es seit Stunden leidet, vielleicht weil der Unfall verzögert gemeldet wurde, weil der Verursacher Fahrerflucht begangen hat. Manche Tiere schreien entsetzlich, das geht einem durch Mark und Bein. Das stumme Leid anderer ist leichter zu ertragen, wie man am Schicksal der Fische sieht. Würden sie ihre Todesangst, gleich zu ersticken, herausschreien, würde man sie wohl nicht so jämmerlich verenden lassen oder ihnen für ein nobles Sushi in gediegenem Ambiente bei lebendigem Leib eine Nadel ins Rückenmark schieben, um sie zu lähmen.

Für den Jäger ist es einfacher, wenn es keine aufgeregten Zuschauer gibt. Doch weil er die Bescheinigung für die Versicherung ausstellt, muss er sich gelegentlich mit aufgeregten Menschen auseinandersetzen. Manche wollen helfen, wissen aber nicht, wie. Sie wollen, dass der Jäger das Tier erlöst, er soll es aber nicht töten. Sie sind mit einer Situation konfrontiert, die sie aus ihrem Alltag nicht kennen. Also muss der Jäger sich auch um die Menschen kümmern. Sie beruhigen, dann wegschicken, dabei darf er keine Zeit verlieren, denn er will das Tier ja erlösen, wobei er sich unter Umständen selbst gefährdet, da bei einem Nahschuss auf der Straße die Kugel abprallen und ihn selbst oder andere treffen könnte.

Der Jäger damals vor vierzehn Jahren hatte alles richtig gemacht, wie ich heute wusste. Er war sehr schnell am Unfallort gewesen. Er hatte mir das Gefühl vermittelt, die Situation unter Kontrolle zu haben. Er hatte nicht ausgesprochen, dass er das Kitz töten würde, sondern mir eine kleine Hoffnung gewährt, dass er sich seiner annähme. Ich erinnerte mich gut an seine braunen Augen und hatte mir über viele Jahre gewünscht, dass er das Kitz großgezogen hätte. Das war leichter auszuhalten als der Fangschuss. Dieser Jäger hatte mir die Verantwortung, die mir der flüchtende Autofahrer aufgedrängt hatte, wieder abgenommen. Dafür war ich ihm dankbar, mit Verzögerung. Damals hatte ich das nicht erkannt. Er war eher der Feind, der das arme Kitz vielleicht töten würde. Auch Wolf erntet bei seinen Fangschüssen keinen Dank. Niemand denkt in so einer Situation an den Jäger, einen Unbeteiligten, der nichts mit der Sache zu tun hat und dennoch zuständig ist. Mitten in der Nacht fährt er in den Wald, sucht vielleicht stundenlang mit seinem Hund nach dem verletzten Wild, kommt im Morgengrauen heim, müde und erschöpft, und hat keine schönen Bilder im Kopf. Nie kommt ein Anruf, eine Karte, danke, dass Sie das Tier erlöst haben, nein, die Erlösung wird, obwohl gewünscht, gleichzeitig als Tötung verurteilt. Der kaltherzige Jäger erschießt das arme Reh. Aber vielleicht müssen das manche in einen Unfall verwickelte Menschen denken, um die Schuld abzuwälzen. Würde man Verkehrszeichen beachten, die vor Wildwechsel warnen, könnte man zahlreiche Unfälle vermeiden. Grob formuliert könnte man sagen, dass der Jäger unbezahlt die Drecksarbeit macht und dafür dann auch noch bestraft wird mit einem schlechten Ruf. Aber er ist es, der die Bilder, die Geräusche, die Erinnerungen verkraften muss. Das ist manchmal nicht leicht. Mein Jagdherr Wolf ist keiner, der solchen Gefühlen viel Raum geben will. Und dennoch konnte ich so manches Mal spüren, dass ihn ein solches Erlebnis bedrückte. Ich bin sehr dankbar, dass ich diesen erfahrenen Jagdherrn gefunden habe. Vielleicht hat uns auch Schneewittchen zueinander geführt. Jedenfalls darf ich meine Vorstellungen von Fürsorge für die Tiere in Wolfs Revier umsetzen, weil sie deckungsgleich mit seinen sind. In manchen Revieren sieht die Hege anders aus. Dort herrscht Regiejagd, was bedeutet, die Jäger sind Söldner, die jeweils für ein Jahr beauftragt werden, möglichst viele Rehe zu schießen. Sie müssen nicht füttern und in der Regel keinen Wildschaden ersetzen. Auch entrichten sie keine Jagdpacht, sondern bezahlen zum Beispiel die zum erwünschten Abschuss vorgesehenen Tiere. Häufig baut die Jagdgenossenschaft Hochsitze für sie und schneidet ihnen Schneisen frei, um das Wild besser bejagen zu können – ideale Bedingungen für Jäger, die nicht viel Zeit zum Jagen und wenig Interesse an der Hege haben. Die hohen Abschussquoten können dazu führen, dass das Wild in die sogenannte Pionierphase gerät und die starken Verluste auszugleichen versucht – die Reproduktionsrate steigt. Die Geißen setzen dann drei statt ein oder zwei Kitze, und schon Einjährige werden zu Müttern. Um den vorgegebenen Abschuss zu erreichen, wird vor allem an so genannten Kirrungen geschossen. Das sind kleine Futterstellen, die nur dazu angelegt sind, das Wild anzulocken, um es dort zu erlegen, eine Art Hinrichtungsstätte.

Viele Regiejagden werden von Mitgliedern des ökologischen Jagdverbandes betreut. Dieser ist unter Jägern sehr umstritten, was sich vielleicht durch seine Entstehung erklärt. Nach der letzten großen Forstreform verloren viele Forstbeamte, die nun im ALF, dem Amt für Landwirtschaft und Forsten, arbeiten, ihre bisherigen Stellen und Aufgaben und so manche Privilegien, wie zum Beispiel das Recht, selbst frei zu jagen, wie es die Förster der bayrischen Staatsforsten weiter dürfen. Nicht alle Förster sind auch Jäger, aber viele. Was einem weggenommen wird, gönnt man keinem anderen. Womöglich ist das ein Grund dafür, weshalb viele dieser ihrer Privilegien beraubten Förster sich der Ökojagd verschrieben. Dort gilt die Regel Wald vor Wild statt Wald und Wild. Und Schluss mit dem altmodischen Trophäenkult! Einiges, was dort propagiert wird, halte auch ich für richtig, weil es alte, überkommene Strukturen aufbricht und den Weg für ein anderes Denken ebnet. Natürlich muss man Rehe und Hirsche nicht mit Leistungsfutter zu prächtigen

Trophäenträgern heranzüchten. Aber wilde Tiere sind Mitgeschöpfe und ein sinnvoller Teil des Ökosystems Wald, die man nicht einfach als Schädlinge abtun sollte. Manche Menschen denken noch immer, der Wald würde sterben, und deshalb müsse man böses Schadwild am besten ausmerzen. Nur stirbt der Wald aber nachweislich schon länger nicht mehr, was weniger an der Jagd liegt als an der Verwendung von Katalysatoren in unseren Autos und Filteranlagen in der Industrie. Die wandeln die waldschädigenden Stoffe, die den sogenannten sauren Regen verursachen, unter anderem in Kohlendioxyd um, was die Bäume im Wald freut. Wandeln sie doch bei der Photosynthese Kohlendioxyd in Sauerstoff um, was wiederum uns freut. Nicht überall, wo öko draufsteht, ist auch öko drin, es könnte sich auch um öko wie Ökonomie handeln.

Lost in Paradise

Am Morgen nach Schneewittchens erster Geburt war der Himmel blau. Der Regen hatte aufgehört. Nach einem schnellen Kaffee ging ich zu Schneewittchens Setzplatz. Ein Stück davon entfernt sah ich sie im Gras liegen. Sie schaute kurz auf, dann rollte sie sich wieder zusammen. Ich blickte umher, konnte aber nirgendwo ein Kitz entdecken. Mein Herzschlag beschleunigte sich, obwohl Kitze unsichtbar sein müssen. Früher oder später würde Schneewittchen aufstehen und sie säugen. Nach einer Weile hörte ich ein seltsames Geräusch. Wer sägte denn da? Die junge Mutter schnarchte! Sie war wohl erschöpft von den Strapazen der Geburt, dem übermäßigen Fleischgenuss und Roboterlecken. Übrigens nennt man die Rehzunge auch Lecker. Rehe schlafen fast nie. In den Zyklen von Fressen, sich Niedertun, Wiederkäuen und Verdauen schließen sie durchaus mal kurz die Augen und nicken ein – für einen Moment, länger aber nicht. Sie müssen ja ständig die Umwelt kontrollieren. Ihr Radar ist immer auf Empfang.

Ich wartete und schaute. Auf einmal war es wie früher in meiner Kindheit am Deich. Ich verschmolz mit der Natur. War ich ein Mensch oder ein Grashalm, eine Ameise, ein Zellhaufen? Und war das wichtig?

Nach etwa einer halben Stunde erhob sich Schneewittchen, und ich reichte ihr den Apfel. Würde sie jetzt zu ihren Kitzen gehen? Oder würde sie das vermeiden, solange ich bei ihr weilte? Schneewittchen begann zu äsen. Es sah allerdings eher wie Scheinäsen aus. Das machen Rehe, wenn sie ihre Umgebung kontrollieren, dabei aber den Eindruck erwecken wollen, sie fühlten sich sicher. So wie die coole Detektivin Emma Peel aus der Serie *Mit Schirm, Charme und Melone*, die mir fast so gut gefiel wie Pippi Langstrumpf. Eine Detektivin, die scheinbar in ihre Zeitung vertieft ist, dabei aber die Zielperson beobachtet. Geißen, die Kitze haben, möchten auf keinen Fall, dass ihre Feinde das merken, ihnen folgen und die Kitze dann fressen. Also tun sie so, als hätten sie gar keine, und bleiben höchst wachsam. Nach einer weiteren halben Stunde entdeckte ich plötzlich etwas Kleines zwischen Schneewittchens Beinen. Ich staunte nicht schlecht. Woher kam dieses Kitz? Ich hatte doch so gut aufgepasst! Hatte Schneewittchen es gerufen? Ich hatte nichts gehört. Durchs hohe Gras war es wie unsichtbar zu seiner Mutter gestakst. Ich atmete auf. Schon mal das Erste. Es sah gut aus. Stand relativ sicher auf seinen dünnen Beinen. Mir wurde warm und froh zumute, ein bisschen wie kurz vor einem Milcheinschuss. Ob Schneewittchen das zweite Kitz dazuholen würde oder wie gestern erst eines komplett versorgen? Ich näherte mich vorsichtig. Da Schneewittchen mich überhaupt nicht beachtete, wagte ich es, mich neben sie zu setzen. Das Kitz reagierte nicht auf mich, es hatte angedockt und saugte. Wahrscheinlich war ich doch bloß ein Zellhaufen. Als das Kitz satt war, schleckte Schneewittchen das Kleine ab, auch am Hinterteil. Die leibliche Mutter brauchte keinen Glitzschwamm zur Verdauungsanregung.

Das Kitz schaute mich nun direkt an, zeigte aber keinen Fluchtreflex. Nach einer Weile machte es einen langen Hals und schnupperte an meinem Schuh. Schneewittchen nahm ein wenig Knisterbrot aus meiner Hand, dann führte sie das Kitz ein Stück weit weg, wo es sich eigenständig von ihr entfernte und im hohen Gras verschwand. Jetzt musste Schneewittchen doch das zweite Kitz rufen? Sie bewegte sich in die Richtung ihrer Geburtsmulde. Ich hörte wieder das leise Stöhnen, das ich schon am Vortag vernommen hatte. Sie rief nach ihrem Kitz, doch es kam keins. Schneewittchen ging langsam durch das Gras und sandte ihren Mutterruf aus. Ich wurde immer unruhiger. Schneewittchen äste. Rief dann wieder. Vergrößerte ihren Radius. Ich zweifelte nicht daran, dass sie ihr zweites Kitz suchte, und fragte mich, ob das erste Kitz diesen Ruf hören könnte, aber wir waren zirka fünfzig Meter von der Stelle entfernt, wohin Schneewittchen es geführt hatte. Die Fuchsdichte bei uns war hoch und der nächste Fuchsbau nicht weit entfernt. Hatte der Fuchs das zweite Kitz geholt? Ein Fuchs frisst zwischen Mai und Juli zirka elf Kitze. Hauptsächlich verendete, die an Unterkühlung oder Schwäche starben. Aber eben auch lebendige. Ich war sehr, sehr traurig. Und hochgradig beunruhigt, denn wenn der Fuchs sich schon ein Kitz geschnappt hatte, würde er sich vielleicht auch das zweite holen. Ungefähr die Hälfte aller in freier Wildbahn geborenen Tiere überlebt das erste Jahr nicht. Das kleine Kitz hatte nicht einmal seine erste Nacht überstanden, dabei war es, so mein Eindruck, nicht schwächer gewesen als das andere. Ein gesundes, lebenstaugliches Reh. Aber eben klein und hilflos.

Schneewittchen suchte auch am nächsten Tag nach dem Kitz. Es blieb verschwunden. Vielleicht als Reaktion darauf führte sie ihr erstes Kitz an einen anderen Ort. Ich versuchte, etwas Positives in dem Verlust zu sehen. Schneewittchen war ja recht zierlich. Womöglich hätte sie für zwei Kitze gar nicht genug Milch gehabt. Vielleicht sicherte der Tod eines Kitzes das Überleben des anderen. Ich nannte es Murmel nach dem kugeligen Behälter, in dem es groß geworden war.

Fell auf den Zähnen

Ich dachte nun öfter an meine Freundinnen mit Kindern. Diese waren inzwischen schon erwachsen. Da ich ein ziemlich treuer Mensch bin, stellten die Kinder seinerzeit keinen Trennungsgrund für mich dar, wenngleich mir das Verhalten mancher meiner zur Mutter gewordenen Freundin seltsam erschien. Wenn Menschen Eltern werden, ändert sich meistens ihr soziales Umfeld, sie lernen andere Eltern kennen, man lässt sich von der Verträglichkeit der Kinder untereinander leiten und verbringt Zeit mit Menschen, die man vielleicht langweilig findet, aber die Kinder spielen so schön miteinander. Genauso läuft es unter Hundebesitzern. Kilometerlang wird gemeinsam Gassi gegangen, eigentlich hat man sich nichts zu sagen, aber die Hunde spielen so schön miteinander. Und so wie fast alle meiner Freundinnen vor ihrer Mutterschaft sicher waren, dass sie niemals typische Mütter werden würden, als gäbe es so etwas, hatte auch Hob geschworen, dass sie niemals eine typische Hundebesitzerin werden würde. Es dauerte keine drei Monate, und sie hatte ihr Fell gewechselt. Solche Erfahrungen lehren mich immer wieder, dass es oft sinnlos ist, Aussagen über sich selbst zu treffen, wenn sich die Umstände verändern. Und das ist doch auch das Schöne am Leben, dass wir uns verändern können!

Obwohl ich nach wie vor Kontakt zu einigen Müttern habe, hatte sich die Frequenz unserer Treffen deutlich verringert, was aber weder an ihren Kindern noch an meinem Zoo lag. München, wo viele meiner Freunde leben, ist knapp zwei Fahrstunden entfernt. Durch meinen Schichtdienst kann ich nur über ein Wochenende im Monat frei verfügen. Aber ich glaube, das Ausfransen der Kontakte liegt eher an der weit verbreiteten Schrumpfungskrankheit. Alle klagen darüber, viel zu wenig Zeit zu haben. Obwohl uns immer mehr technische Helfer Arbeit abnehmen, führt das nicht dazu, dass wir mehr Freizeit haben, im Gegenteil, immer mehr Aktivität wird in immer weniger Schonzeit gepackt. Die Wochen rasen nur so dahin, mit zunehmendem Alter wächst die Anziehungskraft des Sofas; werktags abends läuft nicht mehr viel – der Samstag wird für Einkaufen und Haushalt geopfert, und am Sonntag müsste man eigentlich mal wieder zu den Eltern. Die ja vielleicht nun auch Hilfe in ihrem Alltag benötigen. Außerdem dient das Wochenende der Partnerschaftshege. Ich weiß gar nicht, wie ich, wie wir das früher bewerkstelligt haben. Mein Freundeskreis ist mir sehr wichtig. Ich wollte nicht in eine Außenseiterposition hineinschliddern, wenn ich schon im Outback wohnte. Aber meinen Freunden, den Stadt-Insidern, erging es ja genauso. Sie waren mit ihrem Alltag so beschäftigt, dass nur wenig Zeit für private Treffen blieb, auch wenn sie nicht im Schichtdienst tätig waren. Selbst wenn ich in München weilte, konnte ich nicht davon ausgehen, dass eine Verabredung zustande kam. Aber zum Glück hatten wir alle einmal im Jahr Geburtstag, und dann luden wir uns gegenseitig ein und updateten. Außerdem whatsappten wir wie die Kinder. Diese Art der Kommunikation ist wie maßgeschneidert für meine

Bedürfnisse. Kontakt halten, alles Wichtige erfahren, aber nicht telefonieren müssen. Außer mit Hob. Die wohnte im Funkloch und konnte ihr Handy ohnehin nur rudimentär bedienen.

»Sag mal, hältst du mich für verschroben?«, fragte ich sie eines Tages.

»Ja klar«, kam ihre Antwort viel zu schnell.

»Wird es schlimmer?«

»Verschroben ist doch die Steigerung von verschraubt, oder?«, grinste sie. »Als ich dich vor dreißig Jahren kennenlernte, warst du das einzige Mädchen, das sich für Autos interessierte. Du hast dein Studium geschmissen und eine Lehre zur Automechanikerin begonnen. Also wenn das nicht verschroben, äh, verschraubt ist.«

»Ich meine wegen dem Reh«, unterbrach ich ungeduldig. Noch immer versuchte ich Hob zu bekehren. Vergeblich. Bei meinem Lieblingsthema zickte sie.

»Nö«, meinte sie. »Das mit dem Reh ist oke.« Sie zögerte. »Und das andere auch. Mir ist aufgefallen, dass viele Frauen in unserem Alter ein wenig seltsam werden, nenn es meinetwegen verschroben. Vielleicht weil wir mit den Wechseljahren angeblich Haare auf den Zähnen kriegen?«

»Fell«, unterbrach ich sie. »Und im Übrigen ist Fell nichts Gefährliches, sondern ein oft samtener Schutz. Ich jedenfalls werde immer weicher und milder.«

Hob grinste. »Wir anderen außer dir lassen uns halt nicht mehr alles gefallen und äußern unsere Meinung deutlicher. Blöderweise werden wir aber manchmal auch ganz schön ruppig. Dabei sind wir doch im Alter mehr denn je aufeinander angewiesen. Wenn wir mal alle aus unseren Jobs entlassen werden, weil wir …«

»… schrottreif sind«, warf ich ein.

»… uns der sechzig nähern, könnten wir doch dort anknüpfen, wo wir viel Zeit miteinander verbracht haben – in der Jugend, während des Studiums. Wenn wir uns aber vorher wegen irgendwelcher Verschrobenheiten trennen, wär das doch schade.«

»Das passiert uns bestimmt nicht«, sagte ich. »Denn schlimmer als du früher warst, kannst du später gar nicht werden.«

»Wart's ab!«, drohte Hob. Aber sie lächelte milde, als ich sie fragte, ob sie meine neuesten Rehfilme sehen wollte. Und als sie fort war, schaute ich mir alles live an.

Ich pfeife, Schneewittchen wirft auf, erblickt mich und kommt angaloppiert in der Erwartung des Ziegenfrischkäses, der salzig und eiweißreich, kühl und feucht in meiner Hand liegt. Dazu ein paar Brocken Knisterbrot und vielleicht als Nachtisch einen Apfel. Die kleine Murmel rast freudig hinterher. Sie spürt die Vorfreude ihrer Mutter und macht es ihr nach. Vor mir bremst sie abrupt ab – äh, was nun? So ist es jedes Mal. Sie steht planlos vor mir und traut sich nicht näher. Gerne würde sie mal den schwarzen Beutel untersuchen, aber der ist zu nah an dem Monsterwesen. Es ist ein Kampf der Welten, Neugierde und das Vertrauen in die Mutter gegen das jahrtausendealte Wissen der Zellen ihres Körpers. Halte dich von diesem großen Raubtier ohne Raubtiergebiss fern. Schneewittchen hat den Brückenschlag vollzogen, sie lebt in beiden Welten, zunehmend sicherer mit jeder neuen Erfahrung. Wenn die Murmel fiept, dreht sie das Haupt. Bedeutet ihr: Komm her! Murmel wagt ein, zwei Schritte, dann verlässt sie der Mut, und um die Spannung zu lösen, springt sie ab in rasender Flucht. Es fiept erneut, Schneewittchen stöhnt ihr heiseres: Komm nur her, mein Kitz! Und alles beginnt von vorn.

Die Menschenkette

Mit jedem Tag, den die kleine Murmel erlebte, trotzte sie sich dem Fuchs als Beute ab. Je größer sie wurde, desto unwahrscheinlicher war es, dass er sie angriff. Doch todsicher war sie nie vor ihm. Im letzten Jahr hatte in unserem Revier ein Fuchs ein drei Monate altes Kitz geholt. Und nicht nur der Fuchs bereitete mir Kummer. Vor allem der in Schneewittchens Einstand demnächst zu erwartende Kreiselmäher machte mir Sorgen, wenngleich ich die Zusage der Mutter des Bauern hatte, mir rechtzeitig vor dem Mähen Bescheid zu sagen.

»Entspann dich doch mal«, riet mir Franziska, als würde sie das Damoklesschwert über mir erkennen können.

»Mach ich«, sagte ich angestrengt locker.

Mitfühlend schaute sie mich an. »Du machst dir viel zu viele Sorgen. Schneewittchen ist ein Tier, das dafür geschaffen ist, alleine in Wald und Wildnis zu leben und dort seine Jungen aufzuziehen. Schneewittchen kann das!«

»Ich möchte einfach nicht, dass sie auch das zweite Kitz verliert«, sagte ich bedrückt.

»Das möchte niemand. Aber du weißt doch selbst, dass das Leben als Rehkitz risikoreich ist.«

Ja, das wusste ich. Nur zu gut. In den letzten Wochen hatten wir in unserem Revier etliche Kitze verloren.

»Deshalb kriegen sie doch zwei«, versuchte Franziska

mich aufzumuntern, »das erhöht die Chancen. Und überhaupt hat Schneewittchen die allerbesten Voraussetzungen. Welches Reh wird im Wochenbett mit Ziegenfrischkäse versorgt?«

Jetzt musste ich lachen. Franziska hatte recht.

»Schneewittchen ist ganz verrückt nach dem Käse«, erzählte ich ihr.

»Sie ist schon eine ziemliche Prinzessin«, stellte Franziska fest.

»Würdest du mir helfen, Murmel zu suchen, wenn der Bauer die Wiese mäht?«, fragte ich sie. Ich brauchte so viele Leute wie möglich, weil es schwierig ist, ein Kitz im hohen Gras zu finden. Drei feste Zusagen hatte ich schon. Da die meisten Menschen tagsüber bei der Arbeit sind, war das ein guter Anfang.

»Aber klar doch! Ich rufe auch noch ein paar Leute an«, versprach Franziska. Wäre ich der Typ Spontanumarmerin, von dem ich mich angesichts meiner friesischen Herkunft schon im Säuglingsalter distanziert habe, hätte ich Franziska jetzt feste gedrückt. Was ihr als auch »Fischkopf«, wie der Allgäuer Preußen und Nordlichter nannte, aber wahrscheinlich völlig übertrieben und unangemessen vorgekommen wäre. Ich erinnere mich gut an meine erste Zeit in München, in der ich es nicht fassen konnte, dass sich hier alle Leute ständig begrapschten und küssten und mit Namen ansprachen. Für eine vom Deich ist die Bussi-Bussi-Gesellschaft bäh-bäh.

Die kleine Murmel war knapp drei Wochen alt, als mich die Mutter des Bauern an einem Freitagabend anrief. Ohne Vorrede teilte sie mir mit: »Morga friah wär's so weit.«

»Äh, wann ist das ungefähr so genau?«

»Zwischen simmne und zwölfe.« Ich bedankte mich für die präzise Zeitangabe.

Was für eine gute Nachricht! Am Samstag hatten mehr Leute Zeit als werktags. Wobei das große Zeitfenster einen Freundschaftsdienst bedeutete. Ich war in heller Aufregung – und dann wurde es fast eine Gartenparty. Ich glaube, auf dem Hof des Bauern und seiner Mutter, unserem Treffpunkt, hatten noch nie so viele Autos geparkt. Wir bildeten eine Menschenkette und durchstreiften die blühende Wiese unter einem knallblauen Sommerhimmel. Schneewittchen stand, staunend, wie mir schien, am Rand der Wiese, beobachtete, scheinäste, kam näher, knabberte an mir herum, bekam Knisterbrot. Wie immer, wenn ich bei ihr war, zeigte sie sich gegenüber den Zweibeinern, die offenkundig zu meiner Familie, meinem Sprung Menschen gehörten, vertrauensvoll. Nach zirka einer halben Stunde rief Wolfs Frau Diana: »Da ist es!« Direkt vor ihren Füßen war die kleine Murmel fiepend aufgesprungen und weggerannt. Schneewittchen, etwa zwanzig Meter entfernt, folgte ihr in großen Sätzen ins sichere Unterholz, wo sie das Kitz mit ihrer Anwesenheit und einem Schluck aus der Milchbar beruhigte, Trostsaugen nennt man das. Damit die beiden nicht auf die Wiese zurückkehrten, verlegten wir unsere Kette an den Rand der Wiese und bezogen dort Wachposten. Es war äußerst unwahrscheinlich, dass sich weitere Kitze in der Wiese befanden. Dafür war sie zu klein, und eine Rehgeiß würde hier keine weitere dulden. Nun sollte der Bauer aber einmal mit dem Mähen beginnen. Die Zeit verging. Nichts passierte. Anne und zwei andere umsichtige Wächterinnen hatten Proviant und Getränke dabei. Niemand war schlecht gelaunt ob der

Wartezeit, im Gegenteil. Wir waren beseelt von dem Gefühl, eine gute Tat zu vollbringen. Endlich erschien der Bauer auf der Bildfläche. Er sagte kein Wort, dachte sich aber wahrscheinlich einige Wörter. Dann begann er zu mähen, ich vermutete, früher, als er es eigentlich wollte. Seine Mutter hatte uns vom Fenster aus beobachtet und den Buam, wie sie den Fünfzigjährigen nannte, nach draußen geschickt, nachdem ich ihr zugerufen hatte, dass wir das Kitz gefunden hatten.

Reh-View

In diesem ersten Sommer als Großmutter kam ich mir manchmal vor wie eine Wildbiologin im Feld. Ich lernte so viel Neues über Rehe. Fasziniert beobachtete ich, wie Schneewittchen die kleine Murmel herumführte und ihr alle Einstände zeigte. Die beiden bewohnten zirka fünfzehn Hektar. Es gab mehrere Schlafzimmer, je nach Wetterlage schattig kühl an heißen Tagen oder sonnig im Winter. An regenreichen Herbst- und Frühjahrstagen zog Schneewittchen auf ein überdachtes Hochplateau oberhalb der überschwemmten Wiesen. Dort ließ es sich gut liegen, und die Brombeerranken im kleinen Salon nebenan waren bequem erreichbar, so dass der angesetzte Feist nicht durch unnötige Bewegung angegriffen werden musste. Ansonsten nutzte sie jede Gelegenheit, auf den Wiesen, die gerade nicht gemäht oder gar gegüllt waren, zu äsen. Tagsüber ging sie nach jeder Äsungsperiode zurück in den Wald, um dort wiederzukäuen. Bei solchen Wanderungen tragen Rehe Nährstoffe von den Wiesen zu den jungen Bäumen und düngen diese nachhaltig mit ihren Kotbeeren. Wie sich das mit der Behauptung verträgt, Rehe seien Schädlinge, erschließt sich mir nicht.

Zur Brunft wählen die Rehe einen Wiesen- und Waldabschnitt, der von einem Fürsten bewohnt wird. Bei Rehen stellt sich die Frage »Gehen wir zu dir oder zu mir?« nicht.

Man geht immer zu ihm. Um sein Territorium zu markieren, verfegt der Rehbock mit seinem Gehörn die Bäumchen an der Lichtschranke zwischen Wiese, Weg und Wald, womit er scheinbar seinem Ruf als Schädling gerecht wird, denn das tut ihnen nicht gut. Mit seinen Schalen plätzt er auch ordentlich im Boden, so dass der Anflug der Baumsamen einen bestens vorbereiteten Platz zum Keimen findet.

Die verschiedenen Lebensräume der Rehe sind durch gut sichtbare Wildwechsel miteinander verbunden, die meist nahezu parallel zu den Wirtschaftswegen verlaufen, die möglichst gerade überquert werden. Nur unerfahrene Rehe benutzen gerne Wege, die der Mensch gebaut hat, vor allem im Winter, wenn das Stapfen durch den hohen Schnee anstrengend ist.

Nicht immer war ich mit Schneewittchens Erziehungsstil einverstanden. Was das Thema Verkehrssicherheit betraf, hielt ich ihre Unterweisungen für mangelhaft bis ungenügend. Hin und wieder wurde mir von Nachbarn zugetragen, mein Reh und sein Kitz hätten die Straße fahrlässig überquert und das beobachtete ich selbst auch, mit Herzklopfen. Doch wenn Murmel die Straße später allein querte, machte sie alles richtig, wie ich zu meiner Erleichterung sah. Besonnen wartete sie am Straßenrand, bis es ganz still war, dann schritt sie zügig, aber nicht eilig auf die andere Seite. Auch Schneewittchens Unbekümmertheit in Sachen Raubwild entrüstete mich. Sie entfernte sich viel zu weit von der kleinen Murmel, wenn sie zum Äsen oder in Sachen Bockliebe länger fernblieb. Sie ging wohl davon aus, dass Murmel unsichtbar war für ihre Feinde und es nicht zu ihren Aufgaben gehörte, ständig Wache zu schieben. Das sollte sich im Laufe der Jahre allerdings ändern. Eine Geiß, die zusehen musste, wie ihr Kitz getötet wird, handelt zukünftig vorsichtiger; während eine Geiß, die ihr Kitz einfach nicht mehr findet, den Grund für sein Verschwinden ja nicht kennt. Vielleicht wechselt sie dennoch den Einstand, aber dazu muss eine andere Geiß weichen. Manchmal hätte ich Schneewittchen gern geholfen, doch ich wollte mich nicht in die Erziehung einmischen, wie es sich für eine kluge Großmutter ziemt. In der ersten Zeit nach dem Setzen war Schneewittchen allerdings nicht gut auf Raubwild zu sprechen, und dazu zählte sie nun auch ihre alten Freunde. Moll und die Milliwillis wurden nicht mehr freudig begrüßt, sondern grob attackiert und beschimpft, wenn sie ihr und Murmel zu nahe kamen. Selbst der kleine Samsung, ansonsten ein echter Kamikaze, zog den Schwanz ein und trollte sich. Katzen gelten als gefährliche Räuber für Bodenbrüter und junge Hasen. Rehkitze gehören nicht zu ihrem Beutespektrum, dennoch blieb Schneewittchen eine Weile unverträglich und hätte eine scharfe Bejagung dieser Störenfriede sicher begrüßt. Von Manu wusste ich, dass in der Schweiz Katzenfleisch mancherorts auch heute noch als Delikatesse gilt. In Deutschland ist der Verzehr von sogenannten falschen oder Dachhasen erst seit 2010 verboten, und zwar aus hygienischen Gründen, da sie für den Menschen gefährliche Krankheitserreger wie Trichinen übertragen können.

Nach zirka zwei Monaten spielten Reh, Hund und Katzen wieder miteinander. Da Tiere nicht nachtragend sind, knüpften sie dort an, wo sie aufgehört hatten. Ich hätte ihrem Spiel stundenlang zusehen können. Wenn Samsung mit dem Po wackelnd dem Reh auflauerte, um es dann mit wilden Sprüngen anzugreifen und sanft in den Rehbraten zu beißen, und wie sich dann beide Schnauze an Äser beschnupperten. Wenn Moll »Urlaub« machte und sich auf den Rücken warf und das Reh seinen Kopf an ihm rieb, während die Katzen seine sacht wedelnde Rute fingen. Wenn die Katzen zwischen Schneewittchens Beinen durchhuschten und wenn schließlich alle vor mir Sitz machten. Nun ja, fast. Zu so was wie Sitz ließ Prinzessin Schneewittchen sich niemals herab.

Murmel war zirka vier Monate alt, als sie abgestillt wurde. Das hatte sich schon vorher abgezeichnet. Schneewittchen wurde immer öfter unleidig, wenn das Kitz säugen wollte. Dazu kam, dass meine Murmel heimlich eine Geschlechtsumwandlung vollzogen hatte. Irgendwie war mir da etwas entgangen. Nun bin ich brunfttechnisch nicht so beschlagen, womöglich war ich krank, als das in der Schule durchgenommen wurde. Oder es stand zu meiner Schulzeit gar nicht auf dem Lehrplan. Auch als ich eines Abends eine ausgesetzte Katze auf einem Autobahnparkplatz fand, hielt ich sie aufgrund ihres dicken Bauches für hochträchtig und brachte sie zur Tierärztin. Die mir dann mitteilte, es handle sich um einen kastrierten, wenngleich sehr dicken Kater. Man soll gewisse Dinge besser denen überlassen, die sich damit auskennen.

Als Erstes fiel mir auf, dass die kleine Murmel sich für Muttis Schürze interessierte, und zwar übermäßig, anders als man es unter Müttern und Töchtern vermuten würde. Und ihr Verhalten wurde noch unangemessener. Eines Nachmittags beobachtete ich, dass Murmel, nachdem sie am Gesäuge gezuzelt und die Schürze ausgiebig beschnuppert hatte, aufsprang. Auf ihre Mutter! Die wand sich aus der Affäre.

Am gleichen Abend noch verfasste ich für alle Freunde meiner kleinen Rehfamilie ein Bekennerschreiben: Murmel wechselt heute den Artikel sprich das Geschlecht. Der statt die. Er ist nun ein Rehbock, vermutlich Ödipusphase. Er möchte seine Mutter heiraten. Die weißen Pünktchen auf seiner Stirn sind kein Fell, sondern kleine Knöpfe.

Im Nachhinein war ich sehr froh, den kleinen Gender nicht gestreichelt und ihm seine Scheu vor Menschen genommen zu haben. Das hätte womöglich ein böses Ende gehabt. Wie sich sein Wesen mit dem anschwellenden Testosteronspiegel veränderte, konnte ich jetzt schon beobachten. Wie würde das erst im nächsten Jahr werden, wenn er ein richtiger Kerl geworden wäre – falls er das erlebte. Ich wünschte es mir sehr. Doch da er kein Halsband trug, war er nicht geschützt wie Schneewittchen. Allerdings bot ihm die Nähe zu seiner Mutter Schutz. Ich war sicher, dass die Jäger in meiner Gegend ein Reh, das neben dem mit dem Halsband stand, schonen würden. Zumal man es ja ohnehin vermeidet, vor Zeugen auf ein Tier zu schießen, damit die Tiere den Tod ihrer Angehörigen nicht mit dem Jäger in Verbindung bringen.

Ich hatte den Eindruck, Schneewittchen liebte ihren Sohn, ihren Erstgeborenen. Abgöttisch liebt sie ihn, dachte ich manchmal und fragte mich, ob es auch an seinem Geschlecht lag, und rief mich dann selbst zur Ordnung. Ich musste aufpassen, Mensch und Reh nicht durcheinanderzuwerfen. Das konnte nicht funktionieren, da es zwar Muttersöhne, aber keine Papatöchter unter Rehen gab.

Meine Mutter zeigte sich ausnehmend gerecht in der Verteilung ihrer Liebe zu uns Kindern. Ich hatte nie das Gefühl, bevorzugt oder benachteiligt zu sein. Aber natürlich würde ich mich selbst eher als Papatochter bezeichnen. Schließlich gehören unsere vielen gemeinsamen Fahrten über Land zu den kranken Tieren zu meinen schönsten Kindheitserinnerungen. Dennoch hatte ich das Glück, mit einer fürsorglichen Mutter aufzuwachsen. Sie war nicht alleinerziehend, wenngleich sie sich manchmal so gefühlt haben mag. Aber war das damals nicht die Regel? Frauen waren für den Haushalt und die Kinder zuständig, Männer verdienten das Geld. Und obwohl meine Mutter in der Tierarztpraxis mitarbeitete, galt sie vielen als Hausfrau. Dabei wäre die Praxis ohne sie verendet. Als Schaltzentrale nahm sie die Aufträge an, vermittelte sie weiter, vertröstete Bauern, wenn Wartezeit anstand, gab kluge Tipps und erledigte sämtliche Büroarbeiten inklusive der Buchhaltung. Sie chauffierte uns Kinder durch die Gegend, half bei Hausaufgaben, kochte, putzte, wusch und kümmerte sich um Familie, Freunde, Nachbarn, Garten und Haus. Dennoch war sie nicht allein – sie konnte sich mit meinem Vater beraten. Manche meiner Freundinnen und viele Bekannte mit Kindern standen über kurz oder lang als Alleinerziehende da. Einige haben mir erzählt, dass es sehr belastend sein kann, die Verantwortung allein zu tragen. Aber ist das nicht irgendwie … natürlich? Im Tierreich stehen die Herren der Schöpfung oft auch nur zur Zeugung zur Verfügung. Brauchen die Mütter diese Bruthelfer überhaupt? Schneewittchen schien nichts zu vermissen. Bis auf die Zeit der Brunft machte sie einen zufriedenen Eindruck als Singlereh und alleinerziehende Mutter. Nun, sie kannte es auch nicht anders. Und ich musste wirklich aufpassen, keine unstatthaften Vergleiche zu ziehen, zum Beispiel mit vielen meiner Kollegen, die in Elternzeit gingen oder es oft bedauerten, dass sie wegen unseres Schichtdienstes so wenig Zeit für ihre Kinder und Familien hatten. Da hatte ich es wiederum besser, denn Schneewittchen schlief nicht, wenn ich nach der Spätschicht nach ihr sah. Hellwach begrüßte sie mich und steckte ihren Äser in meinen Knisterbrotbeutel.

Der vernünftige Grund

Man soll Tiere nicht vermenschlichen, mahnten meine Eltern immer dann, wenn ich als Kind mit den Tieren litt.
Denn Menschen waren Menschen, und Tiere waren Tiere.
Deshalb war auch nicht alles grausam, was den Nutztieren
angetan wurde. Ich sollte auch kein Mitleid mit Haustieren
haben, die in Einzelhaft in Käfigen gehalten wurden, obwohl
sie soziale Wesen sind. Mit Fischen, die an die Begrenzung
ihres Aquariums stießen. Mit Vögeln, die nie fliegen durften. Meine Eltern wollten mich schützen. Ich sollte lernen,
meine Empfindungen nicht mit denen der Tiere gleichzuset-
zen, dann würde es mir besser gehen. Ich dachte mir, dass
es vielen eingesperrten Tieren langweilig sein müsste. Heute
kümmern sich Tierpfleger in Zoos darum, die Insassen zu
bespaßen, weil man weiß, dass sie aus Langeweile depressiv
und krank werden können.

Vieles, was in meiner Kindheit normal war, würde man
heute empörend finden, und vieles, was wir heute unseren
Mitgeschöpfen antun, werden wir hoffentlich in wenigen
Jahren ebenso empörend finden. Oder in ein paar Jahrzehnten. Die Geschichte der Menschheit besteht vorwiegend aus
Brutalität, die Momente des Mitgefühls, des Erbarmens sind
rar gesät. Aber sie finden statt, und das erfüllt mich mit Zuversicht. Es gibt noch viel zu tun im besseren Umgang mit

den Tieren und den Menschen. Wenn wir später gefragt werden von unseren oder den Enkeln anderer, warum habt ihr diese Grausamkeiten zugelassen, werden wir einiges selbst unbegreiflich finden oder antworten, wie meine Mutter auf manche meiner Fragen: Das war damals so, das fanden wir normal, das wurde nicht hinterfragt, nicht einmal, wenn einem das Herz blutete, so wie meiner Mutter, als sie ihre dreijährige Tochter eine Woche lang nicht im Krankenhaus besuchen durfte, denn das hätte, laut Aussage der Ärzte, das Heimweh nur verschlimmert. Man tröstete sie in allerbester Absicht kraft des derzeitigen Glaubens: Die Kinder kommen schon drüber weg, vergessen schnell. Ich aber habe diese einsame Zeit allein in einem fremden Zimmer niemals vergessen und schon gar nicht verstanden. Ich hoffe, dass wir, so wie Mutter-Kind-Zimmer in Krankenhäusern heute selbstverständlich sind, bald nicht mehr verstehen werden, wie man Tiere quälen und in Einzelhaft halten konnte, sind sie doch soziale Wesen.

Als ich wieder zu Hause war, besuchte ich oft meine Oma, die in der Nachbarschaft wohnte. Ihr Mann war Tierarzt gewesen, und sie half in seiner Praxis, wie später ihre Schwiegertochter in der Praxis ihres Sohnes. Meine Oma war in den dreißiger Jahren des letzten Jahrhunderts Vorsitzende eines Tierschutzvereins. Seit 1933 gibt es ein Tierschutzgesetz in Deutschland, das sich seitdem nur wenig geändert hat. Leider wird im Tierschutzgesetz lediglich die Benutzung von Tieren geregelt, also wie man sie halten und töten darf. Man darf Tieren nur Leid zufügen, wenn es dafür einen vernünftigen Grund gibt. Was ist ein vernünftiger Grund? Darüber wird heftig debattiert. Einigkeit besteht allein darin, dass man Tieren nicht beiläufig aus einer Laune heraus oder aus

Freude am Quälen Leid zufügen darf. Das ist nach heutigem Empfinden viel zu wenig und schwammig formuliert. Die stetig wachsende Tierrechtsbewegung fordert, die den Tieren inzwischen im Grundgesetz zugestandenen Rechte auch einklagbar zu machen. Dazu gibt es von den mehrfach ausgezeichneten Juristinnen Dr. Carolin Raspe und Dr. Saskia Stucki den Vorschlag der Einführung des Konstruktes einer tierlichen Person – neben der natürlichen und juristischen. Diese tierlichen Personen würden unverändert Eigentum von Menschen sein können sowie strafrechtlich schuldunfähig, aber eine Reihe von Rechten erhalten, die in ihrem Namen einklagbar wären – nach der geltenden Rechtslage das Recht auf körperliche Unversehrtheit, das heißt Schutz vor körperlichen und seelischen Leiden. Auch Vegetarier und Veganer zeigen durch ihre Lebensweise, wie eine Gleichstellung der Mitgeschöpfe aussehen könnte und dass Tiernutzung zum Nahrungsgewinn nicht zwingend nötig ist. Mittlerweile ist es möglich, aus dem Nackenmuskel eines Rindes Stammzellen zu entnehmen und daraus im Labor Muskelfleisch zu züchten. Am Ende entsteht ein echtes Fleischprodukt, das geschmacklich und von der Konsistenz dem von beseelten Tieren in nichts nachsteht, nur vorher etwas anderes erlebt hat, wenn es überhaupt etwas »erlebt« hat. Da Konzerne wie Facebook und Google in diese Forschung investieren, kann es gut sein, dass wir es bald liken. Und nur noch zu ganz besonderen Anlässen kommt dann ein teures Steak oder eben ein Rehbraten auf den Tisch.

Meine Oma las mir auch Pippi Langstrumpf vor. Deren Erfinderin Astrid Lindgren, die mir mit Pippi ein wunderbares Vorbild schenkte, das mir auch dabei half, meine Erfahrungen des Ausgeliefertseins im Krankenhaus zu überwinden, setzte sich in ihrer Heimat Schweden erfolgreich dafür ein, die Tierrechte in den 1990er-Jahren gesetzlich zu verankern. Die skandinavischen Länder sind in ihrer Umsetzung der Ethik gegenüber den Tieren weiter als wir. Den Tieren selbst nützt das allerdings nur wenig. Denn Tierversuche, die in manchen Ländern verboten sind, werden dann eben anderswo gänzlich ohne Kontrollen durchgeführt.

Leid, das ich sehe, berührt mich mehr als Leid, von dem ich nur weiß, dass es geschieht. Mein täglicher Arbeitsweg die Autobahnen auf und ab führt mich an vielen Tiertransportern vorbei. Jedes Mal zieht sich etwas in mir zusammen. Ich drücke dann aufs Gas, überhole zügig, versuche den Anblick der vergitterten Lkw hinter mir zu lassen. Ich bewundere die Arbeit der *Animal Angels*. Sie setzen sich gewaltfrei, sehr besonnen und nachhaltig für eine Verbesserung der Bedingungen bei Tiertransporten ein und begleiten die Todgeweihten. Unterwegs stillen sie deren Durst, dokumentieren Verstöße gegen die bestehenden Bestimmungen und drängen auf Einhaltung der Pausen. Außerdem schulen sie Fahrer und Polizeibeamte in Europa.

Wir wünschen uns wahrscheinlich alle ein Verbot solcher Grausamkeiten, Tiere einzupferchen und quer durch Europa zu fahren, zumal der legitimierende vernünftige Grund darin besteht, dass es ein paar Euro billiger ist. Der vernünftige Grund – oft kommt er mir wie eine Verhöhnung vor. Doch solange wirtschaftliche Interessen über menschliche gestellt oder uns als gleichwertig verkauft werden, kann sich die Situation der gequälten Tiere nicht oder nur sehr langsam ändern. Ich habe große Achtung vor den tapferen

Animal Angels, die dieses Elend aushalten, die eben nicht wegschauen, sondern friedlich Gutes tun, auch wenn es nur ein Tropfen auf den heißen Stein sein mag. Der Tierschutz ist mir ein großes Anliegen, und natürlich wünsche ich mir eine heile Welt für alle, Menschen und Tiere. Da aber alles bewirtschaftet und kommerziell genutzt wird und die Werte unserer Gesellschaft von den Interessen der jeweiligen Lobbyisten definiert werden, wird dieser Traum ein Traum bleiben. Aber ich bin Verbraucherin, Käuferin und kann meinen Willen darüber kundtun. Und dabei entstehen nicht einmal zusätzliche Kosten, wobei ich das nicht schlimm fände. Ich habe meinen Browser *Benefind* so eingestellt, dass die *Animal Angels* für jeden meiner Seitenklicks im Internet vom Anbieter einen kleinen Betrag erhalten. Kleinvieh macht auch Mist!

Während ich in meiner Welt mit mal mehr, mal weniger Erfolg danach strebe, zu den Guten zu gehören, bin ich für andere, die sich selbst zu den Guten zählen, die Böse. Eines Nachmittags war ich im Wald unterwegs, um die Salzlecken für die Rehe mit neuen Salzsteinen zu bestücken. Besonders in der Zeit des Fellwechsels benötigt das Wild mehr Mineralstoffe, als der Wirtschaftswald bei uns zur Verfügung stellt. Nach getaner Arbeit wollte ich noch ansitzen und begab mich mit der Waffe und dem Rucksack über der Schulter zu meinem Hochsitz. Auf dem Waldweg begegnete mir ein Mann, der, obwohl ich mich nicht erinnerte, ihn jemals zuvor gesehen zu haben, offensichtlich sehr wütend auf mich war. »Mörder!«, schrie er mich mit verkniffenem Gesicht an. Ich erschrak zutiefst. So war ich lange nicht mehr, vielleicht noch nie angebrüllt worden. »Lustmörder!«, steigerte er sich und verwirrte mich vollends. Ich verspürte einen Impuls, mich umzudrehen, er konnte unmöglich mich meinen, gleichzeitig erschien es mir ratsam, ihn nicht aus den Augen zu lassen.

»Tierquäler! Alle miteinander! Ihr solltet so jämmerlich verrecken wie die armen Viecherl, die ihr killt!«

Daher wehte der Wind. Es war nichts Persönliches, eher Sippenhaft mit Todesstrafe wegen abweichender Gesinnung. Bisher war ich von solchen Begegnungen verschont geblieben, doch Jägerkollegen hatten mir so einiges erzählt. Was tun? Vielleicht hätte ich zurückbrüllen sollen, vielleicht hätte ihn das in seine Grenzen verwiesen, doch Lautstärke ist nicht mein Stil. Obwohl ich im Gegensatz zu ihm bewaffnet war, fühlte ich mich bedroht, was er keinesfalls merken sollte. So ging ich einfach weiter, an ihm vorbei, als wäre das alles völlig normal. Wir waren auf gleicher Höhe, als er mir mit einem verächtlichen Pfffffft final die Meinung sagte. Ich passierte ihn, hatte ihn im Rücken, drehte mich nicht um, erst vor der nächsten Kehre. Da stand er an einem Baum und markierte. Das hätte ich nicht zusätzlich sehen müssen, ich fühlte mich besudelt und ungerecht behandelt. Vielleicht war er ein Tierrechtsaktivist? Oder einfach nur mies gelaunt. Tierrechtler haben bei Jägern einen schlechten Ruf, weil es unter ihnen radikale und gewaltbereite Menschen gibt, die sich immer im Recht fühlen und auch nicht davor zurückschrecken, Hochsitzleitern anzusägen – und damit den Tod eines Jägers billigend in Kauf nehmen. Gut und böse im Namen der Tiere.

Auf der Pirsch

Schneewittchen, die alleinerziehende Mutter, verzärtelte ihren Sohn und schmuste oft stundenlang mit ihm, Kopf an Kopf stehend und sich gegenseitig den Träger und das Haupt kraulend, wie man es von Pferden kennt. Sie putzten sich auch, wie ich es sonst eher bei Katzen sehe. Ich war sehr berührt von dieser tiefen Bindung zwischen den beiden. Sie wirkten wie eine Einheit. Schneewittchen war kein alleinstehendes Findelkind mehr. Sie hatte nun eine Familie, einen Freundeskreis. Im Herbst beobachtete ich, dass der kleine Kerl namens Murmel immer selbständiger wurde, erst für eine halbe Stunde, dann länger zog er allein seine Kreise. Jedes Wiedersehen wurde zärtlich gefeiert, als hätten sich beide wirklich vermisst. Das ließ mich mein Jagdverhalten, was den Kitzabschuss im Herbst betraf, sehr infrage stellen. Ab erstem September ist die Schonzeit für Kitze und Geißen beendet. Ob wir Kühen die neugeborenen Kälber entreißen oder Rehgeißen die Kitze wegschießen – wir gestehen den Müttern keine Trauer zu, sonst brächten wir das nicht übers Herz. Wolf und ich schießen im frühen Herbst keine gesunden Kitze, ich kenne auch keine Jäger, die das tun, schließlich will man das Fleisch ja verwerten, und an Kitzen ist nicht viel dran. Trotzdem währt die Schonzeit nur bis ersten September, weil die hohen Vorgaben, wie viel geschossen werden muss, sonst von vielen Jägern nicht zu schaffen sind.

Wenn ich Schneewittchen und Murmel betrachtete, überkam mich manchmal eine Sehnsucht, die ich lange nicht in Worte fassen konnte. Bis ich mich eines Tage fragte, ob ich mir nicht auch mal wieder eine Beziehung wünschte. Ein Gegenüber, das nicht haarte oder aus dem Mund roch oder mir eine krallige Ohrfeige verpasste, wenn ich zu nahe kam. Ein Gegenüber, das ich nicht nur mit Trocken- und Dosenfutter versorgte, mit dem ich mich über Themen unterhalten konnte, anstatt in einem Singsang Wörter wie Korb, Fressi, Fein zu sagen oder Kommandos zu erteilen, oder jemanden, der gar selbst Freude an der Zubereitung leckerer Speisen hatte.

Ja, das wollte ich. Aber gleichzeitig wollte ich meine Tierwelt nicht aufgeben, das war gar nicht möglich. Wer mit mir leben wollte, musste sich mit den Tieren abfinden, was heißt hier abfinden, mich gerade deshalb mögen, sonst würde er mich doch gar nicht meinen!

»Man könnte deine Anhängsel auch als Parasiten betrachten«, stellte Hob eines Tages wenig charmant fest.

»Parasiten und Krankheiten sind die treibende Kraft der Entwicklung. Sie modellieren auch an der Schönheit. So sind sie Teil jener Kraft, die stets das Böse will und das Gute schafft«, entgegnete ich schlagfertig, was ich vor Kurzem bei Josef Reichholf gelesen hatte, der Goethe zitierte.

»Es müsste halt jemand sein, der auch tierlieb ist«, setzte Hob ihren Gedankengang fort.

»Ich denke eher an ein kunstinteressiertes Exemplar«, widersprach ich. »Ich möchte gern wieder in Ausstellungen gehen und ins Theater. Allein schaffe ich das nicht. Ich bräuchte jemanden, der mich motiviert.«

»Du glaubst doch wohl nicht im Ernst, dass du einen

Theatersaal dem Wald vorziehst?« Hob runzelte die Stirn. »Oder hast du schon so einen Notstand?«

»Nein, natürlich nicht«, sagte ich schnell. Darüber wollte ich mir gar keine Gedanken machen. Denn es gab ja noch etwas, was landläufig als Realität bezeichnet wird, und in dieser hatte ich gar keine Zeit, auf Zweibeiner anzusitzen. Hanna empfahl mir das Internet als Kontaktbörse. Nach drei durchklickten Abenden beschloss ich, das Medium in dieser Angelegenheit zu knicken. Was wiederum Hob ernstlich knickte. Sie hatte beschlossen, dass ich eine Beziehung brauchte, und ließ nichts unversucht. Einmal brachte sie ganz unverbindlich einen alten Schulfreund mit, den sie auf einem Klassentreffen wiedergetroffen hatte. Er besaß vier Motorräder und lebte mit acht Katzen auf einem Einödhof. Er war sehr nett. Wie würde Schneewittchen ihn finden? Mehrere Rettungsringe aus Feist verbargen seine Taille, und er schien an Räude erkrankt zu sein, da sein Haupt nur spärlich befellt war, vielleicht hatte er aber auch Hirschläuse. Als ich Hob über den besorgniserregenden Gesundheitszustand ihres Kumpels aufklärte, wusste sie nicht, ob sie vor Empörung oder Lachen platzen sollte, und entschied sich für Letzteres. Immerhin stellte sie ihre Bemühungen ein, mich unter die Haube bringen zu wollen, was ich auch völlig überflüssig fand, da ich mich schon von Berufs wegen als Straßenmädchen täglich mehrfach unter Hauben aufhalte. Hob meinte, dass ich deswegen an der Quelle säße. »Du lernst doch ständig interessante Männer und Frauen kennen. Schäkerst du da nie?«

»Meine Havaristen befinden sich in einer Notlage. Da ist man nicht in Flirtlaune.«

»Du bist schon komisch«, seufzte Hob. »Verschraubt eben. Total verschraubt.«

Im Winter, wenn sich viele Singles ganz dringend ein Du wünschen, kümmerte ich mich um Batterien, die an finalem Burn-out litten, montierte Schneeketten, wärmte vereiste Türschlösser auf und schleppte Kraftfutter in den Wald. Schneewittchen entfernte sich nie weit von unserer Fütterung, so sah ich sie fast jeden Tag. Ihr Sohn Murmel war immer an ihrer Seite, hielt jedoch nach wie vor Abstand zu mir, wenn auch geringeren als andere Rehe. An Schneewittchens Fütterung – Wolf und ich betrieben mehrere – gab es einen kuriosen Dachs, ich nannte ihn den Frechdachs. Dass Dachse sich an unseren Fütterungen gütlich taten, war nichts Neues für uns. Ein Dachs kann bis zu zwanzig Kilo wiegen. Obwohl er kurze Beine hat, ist er ein wehrhafter Gegner mit einem gefährlichen Raubtiergebiss. Wird er wütend, und das kommt häufig vor, traut sich kaum ein Hund in seine Nähe. Und wenn ein Dachs die Fütterung besetzt, trauen sich die Rehe nicht an die Raufen. So frisst sich der Dachs voll, und das Reh schaut zu. Der Frechdachs, den meine Wildkamera filmte, zog gleich komplett in die Raufe ein. Er setzte sich mitten in die Futterkrippe, und kein Reh wagte es, sich ihm zu nähern. Nun ja, fast keines. Nur das mit dem Halsband ließ sich nicht einschüchtern, sondern holte sich seinen Anteil. Muss ich erwähnen, dass ich vor Stolz fast platzte?

Abschiede

Ein nigelnagelneuer Frühling kehrte im Allgäu ein, wie jedes Jahr schöner als der vorhergehende, weil wir so lange auf ihn gewartet und vergessen hatten, wie er sich anfühlte, innen und außen, auf der Haut und im Gemüt. Dieser brachte vor allem Gartenarbeit mit sich. Karl hatte mir zweihundert Kilogramm Tannenholz geschenkt und ein Hochbeet gebaut. Den vergeblichen Kampf mit den Schnecken um die Salate hatte ich nun hoffentlich gewonnen. Doch auch die Stockrosen, Beerensträucher und Obstbäume wollten gewartet werden. So wie die vielen Autos, die nun Scharen von Touristen ins Allgäu brachten. Und schon war das Jahr zur Hälfte ins Land gezogen.

An dem Tag, als ich die ersten Himbeeren erntete, setzte Schneewittchen zwei Kitze. Diesmal verzichtete sie auf meinen Beistand als Hebamme, obwohl ich mich fast jeden Tag zweimal andiente, wenn ich sie morgens und abends in ihrer Sommerresidenz besuchte. Heute ist es so weit, dachte ich mehrfach – und täuschte mich. Bis sie mir eines Morgens ein Kitz vorstellte. Ich nannte es Flocke, wegen seiner weißen Schneeflocken auf dem Rücken. Um eine spätere Geschlechtsumwandlung zu vermeiden, schaute ich sehr genau nach. Flocke war ein Junge. Ab seiner zweiten Lebenswoche benahm er sich mir gegenüber wie Murmel im Vorjahr. Rannte hinter seiner Mutter auf mich zu, blieb aber vor-

sichtig, während Schneewittchen Knisterbrot, Ziegenfrischkäse und Apfelschnitze genoss. Mein Anblick war nichts
Erschreckendes für ihn, er hatte sich daran gewöhnt, stellte
ich zufrieden fest. Oder doch nicht? Am nächsten Tag fiepte
er und rannte vor mir weg. War er in eine neue Entwick-
lungsphase eingetreten? Bei kleinen Kindern gibt es so genannte Fremdel-Phasen. Nein, wohl doch nicht, denn am
übernächsten Tag zeigte Flocke keinen Fluchtreflex, als ich
mich näherte. Aber am Tag darauf. Das Ganze wurde mir
allmählich unheimlich. Hatte das kleine Kitz eine gespaltene
Persönlichkeit? Eine Woche später brachte ich die beiden
Persönlichkeitsanteile zusammen. Zuerst glaubte ich, doppelt zu sehen, dann begriff ich, dass Schneewittchen nicht
ein, sondern zwei Kitze gesetzt hatte, die sie getrennt hielt.
Ich hatte mal das eine, mal das andere zu Gesicht bekommen. Da mir Flocke früher vorgestellt wurde, war er zutrau-
licher als seine Schwester Schnee. Bis zirka Ende der zweiten
Woche besteht die sogenannte Kitzaversion. Die Kitze sto-
ßen sich gegenseitig ab. Ruft die Mutter und kommen beide,
läuft eines wieder weg. Dies ist eine Schutzmaßnahme. Sollte
ein Fuchs auftauchen, würde er nur ein Kitz erwischen.
Nach dieser Phase der Kitzaversion säugt die Geiß nicht
mehr nacheinander, sondern auch gleichzeitig.

Anfang Juli, da wäre sie gerade mal einen Monat alt gewesen,
war die kleine Schnee verschwunden. Und es schien ernst zu
sein, denn Schneewittchen zog mit ihrem heiseren Lockruf
durch das hohe Gras. Flocke folgte ihr. Ich auch. Später beobachtete ich die beiden von einem etwas abseits stehenden
Baum aus. Schneewittchens Rufen und Suchen ging mir sehr
nah. Wir sahen Schnee nie wieder.

Flocke entwickelte sich zu einem hübschen Jüngling, der schon im Oktober die Größe seiner Mutter erreichte. Einmal entdeckte ich ihn und seinen Bruder Murmel zusammen mit einem Schmalreh. Ich fragte mich, ob sie wussten, dass sie Halbbrüder, vielleicht sogar Brüder waren. Dann fragte ich Wolf. Er bejahte dies. Aus den jahrzehntelangen Beobachtungen, wie sich Rehe zueinander verhalten und wie sie reagieren, wenn sie die Schweißfährte eines Artgenossen in die Nase bekommen, entstand der Eindruck, dass sie sich nur für einzelne der erlegten Tiere interessieren, und das könnten ihre Verwandten sein. Es war nicht einfach für mich, Murmel auszumachen; auf den ersten Blick sah er aus wie so viele andere Jährlinge. Doch auf den zweiten Blick, der seinem Gehörn galt, erkannte ich ihn. Und außerdem lief er nicht weg wie die anderen in seiner Clique, wenn ich pfiff.

Schneewittchen war nun drei Jahre alt und zum zweiten Mal Mutter. Von Menschenmüttern habe ich gehört, dass das erste Kind das schwierigste sei, man betritt ja Neuland. Je mehr Kinder, desto weniger Aufwand und Aufregung. So erging es mir auch. Und dabei war ich ja nur Oma, und als solche relativ gelassen. Dennoch gab es Tage und Wochen, an denen ich mich heftig um Schneewittchen sorgte. Einmal hatte sie Durchfall, dann humpelte sie mehr als sonst, denn das war ihr geblieben, dann erschien sie mir abgemagert, die Kitzaufzucht zehrte an ihr. Oder ich bekam sie viele Tage nicht zu Gesicht. Doch im Großen und Ganzen war ich zufrieden mit mir. Ich hatte mein Reh ziehen lassen und zu seinen Kitzen Distanz gewahrt. Ihr Wachsen und Gedeihen zu beobachten machte mich glücklich. Dennoch blieb

Schneewittchen meine Nummer eins. Es gab nur ein Reh, das ich *mein* Reh nannte, wenngleich mir stets bewusst war, dass es mir nicht gehörte. Kurz bevor der Sommer in den Herbst kippte, geschah etwas, womit ich überhaupt nicht gerechnet hatte: Ich verliebte mich. Doch schon nach kurzer Zeit merkte ich, dass daraus nichts werden konnte und ich mir selbst einen Bären aufgebunden hatte. Ich war weniger verliebt in mein Gegenüber als vielmehr in die Idee davon, die mir deutlich attraktiver erschien als das fleischgewordene lebendige Wesen. Sogar Hob erteilte mir den Segen zum Abschied. »Das ist ein Vorteil des Alters«, meinte sie. »Man merkt es früher, wenn man überhaupt nicht zusammenpasst, und erspart sich eine Menge Kummer.«

Ich nickte. »Und eine Menge unangenehmer Beziehungsgespräche. Außerdem war es wohl keine Verliebung, nur eine Verwählung.«

»Immerhin hast du damit bewiesen, dass du überhaupt noch dazu in der Lage bist, dich an Zweibeiner zu binden«, stellte Hob zufrieden fest, »wenn auch falsch verbunden«, und ich hatte den Eindruck, von diesem Beweis könnte ich noch eine Weile zehren, und sie würde mir so schnell keine neuen Kandidaten vorstellen – für die ich sowieso keine Zeit hatte, weil ich im Herbst wie jedes Jahr sehr beschäftigt im Wald war. Wolf und ich setzten unsere Fütterungen instand und tätschelten jede junge Tanne, indem wir die Klammer, die wir im letzten Herbst am Leittrieb befestigt hatten, ein Stück nach oben versetzten. Bei dieser Tätigkeit merkte ich deutlich, wie viel Einfluss das Licht auf das Wachstum hat. Ein Bäumchen, das einen Platz an der Sonne ergattert, wächst in einem Jahr zehn bis zwanzig Zentimeter höher, während ein Schattenplatz vielleicht nur zu fünf Zentimetern Wachstum führt. Bald würde es allgemein sehr schattig werden. Der Herbst griff an manchen Morgenden mit nebligen Fingern nach dem Jahr. Junge Bussarde kreisten am Himmel auf der Suche nach unvorsichtigen Mäusen, der rote Milan flog tief über dem Tal, so dass ich seine schönen roten Schwingen deutlich erkennen konnte. Lahnen, das Futterbetteln der jungen Greifvögel, und der heisere Ruf der Krähen erfüllten die klare kalte Luft, in der das flach einfallende Licht der Sonne die Landschaft plastisch und scharfkantig modellierte. So klang der herbstliche Blues, ernüchternd und melancholisch zugleich, und er roch nach Gülle, »The Smell of Allgäu«, wie der Kabarettist Maxi Schafroth trefflich singt.

Obwohl der Winter viel Arbeit mit sich brachte, fühlte ich mich wohl. Ich las viel, aß gut und hörte wieder mehr Musik. Ich war sehr dankbar für mein schönes Leben. Doch Anfang Dezember änderte sich alles. Eines Morgens hing Molls Rute kraftlos herunter, er begrüßte mich nicht wie üblich, zitterte am ganzen Leib und machte einen erbärmlichen Eindruck. Ich untersuchte ihn, konnte aber an seinen Reaktionen nicht feststellen, wo ihm etwas wehtat. Immer wieder verzweifle ich an meiner Unfähigkeit, die Sprache, den Ausdruck der Tiere zu verstehen. Es war Sonntag, ich hatte ein freies Wochenende. Während ich im Internet nach einem Tierarzt in Bereitschaftsdienst suchte, erholte Moll sich und benahm sich, als sei nichts vorgefallen.

»Was ist mit dir?«, fragte ich ihn, ohne eine Antwort zu erwarten. Er wedelte freundlich, lief zur Tür, wollte raus. Sollte ich ihn in den Hof lassen? Oder doch zum Tierarzt fahren? War es nur eine kleine Befindlichkeitsstörung oder etwas Ernstes? Ich zog mich warm an und ging mit ihm hinaus. Wir stapften den zugeschneiten Weg von meinem Haus zur Straße empor. Moll lief schwanzwedelnd vor mir her. Ich dachte, dass ich morgens auch manchmal aufwachte und irgendetwas nicht stimmte. Der Rücken, der Kopf, die Knie, es wurde ja nicht besser im Lauf der Zeit. Meistens verschwanden die Zipperlein nach einer Weile. Und so schien es auch bei Moll zu sein. Doch einige Tage danach wiederholte sich sein seltsames Verhalten, und ich brachte ihn nun doch zu meiner Tierärztin. Sie empfahl Schmerzmittel. Ich las den Beipackzettel und rief die Homöopathin an. Sie riet von Schmerzmitteln ab. Wir wüssten schließlich nicht, woher die Schmerzen kämen. Es sei wichtig, das erst einmal herauszufinden, und dazu müssten wir sehen, wann er welche hätte. Sie schickte mir einen Behandlungsplan mit homöopathischen Arzneien. Die bewirkten nichts. Als Molls Schmerzen sichtlich zunahmen und ich seinen erbarmungswürdigen Anblick nicht mehr ertragen konnte, fuhr ich zum Ellenbogen-Papst nach München. Er drückte auf Molls Schultern herum, bis er jaulte, machte eine Ultraschallaufnahme, fand darauf eine Beule und sagte: »Das könnte Krebs sein.« So vage pflegte der Papst, der von Amts wegen klar unterschied zwischen Gut und Böse, sich normalerweise nicht auszudrücken.

»Wie sicher ist das?«, fragte ich.

»Es ist nur eine Vermutung. Am besten, Sie lassen ein MRT machen.«

»Und was ist mit seinen Schmerzen?«

»Ich gebe ein Cortisonpräparat. Das hilft ihm erst mal.«

Ja, es half. Doch Moll bekam wahrscheinlich Magenschmerzen von den Tabletten, denn er wollte nicht mehr fressen, was für mich ein Alarmzeichen war, gehörten die Mahlzeiten doch zu den Höhepunkten seiner wie auch meiner Tage. Das MRT erbrachte die frohe Botschaft, es sei kein Krebs, sonst auch keine Diagnose, kostete aber trotzdem achthundert Euro.

»Bestimmt hat er Borreliose«, meinte meine Freundin Gaulette. Sie kannte jemanden, der daran erkrankt war und lange falsch behandelt wurde, weil man die Ursache für seine Symptome nicht fand.

»Er hat vielleicht was am Rücken«, meinte Hartmut, der im letzten Jahr einen Bandscheibenvorfall gehabt hatte.

»Es ist die Psyche«, meinte Paula, die was an der Psyche hatte.

Es rührte mich, wie viel Anteil meine Freunde und Bekannten an Moll nahmen, doch letztlich stocherten wir alle im Nebel herum, im Nebel des Schmerzes.

Ein Tier spricht genauso wenig wie ein Säugling. Es leidet, und der Mensch weiß nicht, woran. Wie schlimm war es? Wie konnte ich Moll helfen? Er war noch viel zu jung, um ihn zu »erlösen«, eine Option, die meine Tierärztin vorsichtig erwähnt hatte, und machte auf mich auch nicht den Eindruck, dass er das wollte. Kann man den Willen eines Tieres herausfinden?

Ich checkte Moll in der Universitätstierklinik in München ein, wunderschön gelegen am Englischen Garten. Er verliebte sich sofort in seine behandelnde Ärztin, eine Neurologin. Sie war sehr engagiert, fand aber leider auch nichts Genaues heraus, außer dass und wo der Hund Schmerzen hatte, und dagegen wollte sie eine individuelle Schmerztherapie ausarbeiten. Ich staunte, dass es tatsächlich mehr als nur ein Schmerzmedikament für Hunde gab. »Heutzutage haben wir eine breite Palette zur Auswahl«, erklärte mir die Ärztin. »Mit der richtigen Therapie wird Moll vermutlich keine Schmerzen mehr haben.« Dankbarkeit durchflutete mich. Dann überkam mich ein schlechtes Gewissen all den Tieren gegenüber, die in vermutlich sehr qualvollen Versuchen leiden mussten, um diese Mittel zu entwickeln. Ein Dilemma von unfassbarem Ausmaß, dem ich mich gerne entzogen hätte, indem ich dem Wert des Hundes Moll, der mir so vertraut war, den Vorzug gebe vor den vielen Tausend namenlosen anderen. Es gibt so viel Ungeheuerliches, Empörendes, an das ich mich einfach gewöhnte. Viel zu leicht, wie ich finde, auch wenn es mich vor dem Wahnsinn schützt. Vermutlich ist die Gewöhnung ein stärkeres Leitmotiv moralischer Werte als ihre geistige Durchdringung.

Während Moll ausgiebig untersucht wurde, saß ich im Wartezimmer. Ohne es zu wollen, hörte ich das Gespräch von zwei Hundehalterinnen. Beide Vierbeiner waren dabei, wegen ihrer fortgeschrittenen Krebserkrankung vor die Hunde zu gehen. Trotzdem dachten ihre Frauchen nicht daran, die Hunde vielleicht zu erlösen. Nein, es sollte alles Menschenmögliche versucht werden, die beiden zu retten, zum Beispiel mit Chemotherapie. »Ein Leben ohne meinen Seppi ist für mich undenkbar.«

Und ich? Würde ich auf Moll verzichten können? Tränen schossen mir in die Augen.

»Ich geh mal kurz raus«, sagte ich am Empfang und lief durch den Englischen Garten, ohne meinen Hund. Das kam mir so falsch vor. Ohne Hund spazieren zu gehen, gerade hier. Moll hätte so viel Freude an den Begegnungen mit den Stadthunden. Bei uns traf er ja nur selten Artgenossen. Ich versuchte, mir Hoffnung zu machen. In der Uniklinik war er in guten Händen. Sie würden seinen Schmerz nicht ignorieren, wie es früher gang und gäbe war. Schmerzbekämpfung als erste Priorität in der Tiermedizin hat sich erst seit Ende des zwanzigsten Jahrhunderts durchgesetzt, wie in der Humanmedizin auch.

Und wenn ich ihn hergeben müsste? Meinen lieben Moll, den treuen Gefährten. Er war gerade mal sechs Jahre alt. Wie er damals in unserem ersten Winter die Schachtel Schnapspralinen *Edle Tropfen in Nuss*, die mir Anne vor die Tür gelegt hatte, ausgepackt und vertilgt hatte. Wie ihm der Tierarzt das Brechmittel verabreicht und wie Moll gehorsam sofort die schöne weiße Praxis in ein hochprozentiges Meer aus Schokobrocken, Meisenknödeln im Netz und einer beeindruckenden Speckschwarte verwandelt hatte. Bis ins Treppenhaus wehte die Fahne seines akuten Alkoholmissbrauchs. Die Behandlung wirkte. Von diesem Tag an hatte Moll abstinent gelebt. Mein lieber Moll. Ihm verdankte ich es auch, dass ich Plätzchen ein einziges Mal in meinem Leben von der Pike auf kennenlernte, anstatt lediglich vom Teller. Es war zur Adventszeit. Eine Gastwirtin aus meiner Nachbarschaft stellte drei Teigschüsseln für drei Plätzchensorten auf ihre Terrasse, damit er ging. Der Teig ging dann auch, allerdings schneller als erwartet – mit Moll, in dessen Magen. Er wurde bei der letzten Schüssel auf frischer Tat ertappt. Die Bestohlene suchte mich, die Ahnungslose, wütend auf und drückte mir kommentarlos einen Zettel mit den Zutaten und einen zweiten mit der Zubereitungsanweisung für die Teige in die Hand. Heute noch bricht mir der Schweiß aus, wenn ich an diese Aufgabe denke. Dagegen war meine Gesellenprüfung ein Fertigkuchen. Aber Moll hatte nicht nur Unsinn im Kopf. Er war überall ein treuer und zuverlässiger Begleiter, wir hatten so schöne Zeiten miteinander erlebt. Unvergessen unsere gemeinsamen Sessellift-fahrten und Wanderungen. Seine Sanftmütigkeit und immerwährende Fröhlichkeit. Wie er mit den Katzen umging und überhaupt mit allen Tieren und wie er das kleine Rehkitz adoptiert hatte. Lieber, lieber Moll.

Die Tränen liefen mir übers Gesicht, und ich sah den Haufen Hundescheiße im Schneematsch nicht, in den ich trat. Aber ich roch es. Bringt Glück, sagte ich mir, musste aber trotzdem würgen. Einige Meter von mir entfernt sammelte eine junge Frau die Hinterlassenschaften ihres Hundes ein. Löblich! Wenn frisch gemähtes Gras mit Würsten an Kühe verfüttert wird, fressen sie es nicht. Als getrocknetes Gras, Heu, fressen sie es, doch Hunde, die rohes Rindfleisch zu sich nehmen, können Krankheiten auf Kühe übertragen. Deshalb sind Landwirte wütend, wenn sie ständig Hinterlassenschaften von Hunden auf ihren Wiesen finden. Aber nicht nur Hunde hinterlassen etwas. Manches Mal, wenn ich im Wald auf menschliche Exkremente stoße, wünsche ich mir, es gäbe Kotbeutelstationen an Wanderwegen für meine Artgenossen. Und dann bitte auch die Taschentücher mit eintüten, denn das sieht ekelhaft aus, wenn man durch den Wald läuft und weiße Schandflecke einen darauf hinweisen, was hier geschah. Moll hatte diskret weggeblickt, ich kannte andere Hunde, für die war das eine Delikatesse.

Wenn ich Moll hergeben müsste, würde ich das entscheiden. Bei Schneewittchen und ihren Kitzen entschieden es die Umstände. Ich würde vielleicht gar nichts davon mitbekommen. Auf einmal wären sie weg. Niemand würde mich fragen. Das war gleichzeitig einfacher und schwieriger.

Moll bekam einen weiteren Termin in der Tierklinik, nachdem man beim ersten keine Ursache für seine Schmerzen gefunden hatte. Man empfahl mir ein zweites MRT, zweihundert Euro teurer als das erste.

»Warum?«

»Unser Gerät hat eine höhere Auflösung. Wir erwarten, mehr Details erkennen zu können.«

»Haben Sie denn eine Vermutung?«

»Es könnte an einer Bandscheibe liegen. Deshalb wäre das MRT wichtig.«

»Wenn Ihre Vermutung sich bewahrheitet, kann man das dann reparieren?«

»Das ist von einer Reihe Faktoren abhängig.«

Nichts wäre mir zu teuer gewesen, wenn es Moll geholfen hätte, wenn er gesund geworden wäre. Auch das Motorrad hätte ich verkauft. Aber darauf konnte ich mich nicht verlassen. Tausend Euro. Das ist viel Geld für eine Automechanikerin, und es war fast so viel, wie ich bereits investiert hatte. Zu Beginn seiner Patientenkarriere hatte ich schon die achtzig Euro für den ersten Tierarztbesuch teuer gefunden. Zehn Minuten, ein paar Schmerztabletten und Auf Wiedersehen. Auch die Homöopathin war keine wirkliche Alternative, was die Preise anbelangte, und beim Papst kostete der Segen Extraaufschlag. Ich kenne Menschen, die haben fünftausend Euro und mehr in die Behandlung ihrer Tiere investiert. Das läppert sich. Im letzten Jahr war Schneewittchens Schleckerin Luna von einer Kreuzotter gebissen worden. Nach drei Tagen Tierklinik mit Intensivmedizin bezahlte Hob eintausendsechshundert Euro. Hätte man ihr bei der Aufnahme diese Summe genannt – ohne Garantie, dass der Hund überlebte – und empfohlen, den Hund sofort einzuschläfern, sie hätte dem vielleicht zugestimmt, denn sie wollte Luna nicht leiden lassen und hätte dem Rat der Ärzte vertraut, die Lunas Chancen zu überleben wegen ihrer schwerwiegenden Hämolyse nur gering einschätzten. Hob konnte die Summe bezahlen, ohne in finanzielle Schwierigkeiten zu kommen. Keine Frage, ich hätte ihr das Geld von Herzen gern gegeben, ihr beziehungsweise Luna. Schleckertechnisch stand ich tief in ihrer Schuld. Für Luna und Hob hatte es ein Happy End gegeben. Aber man hatte die Hämolyse schnell diagnostiziert. Bei Moll tappte man noch immer im Dunkeln.

Ich würde bei dem zweiten MRT höchstwahrscheinlich eine Diagnose bekommen, doch repariert wäre damit noch nichts, ja, es blieb sogar offen, ob überhaupt operiert werden könnte. Angenommen, ein Auto hätte einen Zahnriemenriss. Die Autowerkstatt würde erklären, dass sie das Ausmaß des Schadens bestimmen müsste, ehe sie eine Aussage darüber treffen könnte, ob er zu reparieren sei oder ob ein Austauschmotor benötigt werde und was der koste. Diese Schadensfeststellung würde zwar keine tausend Euro betragen. Die Entscheidung war allerdings die gleiche. Würde das Auto verschrottet oder würde noch mal investiert? Eigentlich eine klare Sache, doch viele Menschen benehmen sich, als hätten sie ein Recht darauf, die Schadensfeststellung und Diagnose gratis zu erhalten und nur für die Reparatur zu bezahlen. Ich glaube, dass wir diesbezüglich von unserem Krankenversicherungssystem verwöhnt sind, das uns Menschen diese Schadensfeststellungen gewährt, sogar uns Kassenpatienten. Für Hunde gibt es nur eingeschränkte Krankenversicherungen, für Autos auch. Dennoch sind wir, wenn unsere Liebsten erkranken, daran gewöhnt, dass die Kosten übernommen werden. Und wenn wir alles selbst bezahlen müssen, sparen wir manchmal am falschen Ende. Oder müssen sparen. Hob hatte damals in der Tierklinik gefragt, was wäre, wenn sie die Rechnung nicht begleichen könnte. Sie hatte sich vorgestellt, sie wäre eine arme Rentnerin, deren Haustier der einzige Sonnenschein ihres Lebens sei. Für solche Härtefälle musste es doch eine Alternative geben? Man hatte ihr gesagt, dass man Ratenzahlung vereinbaren könne. In Härtefällen würden die Tiere enteignet, behandelt und ins Tierheim gebracht. Denn Tiere haben ein Recht auf Leben, es ist laut Tierschutzgesetz verboten, Tiere »einfach so« einzuschläfern.

Molls zweites MRT zeigte eine kleine Verletzung am Rückenmark der Halswirbelsäule, die nur mit einem sehr hohen Risiko der Querschnittslähmung zu operieren gewesen wäre.

»Und was empfehlen Sie?«, fragte ich die Neurologin in der Universitätstierklinik.

»Eine konstante Schmerztherapie.«

»Hat er dann noch Lebensqualität?«

»Ja, natürlich.«

»Muss ich auf irgendetwas achten?«

»Er soll nicht rennen. Denn durch die Schmerzmittel fühlt er sich fitter, als er ist. Er wird keine Schmerzen wahrnehmen. Sein natürlicher Stopp ist deaktiviert. Das heißt, dass Sie besonders gut auf ihn achten müssen. Er könnte sich sonst ernstlich verletzen, ohne es zu merken. Schonen Sie ihn.«

Beim Heimfahren fragte ich Moll: »Sag, mein lieber Freund. Wie ist das für dich, wenn du nicht mehr nachts auf Fuchsjagd gehen darfst? Wenn du nicht mehr toben darfst? Ist das Leben dann trotzdem noch schön?«

Moll gähnte. Nach den langwierigen Untersuchungen war er hundemüde. Wie immer in unserem Rudel trug ich die Verantwortung. Ich musste Entscheidungen treffen. Kein Fuchs, kein Greifvogel, kein Jäger nahm sie mir ab.

Vor wenigen Monaten war meine Katze Milli gestorben. Ein Tumor war in ihrem Nacken gewachsen. Nichts Ungewöhnliches bei Katzen, sagte man mir. Für mich war es alles andere als gewöhnlich. Milli stand mir ganz besonders nahe. Kleiner Augenstern nannte ich sie, wenn sie dicht neben meinem Ohr schnurrte, als gelte es, einen Dreizylinder-Viertakter zu übertönen. Das Geschwür wurde immer größer, die Katze immer kleiner. Eines Nachmittags verschwand sie. Verließ ihre weiche Leopardenfelldecke auf dem Sofa, wo sie so gern gelegen hatte, verließ die gefüllte Futterschüssel, verließ ihre Katzencommunity, um für immer zu gehen. Und verließ mich. Ich suchte eine Woche nach ihr, denn ich hätte sie gern von meiner Tierärztin erlösen lassen. Doch Milli war mir zuvorgekommen. Sie hatte selbst entschieden. Das war nicht einfach zu akzeptieren, so ein Abschied, auf den ich mich vorbereitet hatte, und dann fand er nicht statt, beziehungsweise nicht nach meinen Spielregeln.

»Eigentlich typisch Katze«, meinte mein Kumpel Bud.

Wir zündeten eine Kerze für Milli an, und als ich allein war, weinte ich sehr und wünschte meinem Augenstern eine gute Reise. Und ich wünschte mir, dass ich den Abschied von Moll, der mir ja auch bevorstand, gut schaffen würde. Bud sah es wie immer pragmatisch: »Die geringe Haltbarkeit von Tieren ist ein Planungsfehler.« Ja, damit hatte er recht, aber wo sollten wir reklamieren? Und war es vielleicht gar kein Planungsfehler, sondern ein genialer Schachzug, um uns zu lehren, Abschied zu nehmen, zuerst von den Tieren, dann von den Menschen und am Ende von uns selbst?

Ohne Zweifel stand Molls Lebensqualität für mich im Vordergrund. Doch wie konnte ich herausfinden, dass es ihm gut ging, ohne meine eigenen Wünsche für seine zu halten, weil ich ihn behalten wollte. Und was ist, wenn ein Hund nicht sterben kann, weil er sich verantwortlich für sein Herrchen, sein Frauchen fühlt, die er treu nicht im Stich lassen will. Man weiß, dass manche schwerstkranke Menschen nicht sterben können, weil noch etwas unerledigt ist, ein Gespräch mit einem Verwandten, von dem man sich im Streit getrennt hat, das Gefühl, einem anderen lieben Menschen beistehen zu müssen … Gilt das auch für Tiere? Moll sollte gehen, wann immer er das wollte. Moll sollte so frei sterben, wie er gelebt hatte.

In diesen Wochen der Sorge um Moll rückte Schneewittchen ein wenig in den Hintergrund. Indirekt unterstützte mich Moll dabei, mich abermals ein Stück abzunabeln. Und er führte mich zu einer wunderbaren Begegnung. Sie begann mit einer Panne.

Die goldenen Hände

An einem Autobahnparkplatz kurz vor Oy wartete ein Lieferwagen auf mich, länger, als mir lieb war, denn es war bitterkalt, und ein eisiger Wind wehte. Gefühlte Antarktis. Manchmal leide ich selbst mit meinen Havaristen, aber meistens sind meine Kollegen und ich schnell bei ihnen. Wenn jemand lange warten muss, ist er manchmal ungehalten. In der Regel sind die Liegengebliebenen aber vor allem eines: erleichtert, dass der Gelbe Engel endlich auftaucht. So wie diese Frau Mitte dreißig. Sie war gut ausgerüstet für die Kälte, trug eine Daunenjacke, hohe Stiefel und eine pelzbesetzte Mütze. Womöglich befanden wir uns auch real in der Antarktis.

»Tut mir leid, dass Sie so lange warten mussten«, entschuldigte ich mich bei der Begrüßung.

»Aber nein! Das macht mir gar nichts. Ich bin ja auf der Rückfahrt. Blöd wäre es gewesen, wenn es auf der Hinfahrt passiert wäre. Dann hätte ich womöglich den Wettkampf versäumt.«

Wettkampf? Ich überlegte kurz, was für einer, ließ es dann aber bleiben. Nach einem knappen Vierteljahrhundert auf der Straße weiß ich, dass nichts so ist, wie man sich das vorstellen mag.

Die Havaristin erklärte mir ihr Problem: »Auf einmal ist das rote Licht angegangen.«

»Welches?«, fragte ich. Denn es gibt eines, das wirklich gefährlich ist: die Öldruckkontrollleuchte.

»Das mit dem Batteriesymbol.«

»Es ist richtig, dass Sie angehalten haben. Allerdings hätten Sie wahrscheinlich noch ein Stück weiterfahren können. So lange, bis die Batterie komplett leer wäre. Doch sicher ist sicher.«

»Ist es was Schlimmes?«

»Ich schaue es mir mal an«, sagte ich. Wenn Frau Weber Glück hatte, war der Keilriemen gerissen. Wenn sie Pech hatte, war die Lichtmaschine kaputt. Das war ein Unterschied von einigen hundert Euro. Sie hatte Glück. Eigentlich war dies kein Wetter, um einen Keilriemen zu wechseln, aber zufälligerweise hatte ich einen für dieses Modell in meinem kleinen Ersatzteillager, ein Restbestand. Ich hatte ihn erst gestern in der Hand gehalten und mir gedacht, dass solche Pannen in den letzten Jahren selten geworden waren. Ich legte mich unter das Auto und begann mit der Reparatur. Das war keine schöne Arbeit, zumal mir zuerst die Finger, dann die Hände einfroren und schließlich der Rest zu einem Eiszapfen erstarrte. Nach einer knappen halben Stunde hatte ich den Keilriemen eingebaut und gespannt. Frau Weber startete den Wagen. Er sprang sofort an, das Batterielicht erlosch. Bevor ich den Pannenbericht ausfüllen konnte, musste ich mich aufwärmen. Ich nahm neben ihr im Lieferwagen Platz. Hier roch es aber streng! Erst jetzt bemerkte ich, dass ich in einem Tiertransporter saß. Im Innenraum ohne Bänke und Sitze standen mehrere große Boxen voller …

»Sind das Wölfe?«, fragte ich.

»Fast. Es sind irische Wolfshunde. Ich bin Züchterin.«

»Ich habe auch einen Hund«, sagte ich, obwohl ich normalerweise nichts Privates erzähle. Aber ich wollte mich gern noch ein wenig aufwärmen. So kamen wir ins Gespräch, sie erzählte mir von den Wolfshunden und ihren Erfolgen bei Wettkämpfen, ich erzählte ihr von Moll und seiner Krankheit.

»Da müssen Sie unbedingt zu Frau Dr. Strohm«, sagte Frau Weber. Ihre Stimme duldete keinen Widerspruch. »Wenn jemand helfen kann, dann sie.« Begeistert schwärmte sie von dieser Tierärztin aus München, der sie unglaublich viel verdankte.

»Wenn die so berühmt ist, wie Sie sagen, krieg ich da bestimmt keinen Termin«, sagte ich, während ich dachte: München! Das war ja ein Katzensprung. Für Moll wäre ich auch nach Hamburg gefahren. Aber woher sollte ich wissen, ob ich den Schwärmereien der Wolfsfrau glauben konnte?

»Ich werde mich für Sie einsetzen. Sie haben sich doch auch für mich eingesetzt. Bei dem Wetter. Auf der Straße. Das war keine Selbstverständlichkeit. Geben Sie mir Ihre Telefonnummer, dann rufe ich Sie an, wenn ich etwas erreichen konnte.«

Zwei Tage später erhielt ich einen Anruf aus der Praxis von Dr. Strohm in München. Man bot mir einen Termin in zwei Monaten an, um zwanzig Uhr. So spät war ich noch nie bei einem Arzt gewesen. Frau Dr. Strohm war mir auf Anhieb sympathisch. Ich schätzte sie so alt wie mich, sie wirkte natürlich und aufrichtig interessiert an ihrem neuen Patienten. Geduldig und aufmerksam hörte sie sich Molls Krankengeschichte an. Dann kniete sie sich auf eine Matte, rief Moll zu sich, der sich nicht lange bitten ließ, und begann ihre systematische Untersuchung, die in eine Behandlung überging, eine Mischung aus Orthopädie, Physiotherapie und Osteopathie, so kam es mir vor. Die Art und Weise, wie sie Moll berührte, wie er sich sichtbar öffnete, wie ihre Hände seinen feinsten Regungen folgten, das alles zeigte mir, dass die lange Wartezeit sich gelohnt hatte. Die zierliche Frau verbrachte eineinhalb Stunden damit, meinen Moll zu begreifen, stellenweise mit ganzem Körpereinsatz. Zum Schluss wurde er mit Nadeln gespickt. Es war halb zehn, als sie zufrieden nickte. »Jetzt ist es gut.«

Ja, jetzt war es gut, das sah ich auch. Moll wirkte völlig verändert. Er ging ein paar Schritte durch das Behandlungszimmer, bildete ich es mir ein, oder lief er lockerer?

Frau Dr. Strohm erklärte mir, was genau sie gemacht und dabei festgestellt hatte. Sie war nicht ganz einer Meinung mit der Diagnose der Tierklinik und wollte am nächsten Tag Molls Ärztin anrufen, um eventuell die Medikation zu ändern. Ich war zu Tränen gerührt. Das war eine Tierärztin, wie ich sie mir gewünscht hatte. Eine, die über ihr Behandlungszimmer hinausdachte, eine, die an einem Gesamtkonzept interessiert war, eine, die nicht isoliert arbeitete oder Recht haben musste, und auch mich vergaß sie nicht. Zum ersten Mal seit vielen Wochen fühlte ich mich, was Molls Behandlung betraf, entlastet.

»Was bin ich schuldig?«, fragte ich und zuckte dann zusammen, als sie einen Betrag nannte. Ich fand es viel zu wenig und war inzwischen andere Preise gewohnt.

»Aber es waren eineinhalb Stunden!«, entfuhr es mir.

Sie lächelte. Ihre Augen waren sehr blau. Fast schon unnatürlich. Farbige Kontaktlinsen? Das würde nicht zu ihrer Art passen. »Offiziell ist die Praxis seit neunzehn Uhr geschlossen. Aber ich versuche meine Warteliste abzuarbeiten.« Sie scrollte in ihrem Terminplan herum und gab mir einen zweiten Termin in vier Wochen, diesmal am Nachmittag. Ich schaute in meinen Kalender und sah, dass ich meinem Chef nichts von einer Spontanheilung erzählen musste, an diesem Tag und auch am folgenden hatte ich frei.

Hexenschuss

Als ich am nächsten Abend in der Dämmerung ansaß, um mein liebes Reh zu sehen, dachte ich auch an die Begegnung mit der Tierärztin und die Umstände, die mich zu ihr geführt hatten. Zufall oder Schicksal? Ich zog es diesmal vor, an Schicksal zu glauben, das erschien mir erstens bequemer und zweitens schöner, weil man sich so alles zusammenstellen kann, wie man es gern hätte. Kurz bevor ich abbaumte, entdeckte ich tatsächlich Schneewittchen und Flocke. Mein Reh humpelte stark. Noch immer machte ihr das rechte Bein zu schaffen. Und da durchfuhr es mich wie ein Blitz. Frau Dr. Strohm! Wenn sie mein Reh behandeln würde… Aber wie konnte ich diese vielbeschäftigte Ärztin ins Allgäu locken? Ob sie Rehe mochte? Hatte sie privat überhaupt Tiere oder hielt sie es wie mein Vater, für den sie etwas rein Berufliches waren? Beim Schildern von Molls Krankengeschichte in ihrer Praxis hatte ich kurz das Reh erwähnt. Sie hatte es einfach zur Kenntnis genommen. Normalerweise riefen die Leute »Echt, ein Reh, Wahnsinn!« Konnte es außer Hob noch eine Frau geben, der Rehe egal waren? Ich würde es herausfinden. Für viele Hundemenschen waren Rehe ungefähr so emotional berührend wie wandernde Kröten. Man will ihnen nichts Böses, aber wenn man aus Unachtsamkeit mal drüberfährt, ist das auch kein Beinbruch, wenigstens nicht für einen selbst, und das Mitgefühl reicht ungefähr bis zum nächsten Begrenzungspfosten am Straßenrand.

Die Schmerztherapie aus der Tierklinik und die Behandlung von Frau Dr. Strohm schlugen an. Moll wirkte fast schmerzfrei und fröhlich wie früher. Alles wie immer? Nein. Die zurückliegenden Wochen hatten an mir gezehrt. So fühlte ich mich auch nicht in der Lage zu jagen. Zum Töten braucht es Kraft, und ich schwächelte und war sehr dünnhäutig. Ich hätte nicht einmal erlösen können. Mein letzter Schuss lag schon eine Weile zurück. Im Herbst hatte Wolf mich gebeten, ein Schmalreh zu schießen, das seit Wochen starken Durchfall hatte, was wir an dem breiten schwarzen Streifen an seinem Hinterteil sahen. Das Reh war bereits stark abgemagert, machte einen erbarmungswürdigen Eindruck und litt wahrscheinlich an schrecklichen Krämpfen. Einem Haustier hätte man mit einer Entwurmungskur oder einer Antibiotikagabe geholfen. Ein Wildtier muss selbst damit fertigwerden – oder eben nicht. Letzteres macht es zu einem Kandidaten auf der Abschussliste.

Am besten geht man morgens zum Jagen, da man dann in den Tag hineinjagt. Die Nachsuche ist leichter, weil es stetig heller wird, und man stört das andere Wild nicht so sehr wie am Abend, wenn es im Schutz der Dunkelheit austritt. Ich kann morgens eigentlich nicht töten, weil ich selbst so neu bin wie der anbrechende Tag. Waidwund schon vor dem Schuss. Der Tod am Abend erscheint mir außerdem passender. Sterben und Eindunkeln. Es wird stiller, die Menschenaugen sehen weniger. Nun tritt das Wild aus. Konzentrieren. Versuchen, es richtig zu erkennen. Aufregung. Richtig ansprechen, mit dem Fernglas schauen, abglasen. Ein gutes Glas bündelt das Licht so, dass man Dinge erkennt, die man mit bloßem Auge nicht mehr sehen kann. Sichergehen, dass man das richtige Tier anspricht. Ist es wirklich das mit dem Durchfall? Kugelfang in Ordnung? Keine Sportler in der Nähe? In Anschlag gehen. Entsichern. Zielen und warten, bis das Reh breit steht und ruhig. Den Herzschlag beruhigen. Jetzt. Der Schuss bricht schnell. Meist kurze Flucht. Muss aufpassen, wohin es gesprungen ist, um es zu finden, und mir merken, an welcher Stelle ich es geschossen habe, weil ich dort am Anschuss Schweiß und Schnitthaar als Schusszeichen finden werde, die mir Aufschluss über den Treffer geben. Noch immer klopft das Herz schnell. Warten. Zurück in die Ruhe finden. Auf keinen Fall abbaumen. Geduld. Vielleicht eine Zigarette rauchen. Dann gehe ich zum Auto. Das soll eventuellen haarigen Zeugen im Wald den Eindruck vermitteln, ich wäre gerade erst angekommen. Ich habe nichts mit dem toten Artgenossen zu tun. Wenn möglich, fahre ich den Wagen näher heran. Im Lichtstrahl einer Taschenlampe untersuche ich den Anschuss. Am Schweiß, der an Blättern klebt, kann ich erkennen, wo genau ich getroffen habe. Hellrotes, schäumendes Blut ist ein gutes Zeichen – Lungenschuss. Dunkles dickes Blut weist auf die Leber, nicht ganz so optimal, doch der Tod wird auch schnell eintreten. Meine Waffe führe ich mit mir. Ich weiß ja nicht, ob ich vielleicht einen Fangschuss geben muss. Das war noch nie der Fall, doch ich möchte vorbereitet sein. Ich folge dem Schweiß, der Blutspur.

Der Köder

Meinem zweiten Termin bei Frau Dr. Strohm sah ich gespannt entgegen. Es ging für mich nicht nur um Moll, der sich sichtlich freute, sie zu sehen, sondern auch um Schneewittchen. Ich hatte mir fest vorgenommen, sie zu fragen, ob sie sich das Reh einmal anschauen könnte. Während es bei meinem ersten Besuch in ihrer Praxis sehr ruhig gewesen war, herrschte nun am Nachmittag Trubel. Am Empfang arbeiteten gleich zwei Frauen, das Telefon klingelte ununterbrochen, und im Wartezimmer saßen vier Hunde mit Anhang. Frau Dr. Strohm wirkte wie das Auge des Hurrikans in ihrem Behandlungszimmer. Sie strahlte eine solche Ruhe aus, dass schon vor der Behandlung alles gut war. Ich erzählte, dass Moll nicht mehr so stark humpelte und die von ihr vorgeschlagene Medikamentenumstellung, die sie mit der Ärztin in der Tierklinik besprochen hatte, sehr gut vertrug.

»Das freut mich«, sagte sie und sah dabei so aus, als wäre das nicht nur eine Floskel. Moll lief von sich aus zur blauen Behandlungsmatte. Sie lächelte und kniete sich neben ihn. Da klingelte das Handy auf dem Schreibtisch. Sie stand auf. Das gefiel mir nicht. Jetzt war Moll dran, nicht Handy. Bevor sie auf das Display blickte und das Gespräch annahm, sagte sie: »Entschuldigung, es ist dringend. Ich erwarte einen Anruf von meiner Autowerkstatt. Sie sagen mir, ob mein Wagen heute fertig wird. Hoffentlich. Ich brauche ihn dringend.«

Ihrem Gesichtsausdruck bei dem Telefonat entnahm ich, dass das Auto nicht fertig werden würde.

»Was ist denn kaputt?«, fragte ich sie, die vielleicht nicht wusste, dass ich mein Geld auf der Straße verdiente.

»Es ist das Abgasrückführungsventil. Schon zum zweiten Mal. Wassergekühlt bei meinem Wagen, aufwändig. Sehr ärgerlich. Das Ersatzteil ist nicht geliefert worden.«

Ich staunte. »Sie kennen sich aber gut aus für eine Frau, ich meine, äh, für eine Tierärztin…«, versuchte ich irgendwie die Kurve zu kriegen.

»Mein Vater war Mechaniker«, klärte sie mich auf.

»Mein Vater war Tierarzt«, erwiderte ich. »Und ich bin Mechanixe.«

»Ich werde mir wohl einen Leihwagen nehmen«, dachte sie laut. »Ich muss nämlich heute noch nach Lindau.«

Sie ging zu Moll, der brav gewartet hatte, kniete sich neben ihn und begann ihre Behandlung, bei der sie nicht sprach, nur lauschte, in meinen Hund hinein. Das gefiel mir wiederum außerordentlich gut, dass sie jetzt nicht weiterquatschte. Und ich hatte Zeit, meinen Plan auszuarbeiten. Lindau lag nicht weit von meinem Wohnort entfernt. Wenn ich sie ins Allgäu fahren würde, könnte sie vielleicht Schneewittchen untersuchen? Aber ich müsste wissen, wo Schneewittchen sich aufhielt. Ich konnte ja wohl kaum stundenlang mit ihr ansitzen oder durch den Wald stapfen. Auch wenn in München der Frühling schon sicht- und hörbar war – im Allgäu lag noch Schnee. Und Frau Dr. Strohm wirkte auf mich, als wäre ihr Terminplan eng getaktet.

Nach der Behandlung Molls erfuhr ich, dass sie ein Seminar in Lindau abhielt. Die Havaristin, die sie mir empfohlen hatte, fiel mir ein. Sie war auch auf so einem Seminar gewesen. Weilte Frau Dr. Strohm vielleicht öfter im Allgäu?

»Ich wohne im Allgäu«, sagte ich. »Wenn Sie wollen, bringe ich Sie nach Lindau.«

»Ich habe einiges an Gepäck und einen Hund«, sagte sie.

»Mein Auto ist groß«, lockte ich.

»Und ich habe noch zwei Patienten.«

»Ich habe Zeit.«

Drei Stunden später verließen wir München. Vier Stunden später waren wir per Du, und ich erfuhr, dass Lava frisch geschieden war und einen Sohn und eine Tochter in der Pubertät hatte. Fünf Stunden später aßen wir irgendwo hinter Memmingen Steaks und fanden heraus, dass wir beide durch Indien gereist waren. Sie hatte sogar dort gelebt, als ihr Vater einige Jahre in Indien arbeitete. Gegen zehn Uhr abends lieferte ich sie an ihrem Hotel ab. Beschwingt fuhr ich nach Hause, denn ich hatte einen Behandlungstermin für Schneewittchen in der Tasche. In zwei Wochen würde Frau Dr. Strohm erneut an den Bodensee fahren. Danach würde sie zu mir zum Rehbraten kommen. Ich würde Hartmut oder die Jägersgattin bitten, etwas vorzubereiten, denn ich wollte keinen Fehler machen. Ich war eher Pasta-Spezialistin, aber das wäre die falsche Fährte zu Schneewittchen.

Morgengrauen

Um neun Uhr morgens klingelte das Telefon. Das war kein gutes Zeichen. Um neun riefen entweder Versicherungen oder andere Bürokraten und Bürokratinnen an oder Menschen, die etwas sehr Wichtiges mitzuteilen und bis um neun gewartet hatten, weil das landläufig als höflich gilt. Meine offizielle Sprechstunde beginnt um zehn. Normalerweise wird das in meinem Freundeskreis nur von Hob ignoriert. Doch es war nicht ihre Nummer, sondern die von Wolf.

»Hallo, Susa«, sagte er. Und das alarmierte mich, denn wenn er mich vormittags anrief, fragte er meistens: ausgeschlafen oder aufgehört zu schlafen?

»Hallo«, sagte ich.

Er räusperte sich. Ich wurde nervös.

»Heute am frühen Morgen«, begann er, machte eine Pause.

Ich spürte, wie das flaue Gefühl von meinen Füßen beginnend in meinen Bauch flutete.

»Da gab es einen Wildunfall.«

Mein Herz wurde von einer kalten Faust ergriffen.

»Unten bei dir an der Straße.«

Unten bei mir an der Straße? Da war Schneewittchens Einstand! Schneewittchen! Überfahren? Ich hatte damit gerechnet, dass dies irgendwann geschehen würde. Aber jetzt?

Es war doch so lange gut gegangen. Schneewittchen! Mein Herz pochte im Hals.

»Also ich bin mir nicht ganz sicher«, fuhr Wolf fort.

War sie denn so schlimm zugerichtet, dass man nicht einmal mehr das Halsband erkennen konnte, oder hatte sie es verloren, das passierte manchmal, sicher, ohne Halsband würde ein Autofahrer sie auch nicht so leicht sehen, da es ja reflektierte.

»Aber ehrlich gesagt glaube ich schon, dass es dein Bock gewesen ist«, vollendete Wolf.

»Murmel!«, rief ich, während mich eine so abgrundtiefe Erleichterung erfüllte, für die ich mich gleich darauf schämte.

»Er war sofort tot«, sagte Wolf.

Ich wusste nicht, ob das der Wahrheit entsprach oder er mich schonen wollte. Ich fragte nicht nach.

»Der Autofahrer hat gesagt, es wären zwei Rehe gewesen, die hintereinander hergerannt sind, und es sei sehr schnell gegangen. Einen hat's erwischt.«

Kurz zuckte eine Frage in mir auf. Ob ich den Autofahrer kannte. Doch auch sie stellte ich nicht.

»Danke«, sagte ich.

»Okay«, sagte Wolf. »Kommst halt mal auf ein Bier vorbei.«

Unter Jägern verliert man nicht viele Worte. Man weint auch nicht. Nur ein bisschen.

Ich trank einen Kaffee, zog mich an und ging mit Moll zu Schneewittchen, um ihr zu sagen, was sie sicher längst wusste. Dies war kein schöner Frühlingsbeginn. Murmels ungewöhnliches, kurzes Leben mit seiner menschenzahmen Mutter hatte ein leider gewöhnliches Ende gefunden. Im

Frühling werden die meisten Rehe überfahren, weil die Böcke ihre Einstände ausforkeln und oft in rasender, hormonberauschter Flucht davonstürmen und dabei vergessen, was ihnen ihre Mütter beibrachten: Schau rechts, schau links, schau geradeaus, dann kommst du sicher gut nach Haus.

Murmel war mein erstes Enkelkitz gewesen, und ich wollte sein Andenken bewahren.

»Aha«, sagte Wolf, als ich ihn um den Kopf Murmels bat, denn ich wollte ihn auskochen und sein Gehörn neben das des von Hob monierten Bockes hängen. Einmal erschossen, einmal überfahren. Ich bedankte mich für die vielen schönen Momente, wenngleich ich nicht wusste, bei wem. Murmel war nicht mehr Murmel, nur ein knochiger Kopfkadaver, und es war eine wahrlich ekelhafte Arbeit, zumal Dutzende von Rachendasseln aus den Nebenhöhlen krochen, es stank entsetzlich und war ein widerwärtiger letzter Dienst an meinem verstorbenen Enkelkitz. Doch das Aufbewahren seines Gehörns fand ich allemal würdevoller, als den Murmelkopf einfach wegzuwerfen. Und auch wenn ich ein erlegtes Tier aufbreche und für die Wildkammer vorbereite, sind meine Handgriffe von Respekt geprägt. Um den Körper von Murmel hatte sich Wolf gekümmert. Das wollte er mir ersparen. Aber es gehört zu meinen Aufgaben als Jägerin und Lebensmittelerzeugerin, ein Tier sachgerecht zu zerlegen und eine Fleischbeschau durchzuführen.

Es erfüllt mich ein ehrfürchtiges Staunen über das Wunder des Körpers, die Organe in ihrer perfekten Anordnung.

Mit einem Messer schlitze ich das Reh vorsicht vom Becken bis zum Kehlkopf, dem Drosselknopf, auf. Dann öffne

ich den Brustkorb und ritze den Hals des Rehes auf. Luft-
und Speiseröhre liegen frei. Ich durchtrenne die Gurgel und
ziehe sie aus dem Träger, verknote sie, damit das Anverdaute, das ziemlich stinkt, im Pansen verbleibt und keine
Bakterien austreten. Als Nächstes breche ich das Schloss auf.
Dazu muss ich den Knochen an seiner Sollbruchstelle durchstechen. Ich hebe das Becken des Rehs an und breche es aus-
einander. Es knackt, kein schönes Geräusch. An der Beschaffenheit des Schlosses kann man gut abschätzen, wie alt ein
Tier ist. Ältere haben spröde Knochen, jüngere sind leichter
zu knacken.

Nun ziehe ich am Schlund die Eingeweide des Rehs nach
hinten aus dem aufgebrochenen Leib. Irgendwo hakt es.
Ich greife in die rotweiße, weiche Masse, in das gelblich-
graugrünliche Gekröse, aus der dunkelrot Leber und Nie-
ren leuchten und hellrot wie Erdbeerspeise die Lungen. Aufmerksam betrachte ich den blutverschmierten, zerfetzten
Schwamm, der von der Lunge nach meinem Treffer übrig
blieb. Dann widme ich mich dem Loch im Fell. Der Austritt der Kugel ist größer als der Eintritt. Ich schneide die
Löcher großzügig aus und reinige sie, beseitige einen Blut-
erguss. Dann schneide ich das Herz aus dem Körper, es ist
noch warm, und untersuche es. Ich inspiziere auch das Ge-
därm und gebe es in den Eimer, dessen Inhalt ich später im
Wald für die Füchse auslegen werde. Zum Schluss schlitze
ich die Hinterbeine des Rehs zwischen Knochen und Seh-
nen auf und hänge es an einem Fleischerhaken an der Waage
auf. Sein Kopf pendelt hin und her. Ein dünner Faden Blut
rinnt aus seinem Äser. Zwölf Kilo. Nun brause ich das Reh
ab, es ist nur mehr eine leere Hülle, und säubere es gründ-
lich. Dann bringe ich es in die Kühlkammer. Wolf wird es in

einigen Tagen aus der Decke schlagen und das Fell abziehen. Zu ihm fahre ich nun auch. Wir trinken das Tier tot, um das Ungeheuerliche erträglich zu machen, mit der Schuld des Tötens umzugehen.

Jägeryoga

Wir trugen dicke Stiefel und warme Jacken. Die Sonne neigte sich zum Horizont, ihre Bahn noch flach wie im Winter, doch die Strahlen hatten bereits die Kraft des Frühlings. In Kürze würde es sehr kalt werden. Die Nächte im Allgäu sind rau. Lava Strohm folgte mir über die Wiese durch den Tobel zu dem Hang, wo ich Schneewittchen zu dieser Jahreszeit oft gesehen hatte. Ich pfiff und rief, aber kein Reh zeigte sich. Ich schlug vor, auf einem Holzstoß am Rande der Verjüngung zu warten, ob Schneewittchen vielleicht irgendwann aus der Dickung kommen würde. Um diese Jahreszeit suchten die Rehe bereits nach ersten jungen Kräutern auf den schneefreien Stellen. Wir machten es uns gemütlich und warteten. Es war ganz still, nur eine Amsel war noch nicht am Ende ihrer Liturgie. Mit dem Licht schwand die Wärme, und ich wurde nervös, denn ich konnte nicht einschätzen, ob ich die Zeit der Tierärztin verschwendete mit diesem Warten auf eine unzuverlässige Patientin, wo doch so viele sichtbar Leidende ihrer Hilfe bedurften. Und überhaupt, dieses Stillsitzen im Wald, das viele meiner Freunde und Freundinnen, die aus der großen Stadt zu Besuch kamen, unerträglich fanden. Zuerst wollten sie unbedingt mal mit auf den Hochsitz, dann quälte es sie unsäglich. Still sitzen! Und nicht ständig auf dem Holzbrett hin- und herrutschen oder seufzen oder sich kratzen, mit dem Smartphone spielen oder mir ins Ohr flüstern: Glaubst du, da kommt noch was? Oft war ja schon was da, aber das übersieht man leicht, wenn man nicht still sitzt, wie man es beim Yoga mindestens einmal wöchentlich problemlos praktiziert. Vielleicht fällt es leichter, wenn man dafür bezahlen muss.

Lava zeigte Sitzhärte. Sie schwieg und saß und schaute. Ich schwieg auch. Saß und schaute. Die Zeit legte eine Pause ein, schob sich den Hut in den Nacken und kaute an einer Brombeerranke. Das war schön. Sehr schön. Kein Reh erschien. Aber irgendwann, als es schon dämmrig war, schnürte ein Fuchs, die Nase tief, markierte und lief weiter. Als ich selbst schon ziemlich kalte Füße hatte, sagte ich Lava, dass es mir leidtäte, dass wir so lange umsonst gewartet hatten.

»Umsonst?«, flüsterte sie. »Das war doch nicht umsonst!«

Trotzdem fühlte ich mich ein bisschen in ihrer Schuld und verantwortlich für mein Reh, das den Termin verpatzt hatte.

»Jetzt gibt es erst mal was Leckeres zu essen«, sagte ich.

Lava sparte nicht an Lob für den Rehbraten. Ich sagte ihr, dass ich es an den Koch Hartmut weitergeben würde.

»Dein Sohn?«, fragte sie.

Ich bekam einen Lachkrampf.

Lava schlug sich mit der Hand an die Stirn. »Ach, du hast ja keine Kinder, sorry. Das habe ich ganz vergessen. Man denkt ja meistens aus seiner eigenen Situation heraus, und hin und wieder habe ich das Glück, dass meine Kinder für mich kochen.«

»Leider kochen meine Rehe nicht für mich«, sagte ich.

»Wie man's nimmt«, entgegnete sie.

Ihr Humor gefiel mir. Und auch ihre Direktheit. »Wie ist das so, allein zu leben?«, wollte sie wissen.

Ich dachte nach, weil sie anders fragte als Hob. Ich hatte nicht das Gefühl, ich müsste mich verteidigen. »Ich finde es schön. Und so richtig allein bin ich ja gar nicht. Ich habe einen langjährigen bewährten Freundeskreis, fürsorgliche Nachbarn, sehr nette Arbeitskollegen – und jede Menge Fellnasen um mich.«

»Warst du schon immer allein?«

»Was? Nein!«, rief ich erschrocken. Denn das hätte ich mir nicht vorstellen können. »Ich hatte einige Beziehungen, aber meistens hat es nach ein paar Jahren nicht mehr funktioniert. Irgendwann ist mir immer die Liebe abhandengekommen. Ich finde es aber auch nicht schlimm, allein zu sein. Mir fehlt es an nichts. Außerdem glaube ich, dass da schon noch was passieren wird. Irgendwo gibt es diesen großen Plan, und wenn ich dran bin, werde ich es merken.«

Lava lächelte. »Der große Plan. Bin ja mal gespannt, was er für mich bereithält. Ich betrete jetzt nämlich Neuland. Mann weg, Kinder fast weg. Ich schätze, es wird eine Weile dauern, ehe ich mich an das leere Haus gewöhnt habe.«

»Hat dich die Scheidung sehr mitgenommen?«, fragte ich.

»Ja und nein. In der Sache war es richtig. Trotzdem war es ein Schock, weil mein Mann eine Freundin als Auslöser brauchte. Und weißt du was?« Sie grinste frech. »Heute bin ich ihr direkt dankbar. Im Großen und Ganzen haben wir es ganz gut hingekriegt. Ich glaube auch nicht, dass die Kinder über die Maßen darunter gelitten haben, sie sind ja fast erwachsen, obwohl«, sie seufzte, »weiß man's? Das kommt ja oft erst später ans Licht. Und klar«, sie zögerte. »Klar ist das eine Umstellung für mich, wenn die Kinder ausziehen. Aber ich hab ja noch ein bisschen Zeit, ein, zwei Jahre Gnadenfrist, vielleicht auch länger, und glaub bloß nicht, dass das ein Zuckerschlecken ist. Pubertierende Kinder sind der blanke Horror!«

»Wie alt sind sie denn?«

»Laura ist sechzehn, Lars neunzehn. Er hat gerade die Gesellenprüfung als Schreiner bestanden und will jetzt dann losziehen auf Wanderschaft. Laura will für immer bei mir bleiben und morgen in eine WG ziehen und für Greenpeace arbeiten und die Schule schmeißen und eine Lehre als Töpferin machen und Chemie studieren und Tierärztin werden und nach Neuseeland auswandern. Außerdem will sie drei Kinder und sich niemals binden.«

»Das klingt so, als hätte ich es mit meinem Reh ganz gut getroffen«, schmunzelte ich.

»Eigentlich weiß ich nur eins«, fuhr Lava fort. »Wenn die Kinder ausgezogen sind, werde ich auch ausziehen. Ich will nicht mehr in der Stadt leben. Ich will aufs Land.« Sie zwinkerte mir zu. »Hier würde es mir übrigens gefallen. Und dann werde ich wieder mit Tieren leben wie früher, was mein Ex-Mann nicht wollte, weil man dann so angebunden ist.«

»Da hat er Recht«, bestätigte ich aus eigener Erfahrung.

»Ja. Aber jetzt, wo ich ungebunden bin, mag ich mich gern anbinden.« Sie legte den Kopf schräg. »Ja. Ungefähr so sieht mein Plan aus.«

»Klingt gut«, sagte ich und servierte den Nachtisch.

Nach dem zweiten Glas Wein entdeckte ich Schneewittchen hinter dem Haus. Vom Küchenfenster sah ich sie an der Salzlecke. Und obwohl es schon ziemlich spät war, stellte ich Lava mein Reh vor. Das hatte keine Ahnung von seinem versäumten Arzttermin, und Lava hielt ihn ihr auch nicht vor, sondern einen Apfel. Schneewittchen nahm ihn gerne. Dann beschnupperte sie den Hals der Tierärztin, an dem sich wohl wichtige Informationen verbargen. Lava berührte die Schulter, den Rücken, den Brustkorb, dann den Kopfansatz Schneewittchens. Sie kannte diese Art der Berührung nicht, harrte aber aus, denn es geschah ihr kein Leid. Ich wurde Zeugin, wie die schöne Tierärztin und das schöne Reh zueinander fanden. Nach langen zehn Minuten stand Schneewittchen der Sinn nach Abwechslung. Mit dem Salzstein in der Hand lockte die kluge Tierärztin das krankengymnastisch ahnungslose Reh zu Dehnungsübungen mit Kopf und Hals, bis es genug von der Visite hatte und sich in den Wald trollte.

»Ich glaube, ich kann nicht mehr Auto fahren«, meinte Lava, als wir zum Haus gingen. »Waren das jetzt zwei oder drei Gläser Wein?«

Ich bot ihr mein Gästezimmer an. Lava rief in ihrem Hotel an und teilte mit, dass sie erst morgen kommen würde. Und dann machten wir es uns im Warmen gemütlich. Schneewittchen erschien abermals, andere Rehe folgten, und wir betrachteten sie abwechselnd durchs Fernglas, und auf einmal war es zwei Uhr morgens.

»Ach, ich würde viel lieber hierbleiben, als zum Seminar zu fahren«, gähnte Lava am nächsten Morgen. »Dann könnte ich auch Moll noch mal behandeln.« Er hatte sich in Erwartung einer Behandlung schon öfters sehr dicht an sie gedrängt.

»Komm doch wieder«, lud ich sie ein.

»Vorsicht, das mache ich wirklich«, lachte sie.

Sie saß schon im Auto, als mir siedend heiß einfiel, dass ich Schneewittchens Behandlung nicht bezahlt hatte.

»Von Freunden nehme ich kein Geld«, sagte Lava, »nur Kuchen und Wein«, und drückte aufs Gas.

Ein wenig bedröpselt blieb ich im Hof stehen. Ich hatte das Gefühl, diesen Abend musste ich erst mal verdauen. Lava war im selben Monat im selben Jahr geboren wie ich und hatte ein völlig anderes Leben geführt, das sich nun mit dem Auszug der Kinder radikal ändern würde. Noch nie hatte ich mir Gedanken darüber gemacht, wie mein eigener Umzug vom Deich nach München, das waren rund tausend Kilometer, für meine Mutter gewesen sein mochte. Ich verspürte das dringende Bedürfnis, ihr eine Whatsapp zu senden.

War das okay für dich, dass ich in München studiert habe?, fragte ich.

Meine Mutter, die erst kürzlich die Emoticons für sich entdeckt hatte, schickte eine ganze Serie. Dann ließ sie mich wissen, dass mein Auszug im vergangenen Jahrtausend stattgefunden habe und sie sich nicht mehr mit Schnee von gestern befasse und dass zum Muttersein eben nicht nur Bonding, sondern auch Loslassen gehöre. Womit sie Recht hatte. Aber einmal Mutter, immer Mutter. Zwei Stunden später schneite eine Anfrage herein: Geht es dir gut?

Blendend, tippte ich zurück.

Interessengemeinschaft Auswildern

Lava telefonierte nicht gern, umso lieber whatsappte sie, und so blieben wir nun in Kontakt. Wir nannten unseren Chat Auswildern, und eine blaue Spirale wurde unser Symbol – der wilde Wirbelwind, man dreht sich hinein oder eben hinaus. So wie unsere dickgesichtigen Vorfahren mangels Polaroid und iPhone genötigt waren, ihre Gefühle für das, was sie gesehen und was sie berührt hatte, auf Felsen zu malen, in Steine und Holz zu ritzen oder vielleicht mit den Fingern in den Sand zu zeichnen, genauso bot mir mein gescheiter Fernsprechapparat Alternativen zu wortreichen Ausführungen in Form von einfachen Zeichen, die überall auf der Welt verstanden und benutzt werden. Das gefiel mir.

Während ich bisher den Eindruck gehabt hatte, gerade bei Müttern auf meine Wortwahl achten zu müssen, amüsierte Lava sich darüber, wenn ich über die Stränge schlug, oder toppte meine Geschmacklosigkeiten sogar. Vielleicht klappte das aber auch nur, weil die Spuren so schön zu verwischen waren beim Simsen.

@Lava: Laura isst heute in ihrem Zimmer. Mandelentzündung. Das arme Kind ist unleidig. Mutter isst alleine.

@Susa: Arme Mutter. Rachendasseln?

@Lava: So ähnlich.

@Susa: Solange das Kind Appetit hat, muss es ja nicht eingeschläfert werden.

@Lava: Stimmt. Wie geht es Moll?
@Susa: Prächtig. Er frisst.

Viele Menschen finden es befremdlich, wenn man Tiere lieb hat wie Menschen. Es gibt allerdings Tiere, die darf man lieb haben. Alle hilflosen, neugeborenen Wesen, vielleicht sogar Fledermäuse. Sobald sie ausgewachsen sind, wird die Liebhab-Plakette vor allem Katzen und Hunden gewährt. Wer sagt, dass er eine Kuh lieb hat, ist absonderlich, wogegen er sie als Kalb, besser genannt Kälbchen, durchaus lieb haben durfte. Mein Kitz durfte ich auch lieb haben, das Reh weniger, und schon gar nicht war das alles zu vergleichen mit der Liebe einer Mutter zum Kind, finden vielleicht manche, mit denen ich auch infolgedessen nicht befreundet bin.

Lavas Kinder waren in der Pubertät, und da bekam die Liebe auch eine andere Bedeutung. Sie war jetzt nicht mehr fürsorglich, sondern übergriffig. Also musste sie die Sorgen verbergen. Und am besten auch keine Fragen stellen. In dem Augenblick, wo es endlich spannend würde für die Eltern, erzählen die Kinder nichts mehr, was natürlich dem Sorgenteufel Tür und Tor öffnet. Kleine Kinder, kleine Sorgen – große Kinder, große Sorgen? Von ihrem Sohn Lars hörte Lava kaum etwas. Als Wandergeselle hatte er sich verpflichtet, seinen Heimathafen zu meiden, man nannte das traditionsbewusst »dem Bannkreis fernbleiben«. Auch der Handykontakt zu den Eltern galt als wenig ehrenhaft. Hin und wieder simste er dennoch einen Gruß oder rief an, meistens, wenn es nicht so gut lief: Mama, meine Knie tun mir weh, kannst du herkommen und mich behandeln?

»Verrückte Welt«, sagte Lava. »Da freut man sich ja fast,

dass es dem Jungen schlecht geht, damit man ihn mal wieder sehen darf. Ich glaub, ich hab den Mutterblues.«

Ach, ich verstand Lava so gut. Und sie mich. Es war möglich! Mütter und Nichtmütter konnten sich vertragen, statt sich gegenseitig ihre Lebensentwürfe um die Ohren zu hauen. Da müsste es doch auch zwischen Förstern und Jägern irgendwann einmal Frieden geben.

Nach einer meiner leider üblichen und nichtsdestotrotz schrecklichen Begegnungen mit Schneewittchen bei Dienstende nachts an der Straße schrieb ich Lava kurz vor Mitternacht:

@Susa: Habe nach Jahren der Auswilderung immer noch so Angst vor den zu schnellen Autos, dass sie nicht anhalten, wenn Schneewittchen so dicht an der Straße äst. Sie könnte ja plötzlich die Seite wechseln. Hört das denn nie auf!

Prompt kam die Antwort:

@Lava: Habe nach neunzehn Jahren noch immer Angst vor Autos, die anhalten, wenn mein Kind an der Straße äst.

@Susa: Trampt Lars auf seiner Wanderschaft?

@Lava: Ja. Muss er. Eigenes Auto verboten auf der Walz. Mag gar nicht dran denken.

@Susa: Wir sind doch früher auch getrampt.

@Lava: Ja. Gut, dass unsere Eltern das nicht wussten.

Lava hätte schon ganz gern manchmal etwas gewusst. Doch die interessanten Begebenheiten wurden vor ihr geheim gehalten. Sie konnte nur mutmaßen.

@Lava: Laura ist verliebt, glaube ich.

@Susa: Oh wie aufregend. Was für ein Bock?

@Lava: Weiß nicht genau. Aber wenn es der ist, den ich vermute – ja!!!

@Susa: Gut vereckt? Sechser lauscherhoch?

@Lava: Ein Jährling.

@Susa: Spießer?

@Lava: Zukunftsbock.

@Susa: Und woher weißt du das?

@Lava: Mutterinstinkt. Kind lange im Bad. Schminkt sich.

@Susa: Malt sich auch den Äser an?

@Lava: Ja. Und verfärbt sozusagen.

@Susa: Spontaner Fellwechsel also. Lass mich raten – blond?

@Lava: Klar.

@Susa: Möchte aussehen wie die Mutter!

@Lava: Nö. Eher nicht.

@Susa: Schönes Kind?

@Lava: Sehr! Geht morgen Löcher stechen.

@Susa: Ohrmarken?

@Lava: Volltreffer. Und ich würd ihr auch gern das Pfötchen halten, aber ich darf ja nicht mehr dabei sein. Manchmal glaube ich, es ist den Kindern völlig egal, wie es mir geht. Das tut sehr weh, und trotzdem finde ich das gut. Weil dann lösen sie sich auch ordentlich ab, und später wird alles wieder besser – oder?

@Susa: Bestimmt. Bei mir wurde es auch wieder besser. Man muss halt manchmal ein paar Jahre warten können.

Schneewittchen ist es auch egal, wie es mir geht, und es wird ihr für immer egal bleiben, vermute ich. Sie ist resistent gegen meine guten Ratschläge und sich selbst genug. Aber bei Menschenkindern ist dies in der Regel nur eine Phase. Ein

Reh loszulassen bedeutet auch, ihm zuzutrauen, dass es auf seine Sinne vertrauend mit den Gefahren und den Möglichkeiten, die sich ihm bieten, umgehen kann. Von Menschenmutter und Menschenvater wird noch mehr verlangt. Glückliche Eltern sind vielleicht das größte Geschenk, das man Kindern machen kann. Es befreit sie von der Last, sich um die Eltern kümmern zu müssen vor der Zeit. Gerade in der Auswilderungsphase sollten sie vor allem ihre eigenen Interessen vertreten. Einen guten Einstand finden, auf sicheren Wildwechseln laufen, für gute, ausreichende Ernährung sorgen, und vielleicht ist ihnen ja das Glück beschert, einen Lebensraum zu finden, in dem sie schöne Brunften erleben und in ihren Ruhezonen nicht aufgeschreckt werden.

Einige Tage lang war Schneewittchen plötzlich wie vom Erdboden verschluckt. Sie sagte ja nicht Bescheid, wenn sie den Einstand wechselte, weil woanders gerade das köstliche Springkraut die richtige Wuchshöhe hatte. Ich suchte sie, aber ohne Erfolg. Während ich die Geduld mancher meiner Freundinnen über die Jahre mit meiner Sorge überstrapaziert hatte, zeigte Lava sich stets verständnisvoll. So simste ich ihr:

@Susa: Reh verschollen. Für immer. Ruft nicht an und geht auch nicht ans Handy. Mutter verzweifelt. Wird ihres Lebens nicht mehr froh.

Ich bekam keine Antwort. Hatte Lava jetzt auch genug von mir? Ich hielt mich an meine Stubentiger, die für eine kleine Extramahlzeit sehr viel Trost spendeten, ein paar Kunststückchen machten und mich mit ihrem Schnurren auf andere Gedanken brachten. Dann schnurrte mein Telefon.

@Lava: Handy überbewertet. Immerhin keine Gefahr, in

schlechte Gesellschaft zu geraten. Kluges Reh lebt drogen-
frei.

Wie meine Laura. Die ist gerade Ökoterroristin – findet
Suchtmittel aller Art doof. Arme Mutter muss ihre Abend-
zigarette heimlich rauchen.

@Susa: Tragisches Schicksal. Hat man sich das so vorgestellt, als man trächtig war?

@Lava: Da durfte man als Frau auch nicht rauchen. Nicht
mal heimlich.

@Susa: Und was macht der kleine Nestflüchter?

@Lava: Auf der Walz wird gerne gefeiert. Aber der ist ja
so sportlich. Das wird ihn mäßigen. Er ist zudem ziemlich
gesundheitsbewusst.

@Susa: Schneewittchen auch.

@Lava: Ach – und was ist mit dem Apfeltrester an den
Kirrungen, die ihr Jägersleute ausbringt?

@Susa: Mein Schneewittchen hält sich da fern.

@Lava: Dass ich nicht lache – hatte sie nicht neulich diese
Alkoholfahne, als sie rülpste?

@Susa: Das muss jemand anders gewesen sein. Mein Reh
trinkt und rülpst nicht!

Es war wunderbar, eine Freundin wie Lava gewonnen zu
haben, und das noch dazu aus einem völlig fremden Revier,
denn mit Müttern hatte ich bislang nur zu tun, wenn meine
Freundinnen welche geworden waren. Dass Lava meine
Sorgen ernst nahm, erfüllte mich mit Dankbarkeit. Zum
ersten Mal in meinem Leben fühlte ich mich als Mutter auf
Augenhöhe. Gleichzeitig wurde mir noch einmal bewusst,
wie viel weniger Verantwortung ich trug als eine Menschenmutter. Aber die Liebe fragt nicht nach dem Grad der Be-

haarung. Und das Loslassen ist ein lebenslanger Prozess. Es hört nicht auf, wenn die Kinder ausziehen, die Rehe im Wald verschwinden. Immer ist irgendetwas, das ein Mutter- und Vaterherz betrübt. Erst wenn man stirbt, ist das Loslassen geschafft, das ganz große Loslassen, das wir mit jedem kleinen Loslassen üben. Vielleicht ist dies sogar die einzige Lebens-Aufgabe. Von Lava, die mir bei diesem Thema um Längen voraus war, erfuhr ich, dass man auch zum Loslassen der Muskeln Energie braucht, genau wie bei der Muskelkontraktion, und das gilt für Mensch und Tier.

@Susa: Woher weißt du das?

@Lava: Habe Beruf gelernt.

@Susa: Ganz schön schlau!

@Lava: Ja. Wir Tierärzte werden unterschätzt.

@Susa: Mein Vater war ja bei den Jungianern, und da waren alle Humanmediziner. Er war der einzige Tierarzt.

@Lava: Glaubst du, sie haben ihn deshalb geringgeschätzt?

@Susa: Nein, sie haben ihn bewundert. Im Gegensatz zu ihnen konnte er ja mehr, als nur eine Säugetierart behandeln. Fleischfresser, Vegetarier mit oder ohne Wiederkäuen, sogar eierlegende Tiere und fliegende und laichende, alles.

@Lava: Ich kann auch Schlange. Habe sogar mal eine operiert.

@Susa: Warum? Hat sie einen Jungianer verschluckt?

@Lava: Es war eine Art ungesunder Eiruhe. Eins hatte sich verklemmt.

@Susa: Hat sie überlebt?

@Lava: Darauf kannst du Gift nehmen.

Im Lauf der Zeit stellten Lava und ich immer mehr Gemeinsamkeiten fest. Nicht nur, was das Leben mit Tieren, unsere Väter und unsere Leidenschaft für das indische Essen betraf. Wir waren oft von denselben Büchern und Filmen berührt, es gab aber auch viel Neues und Fremdes zu entdecken. So erzählte Lava mir, wie beglückend es für sie sei, beim Tauchen schwerelos durchs Wasser zu gleiten und zu erleben, wie kunterbunte, wunderschöne Fische neugierig zu ihr schwammen und keine Scheu zeigten. Auch wenn mir das Atmen unter Wasser unvorstellbar war, kannte ich das Glücksgefühl, den wilden Tieren nah zu sein, sehr gut. Die Sehnsucht danach liegt wie ein dauernd schwingender Ton über meinem Leben.

»Ob wir das Paradies verlassen mussten, weil wir Äpfel aßen oder Tiere?«, fragte ich sie.

»Tsetsefliege«, lautete ihre kryptische Antwort, die ich mir übersetzen ließ.

»Wir Menschen stammen aus Ostafrika, da war es warm, und es gab alles, was wir benötigten, aber die Tsetsefliege saugte uns aus, und durch die von ihr übertragene Schlafkrankheit wurden wir lebensmüde. Möglicherweise ist die Tsetsefliege der Grund, warum wir unsere paradiesische Heimat verlassen mussten. Von den Tieren, die ebenso wehrlos gegen den Erreger sind, konnten sich allein die Zebras mit ihren Streifen schützen, denn die Fliege erkennt sie durch die Tarnung des gebrochenen Musters nicht mehr als Beute.«

»Du meinst, wir hätten uns Rallyestreifen zulegen müssen, um im Paradies bleiben zu können?«

»Vielleicht«, sagte Lava. »Und ein Fell.«

Haarriss

In diesem Jahr setzte Schneewittchen nur ein Kitz, oder das zweite wurde schon sehr früh vom Fuchs geholt. Ich nannte den kleinen Bock Nowak, der Neue. Mittlerweile war ich eine erfahrene Rehoma und, was noch wichtiger war, Schneewittchen war eine erfahrene Rehmutter. Sie hatte im gewohnten Einstand gesetzt, sie kannte sich aus und schätzte die Gefahren souverän ein. Alles Routine. Bis auf die Tatsache, dass das Gras in diesem Jahr schon sehr früh sehr hoch stand. Eine Schönwetterperiode hatte die Wiesen regelrecht explodieren lassen. Nowak war eine Woche alt, als der Landwirt, dem die Wiese von Schneewittchens Einstand gehörte, mich anrief. »Morgen Nachmittag würde ich mähen.«

»Da muss ich arbeiten«, entfuhr es mir, und ich überlegte schon, welchen Kollegen ich bitten konnte, Schichten zu tauschen.

»Ich könnte auch gleich in der Früh«, kam mir der Bauer entgegen. Das war außerordentlich nett von ihm.

»Vielen Dank! Dann suche ich ab sieben in der Früh nach dem Kitz.«

»Passt.«

Leider gelang es mir nicht, auf die Schnelle Helfer zu gewinnen. Ein Mähtermin in den Pfingstferien an einem Werktag ist extrem ungünstig. Franziska, die mir sicher beigestanden wäre, wollte ich nicht bitten, sie kam erst um acht Uhr morgens von ihrer Nachtschicht nach Hause und gehörte ins Bett, nicht auf die Wiese. Egal, das zu mähende Stück war überschaubar, das würde ich alleine hinkriegen.

Ab sechs Uhr morgens streifte ich mehr oder weniger benommen durch das hohe Gras. Ich war extra um fünf aufgestanden, um noch in Ruhe Kaffee zu trinken, es half nichts. Alles vor neun Uhr ist in meinem System Traumzeit. Ich suchte, fand kein Kitz und durchkämmte das hohe Gras vorsichtshalber ein zweites Mal, weil Nowak so klein war. Leicht hätte ich ihn übersehen können. Nein, er lag nicht im bedrohten Bereich. Kurz überlegte ich, ob ich meine Suche ausdehnen sollte, doch dann bestand die Gefahr, dass Nowak aus der sicheren in die gefährliche Zone springen würde. Ich wollte mich nicht darauf verlassen, dass er sich noch in der Wegduck-Phase befand. Ab der zweiten Lebenswoche laufen die Kitze bei Gefahr auch weg. Ich wusste nicht, wie alt er war, als Schneewittchen mir ihn vorstellte. Gelegentlich werden Kitze vermäht, die schon sechs Wochen alt sind. Die Gefahr des monströsen lauten Mähwerks erschreckt manche so überwältigend, dass sie erstarren und sich wegducken, obwohl sie flüchten könnten. Aber das kennen wir Menschen ja auch. Manchmal sind wir so überfordert, dass wir unangemessen oder ziemlich unvernünftig reagieren. Im Grunde haben wir, wie die Tiere, nur drei Optionen: angreifen, flüchten, tot stellen.

Ich ging zum Hof des Bauern, um ihm zu sagen, dass ich das Kitz in dem Abschnitt nicht gefunden hatte. Der Bauer sah zum Gotteserbarmen aus. Verschwollene Augen, eine triefende Nase.

»Sommergrippe?«, fragte ich ihn.

»Drei Jahr nix ghed. Und jetzt hon i den Heischnupfa wieda. Irgenda Kraut im Feld wo i ned vertrag.« Er nieste mehrmals hintereinander und ließ mich dann wissen: »Drum mäh i hoit au id.«

Ich wollte mir meine Enttäuschung nicht anmerken lassen. Ich wäre so froh gewesen, diesen Mähstress hinter mich zu bringen. Sah der Bauer mir das an? Er sagte: »I hab grad an Kollega da, der richtet mir de Traktor. Und der mäht nocha.« Der Bauer deutete zur Scheune, wo ich einen Männerrücken in rot kariertem Hemd neben dem Lamborghini erkannte. Da ich selbst schon einmal einen solchen Trekker gefahren bin, kann ich, ohne zu lügen, sagen, dass der Lamborghini sehr bequeme Ledersitze hat.

»Super«, sagte ich.

Ich positionierte mich am Rand des Streifens, der gemäht werden sollte. Schneewittchen hatte sich etwas abseits niedergetan. Der Traktor fuhr in die Wiese. Schneewittchen stand auf und brachte sich zirka dreißig Meter von mir entfernt in Sicherheit. Ich schätzte, dass es eine Viertelstunde dauern würde, bis das kleine Stück gemäht wäre. Der Kollege des Bauern setzte das Mähwerk in die Wiese und begann. Als er nah bei mir vorbeifuhr, rief er mir etwas zu. Ich verstand kein Wort und deutete auf mein Ohr. Er wiederholte: »Do isch koi Kitz id drin?«

Ich reckte den Daumen für das Okay-Zeichen in die Höhe. Er mähte weiter. Nach zwanzig Minuten war er fertig. Ich atmete auf. Plötzlich sah ich den Traktor rechts von mir. Dort hatte ich nicht nach Nowak gesucht, dieser Bereich war nicht abgesprochen. Mein Herz krampfte sich zusammen. Ich spürte es, ehe ich es sah. Im gemähten Gras. Ein brauner Fleck, der nicht hierhergehörte. Und der Traktor hielt an. Ich rannte zu dem braunen Fleck, der sich schnell rot färbte, während mir Tränen in die Augen schossen. Als ich beim Traktor ankam, war der Kollege ausgestiegen. Fassungslos schauten wir uns an. Blut. Alles voller Blut. Beide Vorderbeine abgetrennt. Und der Kopf, wild durch die Luft schleudernd, die Flanken zuckend, die Augen weit aufgerissen, schäumend das Maul. Niemals in meinem Leben hatte ich so etwas Schreckliches gesehen. Und gehört. Die fiependen Schreie des Kitzes durchdrangen mich bis ins Mark. Ich muss ihm helfen, dachte ich. Ich muss es erlösen. Ich muss was tun! Doch ich konnte mich nicht bewegen. Und selbst wenn ich eine Waffe, ein Messer bei mir gehabt hätte, ich hätte das Kitz nicht töten können, nicht Nowak, nicht Schneewittchens Böcklein, es wäre mir nicht möglich gewesen, obwohl ich es unbedingt wollte. Hilflos schaute ich den Mann an. Er war höchstens Mitte dreißig. Seine Wangenmuskeln malmten. »Bitte«, sagte ich. Meine Stimme war nur ein heiseres Flüstern. Entschlossen kniete sich der Mann neben Nowak und beendete sein Leiden mit einer ruckartigen Bewegung. Sofort war es still. Ich zitterte am ganzen Körper. Der Mann stellte sich neben mich.

»Scheiße, Scheiße, Scheiße«, sagte er.

»Danke«, sagte ich.

Er hob eine Hand, als wollte er mir auf die Schulter klopfen, ließ sie fallen und ging zum Traktor. Sehr langsam fuhr er zum Hof. Ich konnte nicht begreifen, was geschehen war. Warum hatte er den abgesprochenen Teil der Wiese verlassen? Oder war das gar nicht abgesprochen gewesen, handelte es sich um ein Missverständnis? Hatte ich nicht richtig zugehört oder nicht verstanden, wo genau gemäht wurde, weil ich um diese Uhrzeit schwer von Begriff war, oder hatte der Kollege es besonders gut machen wollen? Der Bereich, den ich nicht kontrolliert hatte, der Nowak zum Verhängnis geworden war, maß keine zwanzig Quadratmeter.

Schneewittchen stand am Rand der Wiese. Ich hob das blutende Bündel, das einmal ihr Sohn gewesen war, behutsam hoch, so wie ich damals Schneewittchen, sie war vielleicht genauso alt gewesen, geborgen hatte. Das tote Kitz auf dem Arm näherte ich mich Schneewittchen. Warm tropfte sein Blut über meine Hände. Ich fühlte nichts. Ich war selbst wie erloschen. Schneewittchens Nüstern blähten sich. Gespannt und besorgt beobachtete sie mich. Warum nur verfügte sie als Reh über kein genetisches Programm, um so etwas zu verhindern? Andere Tiere, deren Junge in Gefahr geraten, motivieren sie zum Weglaufen oder greifen die Gefahrenquelle an. Die Strategie von Reh- und auch Hasenmüttern besteht darin, sich zu benehmen, als hätten sie keine Jungen.
Ich legte Nowaks Überreste in Schneewittchens Nähe ab. Sie sollte begreifen, dass sie nicht nach ihm suchen musste. Doch die Mutter erkannte ihren Sohn nicht. Er fiepte nicht. Das, was ich gebracht hatte, war nicht Nowak. Damit hatte sie zweifelsohne Recht. Ich versuchte sie dennoch näher zu locken. Einmal schnupperte sie kurz an dem zerfetzten Körperchen. Doch dann wandte sie sich ab und begann nach ihrem Sohn zu suchen, und ihre heiseren Rufe rotierten wie ein Kreiselmäher in meiner Seele.

Schreckmauser

Schneewittchen suchte tagelang nach ihrem Kitz. Rief und windete und suchte. Mein Herz blutete, wenn ich sie beobachtete. Und als sie endlich damit aufhörte, bedeutete dies kaum eine Erleichterung für mich. Die Bilder verfolgten mich, wochenlang. Was für ein himmelweiter Unterschied, ob ich von anderen lediglich erfahren hätte, dass das Kitz vermäht worden war, oder es selbst gesehen hatte. Und würde ich nun auch noch Schneewittchen verlieren? Ihr Gesäuge war stark entzündet, weil kein Kitz mehr trank. Lava Strohm schickte per Kurier Notfalltropfen. Für mich. Sie bot auch an, Schneewittchen zu behandeln.

»Wann anders«, sagte ich. Ich wollte keine Menschen sehen, weil ich dann hätte reden müssen. Und das konnte ich nicht. Mein Reh erholte sich schneller als ich. Nach drei Tagen besserte sich sein Zustand, das Gesäuge bildete sich zurück.

Ich möchte mich verkriechen. Im Dornendickicht der Brombeeren, unter dem strengen Duft des Holunders, grün gestreiften Himbeerblättern und dem zähen Laub braunroter Buchenblätter aus dem letzten Herbst möchte ich mich niedertun, Vorverdautes wiederkäuen, mir selbst genug sein. Vielleicht manchmal in der Verjüngung Schutz suchen, um dem Tod nicht ins Auge schauen zu müssen.

Dies war mein erster Sommer seit Langem ohne Kitze. Und es war kein Sommer. Die Schöpfung hatte einen Riss. Ein Grauschleier lag über den Wiesen. Ich lebte in einem Schwarzweißfilm, und auf meinem Kopf wuchsen die ersten grauen Haare; mir widerfuhr eine Schreckmauser.

»Im nächsten Jahr gibt es neue Kitze«, versuchte Hob mich zu trösten.

Ich wollte nie wieder Kitze. Es war alles zu viel. Ich fühlte mich so müde, leer. Nachts wachte ich auf und sah den vermähten Nowak vor mir. Ich erzählte niemandem, was genau vorgefallen war. Ich wollte anderen diese grauenhaften Bilder ersparen und spielte, alles sei in Ordnung. Doch damit kam ich nicht durch. Ich hätte mich verändert, hörte ich. Und auch die Wahrheit. Es war doch nur ein Rehkitz. Ja, nur ein kleines Reh. Aber das, woran das Herz hängt, ist immer groß. Vielleicht war es auch weniger Nowak als Individuum als das Gefühl meiner Schuld. Ich hätte gründlicher suchen müssen. Ich hätte mich vergewissern müssen, dass ich den Bauern richtig verstanden hatte. Ich hätte, hätte, hätte.

Viele Menschen bemühten sich um mich. Sie wollten, dass es mir wieder besser ging. Doch ich lebte in einer anderen Welt als sie. Für sie war der Sommer bunt und blühend, für mich war er schwarzweiß und karg. Meine Schuld und die Trauer, die ich nicht teilen konnte, machten mich einsam. Es war so ähnlich wie vor knapp zwanzig Jahren bei Hob, als ihr damaliger Freund bei einem Tauchunfall ums Leben gekommen war. In den ersten vier Wochen erhielt sie jede nur erdenkliche Unterstützung. Doch dann kehrten die anderen zurück in ihre Normalität. Das geschah ohne böse Absicht, es war der Lauf der Dinge. Für Hob bestand der Ausnahmezustand weiter. Einmal, der Unfall lag bereits ein halbes Jahr zurück, fragte ich sie, wie es ihr gehe. Schlecht, erwiderte sie. Warum, fragte ich, weil ich in diesem Moment nicht an den Unfall dachte, meine Frage betraf eine Momentanbefindlichkeit. Hob sagte: Er ist tot. Da begriff ich, dass es für sie überhaupt keine Momentanbefindlichkeit gab. Wie jetzt für mich. Was ich aber erst recht für mich behielt. War es schon bei einem verstorbenen Menschen schwer, das zuweilen seltsame Gebaren eines Trauernden zu verstehen, konnte ich nicht verlangen, dass meine Umwelt Verständnis für meinen Schmerz um ein totes Rehkitz zeigte. Ich selbst wusste ja nicht einmal, ob ich um Nowak trauerte oder ob meine Schuld alles schwarzweiß färbte oder es der Schmerz von Schneewittchen war. Sie hatte ihr Kitz verloren. Wer denkt schon an die Geißen, an die Mütter. Wenn etwas Kleines stirbt, leidet vor allem die Mutter – wie ein Tier. Das Kleine spürt ja nichts mehr. Und die Mutter kann nichts tun. Vielleicht muss sie zusehen, wie ihr Kitz vermäht wird. Oder wie ihr Feind auf zwei Beinen, ein Mensch, der es gut meint, ein Kitz mitnimmt. Der Mensch ahnt nicht, dass dies eine Entführung, ein Raub ist, weil die Rehmutter vorgibt, gar kein Kitz zu haben…

Ich wollte so gern wieder am bunten Leben teilhaben und dankbar und froh sein, weil Schneewittchen noch bei mir war. Und manchmal klappte es auch, besonders wenn sie ihre drolligen fünf Minuten zelebrierte, meist in der abendlichen Dämmerstunde. Da riss sie mich einfach mit, und wir boxten wie übermütige Geschwister im grünen Buffet. Schneewittchen konnte wunderbar Schenkel weichen und seitliche Sprünge mit allen vieren gleichzeitig vollführen. Ich ließ mich nicht lumpen und hüpfte wie ein anmutiger Kartoffelsack, was ihr sichtlich gefiel. Ich hätte schwören können, dass sie lachte. Und auch ich lachte, so viel Freude, so viel Glück, das sich manchmal in Tränen verwandelte. So saß ich außer Atem im Gras, und Schneewittchens weiche Zunge schleckte mir das Salz aus dem Gesicht und den Augen. Sie war mir nicht böse. Sie schaute nicht zurück und nicht nach vorne. Sie war einfach da. Und bestimmt war sie abermals in der Eiruhe. In diesem Jahr ohne Kitze an ihrer Seite war Schneewittchen wieder viel öfter an meinem Haus, lag gern neben den Autos, im Garten, in der Scheune. Sie wirkte sehr entspannt, nun, sie musste auch nicht ständig auf ihre Kitze aufpassen, keine Helikopter-Geiß, die ununterbrochen um ihren Nachwuchs rotierte. Es gab viele Äpfel und Knisterbrot für sie und Streicheleinheiten in Familienpackungen, und dann hatte sie genug, wohl auch von mir, und hoppelte in den Wald. Was mich betraf, war es nie genug, was ich mir nicht anmerken ließ. So sind die Spielregeln, bei Müttern und bei mir.

Empty Nest Syndrom

Ich hatte Lava geschrieben, was geschehen war. Sie wollte mich besuchen und schlug Termine vor. Ich sagte sie alle ab. Ich fühlte mich ungesellig. Auch Wolf rief mehrfach an und erzählte mir, was er für den Herbst plane. Ich hörte es mir an, unterließ es aber, Vorschläge zu unterbreiten, was ich übernehmen könnte. Meine Kollegen luden mich zu einem Teamessen ein. Ich hatte keinen Hunger. Das wurde als hochgradig besorgniserregend gewertet, da ich ja bekanntermaßen für eine leckere Mahlzeit fast alles tue. Ich wollte auch nicht mit der alten Clique ins Kabarett. Es ging nicht. Ich wollte einfach nur meine Ruhe. Totenruhe.

Eines Sonntagmorgens Anfang September hörte ich ein Auto in den Hof fahren. Ich erwartete niemanden. Moll auch nicht, wie er bellend verkündete. Doch an seiner Tonlage hörte ich, dass er den Besuch kannte. Ich schaute aus dem Fenster. Es war Lava. Ich öffnete die Tür für sie. Da stand sie vor mir, in der Hand einen Katzenkorb.

»Nein«, sagte ich.

»Doch«, sagte sie.

»Ich habe genug Katzen!«, rief ich und fand sie zum ersten Mal aufdringlich. Man bringt kein Tier zu einer Person, die keins will.

»Vertrau deiner Tierärztin«, sagte Lava. Sie hatte auch

Kuchen dabei, sie kochte Kaffee und erzählte mir dann die Geschichte der kleinen Mai. Als dreimonatiges Katzenjunges war sie vermäht worden. Spaziergänger fanden sie und brachten sie ins Tierheim. Dort wurde Mai nicht eingeschläfert, sondern ihr rechtes Hinterbein amputiert.

»Hinten ist günstiger«, meinte Lava. »Vorne wäre schlechter. Sie macht es ganz prima, schau mal.«

Ja, ich konnte es sehen, wie das mittlerweile fünf Monate alte Kätzchen neugierig, aber auch sehr schüchtern in der Küche herumschnupperte, weniger gehend denn springend. Einerseits tat es mir weh, diese Behinderung anzusehen, andererseits war ich dankbar, dass man ihr das Leben geschenkt hatte, zumal wir, wie ich von Lava erfuhr, eine Gemeinsamkeit hatten: Ihr seid beide nicht vermittelbar. Ja, das mochte vielleicht stimmen, aber die Vermittlung zwischen uns klappte schon nach kurzer Zeit.

Lava freute sich sehr über ihren richtigen Instinkt. »Im Grunde hast du an so etwas wie einem Empty Nest Syndrom gelitten«, diagnostizierte sie.

»Empty was?«

»Wenn die Kinder aus dem Haus gehen.«

»Ich glaube, du verwechselst da etwas«, wies ich zurück. Mein Nest war nicht empty, es war randvoll mit den Katzen und Moll. Während es bei Lava nun öfter sehr ruhig war.

»Vielleicht solltest du dir ein paar neue Kinder holen?«, empfahl ich ihr. »Wenn du mir schon neue Tiere bringst.«

»Dann müsstest eher du die Kinder bringen. So wie ich dir Mai brachte. Die seither in deinem Bett schläft.«

»Ich bin kein Storch.«

»Nö. Außerdem ist das mit den Menschen ja nicht so einfach wie bei den Tieren.«

Da hatte sie wohl Recht. Es kamen einfach immer neue nach. So verschieden die Menschen sind, so verschieden gehen sie auch mit dem Tod um. Einige wollen nach dem Verlust eines geliebten Haustieres nie wieder eines, weil sie diesen Schmerz kein zweites Mal zu ertragen glauben. Andere holen sich schon am nächsten Tag ein neues Haustier, und nicht selten sieht es dem verstorbenen ähnlich, manchmal trägt es sogar seinen Namen. Das ist natürlich praktisch, vor allem für das Umfeld. Lunas Nachfolgerin nannte ich auch wochenlang Luna, zumal sie genauso aussah. Sogar Hob rief ihre neue Hündin manchmal bei dem Namen der alten. Zu meiner Erleichterung behauptete sie aber nie, dass Lunas Seele in ihre Nachfolgerin inkarniert wäre. Das habe ich nämlich auch schon öfter gehört. Anscheinend fühlen sich manche Tierhalter von der Vorstellung getröstet, dass die Seele des verstorbenen Tieres in seinem Nachfolger weiterlebt. Leider funktioniert das bei Menschen nicht – schon rein rechnerisch. Denn man müsste sehr alt werden, wollte man abermals mit dem verstorbenen Partner zusammenkommen, wenn dieser erst neu geboren und erwachsen werden müsste. Wie ein solcher Seelentransfer so prompt und geschmeidig vollzogen werden sollte, ist mir schleierhaft. Als Handwerkerin habe ich bislang auch kein passendes Werkzeug dafür.

Mähwache

Als mir Schneewittchen im darauffolgenden Juni zwei Kitze präsentierte, war ich dankbar, noch eine Chance zu erhalten, das dramatische Erlebnis aus dem Vorjahr mit einer neuen Geschichte zu überschreiben. Ich nannte die zwei Jungs Doktor und Lancelot. Mit diesen beiden lernte ich etwas Neues über Rehe. Es fiel mir auf, dass es eine Rollenaufteilung zwischen ihnen zu geben schien. Der Doktor war der Neugierige, Mutige, der es sogar wagte, an mir zu schnuppern, wogegen Lancelot ein Stück vor mir absprang, flüchtete. Dieses Abspringen üben die Kitze sehr oft. Mich erkoren sie zu ihrem Sparringpartner. Begegneten sie mir allein, verhielten sie sich anders, beide zusammen verharrten in ihren Rollen.

Am Rand der Kitzwiese pfeife ich, und alles kommt angerannt. Die Katzen, Schneewittchen mit schnellen Sprüngen und in Erwartung des magischen Beutels den Lecker über den Windfang schleckend. Links und rechts von ihr wie Pilotfische die Kitze, die auf den letzten Metern abstoppen und sich äsend eines Besseren besinnen. Warum noch mal rennen wir da hin? Sie würden es nie begreifen und dennoch nicht vergessen können, weil sie mich in ihrer Prägephase kennenlernten.

Anfang Juli hatte ich mit Hob einen Motorradurlaub geplant. Das Frühjahr war sehr trocken gewesen, dafür regnete es im Juni fast täglich. Viele Wasserpfützen durchzogen die Wiesen. Das Gras stand hoch, der Bauer ließ sich Zeit mit dem Mähen, kein Anruf kam. Würde er diesmal vielleicht gar nichts sagen, weil er sich mitschuldig an Nowaks Tod fühlte? Oder war das vermessen, so etwas einem Bauern zu unterstellen, der Tag für Tag mit Leben und Sterben zu tun hatte? Immer wenn wir uns seither begegnet waren, hatte er mich besonders freundlich gegrüßt, ja es war mir so vorgekommen, als würde uns etwas verbinden. Seinen Kollegen, ich war ihm noch immer dankbar für sein schnelles Handeln, hatte ich nie wieder gesehen. Während die Wiesen um Schneewittchens Einstand nach und nach auf Kurzhaarschnitt getrimmt wurden, stand das Gras bei ihr und den Kitzen noch immer hüfthoch. Dann begann es zu regnen. Das mit dem Mähen würde also noch dauern. Wie sollte ich das Hob beibringen? Es hatte keinen Sinn, mit mir irgendwohin zu fahren, wenn ich in Gedanken ständig zu Hause weilte. So sagte ich es ihr einfach geradeheraus. »Wenn der Bauer nicht mäht, kann ich nicht weg.«

»Dann mach ich halt bei dir Urlaub«, sagte Hob. »Außerdem ist Motorradfahren ja viel zu gefährlich. Welcher vernünftige Mensch fährt schon mit dem Motorrad in den Urlaub.«

Ich boxte sie spielerisch in die Seite. »Wir. Jedes Jahr einmal.«

»Nicht in diesem. Ich fühle mich einfach nicht danach«, seufzte sie. »Wenn ich nur an all diese schrecklichen Pässe denke. Diese Spitzkehren. Da wird mir ganz schlecht. Ich kann mir nichts Schöneres vorstellen, als ein paar Tage bei dir im Allgäu zu verbringen. Unter einer Bedingung.«

»Und die wäre?«

»Du kochst.«

Ich stöhnte. Dann willigte ich ein. Und dann musste ich Hob unbedingt erzählen, was Lava geantwortet hatte, als ich sie fragte, ob sie kochen könne: »Italienisch, indisch, deutsch fließend.«

»Das merk ich mir!«, lachte Hob.

Lancelot und der Doktor überstanden das Mähen ohne Schramme, ja es blieben sogar noch einige wunderschöne Tage für Motorradausflüge an den Alatsee, in die Lechtaler Alpen und ins Kleinwalsertal, wo ich mich vor Jahrzehnten in die Alpen verliebt hatte.

Der König dankt ab

Karl half mir dabei, ein Grab für Moll auszuheben. Ich weinte ein bisschen, aber viel weniger als an den Tagen davor. Es war ein schöner Abschied gewesen. Und er war richtig. Ich war unendlich erleichtert, dass ich nicht haderte und gespürt hatte, wann es so weit war, zumal Moll schließlich doch noch an Krebs erkrankt war. In seinen letzten Wochen erlaubte ich ihm all das, worauf er die Jahre davor verzichtet hatte. Ich öffnete die Küche für ihn, bis dahin ein Raum, der den Katzen vorbehalten war. Und ich ließ ihn auf dem Gästebett schlafen, wo er umringt von der Katzenbande am lautesten schnarchte. Er war jetzt König. Ich war noch nie streng gewesen, das musste ich auch nicht sein, weil Moll alle Regeln widerspruchslos akzeptierte. Doch jetzt wollte ich es ihm so schön wie möglich machen. Ich servierte ihm Beinscheiben, und als er wegen seiner Rückenverletzung Schwierigkeiten mit der Treppe hatte, baute Margot, die Näherin von Schneewittchens Halsband, mit einigen ihrer Kollegen vom Theater einen Treppenlift. Während ich so etwas bislang nur aus der Clubzeitung meines Arbeitgebers kannte, hatte ich nun selbst einen im Haus und schonte meinen Rücken. Moll wog fünfzig Kilo, und ich hatte ihn viel zu oft die Treppen hinuntergetragen.

An Molls letztem Abend holte ich eine Familienpizza Vierjahreszeiten. Ich wollte ihm etwas Besonderes spendieren. Das war vielleicht blöd, weil es sein konnte, dass er Pizza nicht mochte, es war schließlich seine erste, oder er den Braten riechen konnte. Außerdem sollte er vor der Spritze besser nüchtern sein, hatte man mir gesagt. Aber das brachte ich nicht übers Herz. Lava hatte von ihrem ersten Urlaub ohne Familie allein mit Hund erzählt und dass sie nach den langen Touren mit dem Rad abends gemeinsam Pizza aßen. Das hatte ich mir gemerkt und mir vorgenommen, wenn Moll stirbt, machen wir das auch. Und so geschah es.

Der König fehlte überall. Doch war er wirklich fort? Zuweilen sah ich ihn vor dem Haus liegen oder glaubte sein lautes Schnaufen zu hören. Die Sanftmut, mit der er regiert hatte, blieb bestehen, bis heute herrscht in meinem Haus eine friedliche Stimmung. Ich wurde oft gefragt, ob ich wieder einen Hund möchte. Ja, das wollte ich. Doch ich fühlte mich vor allem als Reh-Konvaleszentin. Moll war so lange krank, ich hatte mir so viele Gedanken um ihn gemacht, und es war manchmal schwierig, seine Bedürfnisse mit meinen und denen des Restzoos unter einen Hut zu bekommen. So beschloss ich, eine Hundepause einzulegen. Und ich unternahm einige Dinge, die Moll nicht gefallen hätten. Ich blieb manchmal über Nacht in München, ging wieder auf Konzerte. Ich mag es sehr, wenn viele Menschen, die sich nicht kennen, friedlich das Gleiche tun, nämlich zuhören. Und ich kaufte mir ein Wohnmobil, das für Moll und mich zu klein gewesen wäre, und fuhr ans Meer. Kein Moll, keine Katzen, keine Rehe. Es war möglich – und es war schön. Erst allein, dann zu zweit.

Ich pfiff nach Schneewittchen, da teilte sich der Vorhang im Wald, und ein Reh galoppierte auf mich zu. Oh je! Halsband verloren! Dann sah ich, dass es auch etwas gewonnen hatte – ein Gehörn. Das war ja gar nicht mein Schneewittchen! Als der Bock näher kam, erkannte ich ihn. Es war Lancelot mit seinem hübschen Jährlingsgehörn schon weit über Lauscher. In etwa einem Meter Entfernung blieb er abrupt vor mir stehen. Ratlos, wie ich seinem Blick entnahm. Leicht zitterten seine Flanken. »Lancelot«, sprach ich ihn an, von Mensch zu Reh. »Du traust dich ja was, du kleiner Ritter.« Da kam er noch einen Schritt näher, um gleich darauf davonzustieben. Zwei Tage darauf erzählte mir Wolf, dass ihn ein besorgter Bauer angerufen habe. Er hatte seine Zäune auf der Wiese repariert und wurde dabei von einem Rehbock aus nächster Nähe beobachtet. Ob der wohl krank sei, weil er so dicht heran käme. Rehe sind sehr neugierig. Nur die Scheu vor dem Menschen lässt uns das nicht merken.

In dem traurigen Sommer, als Schneewittchen den kleinen Nowak an den Kreiselmäher verloren hatte und allein zurückblieb, leistete ich ihr oft Gesellschaft. Nebeneinander lagen wir im hohen Gras, und sie spielte Uhrenarmband abziehen. Ich vermutete, das Geräusch des sich lösenden Klettverschlusses gefiel ihr. Sie konnte nicht genug davon bekommen und schüttelte die erbeutete Uhr. Da sah sie manchmal aus wie ein begeisterter Hund mit Hasenohren. Auch als die neuen Kitze da waren, wollte sie die Uhr schütteln. Im Jahr darauf traf ich sie öfter ohne Halsband, was ich mir nicht erklären konnte, da sie bis dahin nur sehr selten ein Halsband verloren hatte. Beunruhigt suchte ich nach den verlorenen Bändern. Sie waren schließlich ihre Lebensversicherung. Ich durchkämmte Büsche und inspizierte Stacheldrahtzäune. Doch die Halsbänder lagen immer auf der Wiese in ihrem Einstand. Deshalb vermutete ich, beim gegenseitigen Kraulen habe der Doktor oder Lancelot ebenfalls Gefallen am Lösen des Klettverschlusses gefunden.

Die Yinyangs

Im folgenden Jahr durfte ich Schneewittchen abermals bei der Geburt begleiten. Sie brachte zwei weibliche Kitze, Yin und Yang, zur Welt. Auch an ihnen beobachtete ich das Rollenspiel wie im Vorjahr bei Lancelot und dem Doktor. Über Yin und Yang freute ich mich sehr, zwei Mädchen hatte ich mir schon immer gewünscht. Um späterem Gendertrouble vorzubeugen, bat ich Lava um eine Geschlechtskontrolle. Ich wollte auch auf Nummer sicher gehen. Bei zwei weiblichen Kitzen müsste ich nicht so strikt Abstand halten wie bei Bockkitzen, die, wenn sie ihre Scheu vor Menschen verloren haben, diese als Eindringlinge in ihrem Territorium be- und angreifen können. Doch ich hatte kaum Gelegenheit, die Mädchen zu berühren. Erstens stand das Gras in diesem Jahr so hoch, dass ich die beiden nur selten sah. Es konnte nicht gemäht werden, weil es fast jeden Tag regnete. Zum Heuen braucht man ein stabiles Hoch. Vor dem Mähen muss das Regenwasser abgelaufen sein, sonst würde der Traktor einsinken. Nach dem Mähen muss das Gras getrocknet werden, was zirka drei Tage dauert. So eine Schönwetterlage fand nicht statt. Letztlich stand das Gras so hoch, dass ich nicht mal mehr Schneewittchen entdecken konnte, geschweige denn die Kitze. Als der Bauer endlich mähen wollte, kündigten sich viele Helfer an, auch aus seiner Familie, und wir konnten beide Kitze in Sicherheit bringen. Doch dann tauchte leider ein streunender Hund auf, den ich schon öfter beobachtet hatte. Er hetzte eines der Kitze, das in Panik stürzte und sich das Fußgelenk verletzte, wie ich später von Lava erfuhr. Ich selbst hoffte lange Zeit, das Kleine hätte sich nur vertreten. Doch Yin humpelte über Wochen. Sie humpelt noch heute. Würde sie in einem anderen Revier stehen, wäre sie wahrscheinlich nicht mehr am Leben. Ich bringe es nicht über mich, auf Schneewittchens Kinder zu schießen – und warum auch. Yin kommt gut zurecht mit ihrer Behinderung, wie Schneewittchen selbst und die kleine Mai. Mein Reh benahm sich der kleinen Yin gegenüber sehr fürsorglich. Wegen der eingeschränkten Beweglichkeit des Kitzes blieb sie länger als gewöhnlich in ihrem Einstand und zog auch weniger umher als mit anderen Kitzen. Die Yinyangs gediehen prächtig, und ich konnte die beiden wegen des Humpelns von Yin auch gut unterscheiden. Sie blieben bis ins folgende Frühjahr bei ihrer Mutter.

Die Blaubeerkitze Elva Elf und Tolv Zwölf wurden 2017 an einem heißen Montagmorgen geboren. Aufgrund eines sehr stabilen Hochs wurde in diesem Jahr etwas früher gemäht als sonst. Das kugelrunde Schneewittchen hockte in seinem Wäldchen und hielt dicht. Am Tag nach der ersten Mahd setzte sie ihre Kitze in die schattigen Heidelbeeren ihres Hains, weil es keine Wiesen mehr gab. Das KULAP, das Kulturlandschaftsprogramm, mit dem nicht bewirtschaftete Flächen gefördert werden, schenkte ihnen zwei unbeschwerte Wochen in einer idyllischen ungedüngten Magerwiese zwischen Orchideen und Trollblumen. Als auch diese gemäht wurde, musste ich beide Kitze aus der Wiese tragen. Meine Freunde Rin, Gaulette, Diana und Wolf halfen mir bei der Suche nach ihnen. Ich nahm Elva Elf und Tolv Zwölf auf den Arm, und sie schrien kurz und laut, herzzerreißend ihren Kitzfiep. Da raste Schneewittchen auf mich zu, außer sich vor Sorge, riesengroß die Augen, die Nüstern gebläht. Bei Fuß wie ein übereifriger Bordercollie beim Agility lief sie, den Äser an den Kitzen, und beruhigte sich erst, als ihre Kleinen an ihrer Milchbar andockten. Ich erlebte zum ersten Mal, wie eine Rehgeiß auf den Hilferuf ihrer Kitze reagiert, wenn Scheu und Angst vor dem Menschen sie nicht davon abhalten, die Kinder zu schützen.

So vollendete Schneewittchen ihr erstes Dutzend – eine ziemlich große Familie für ein dem Tode geweihtes Reh.

Ich bin unendlich dankbar, dass alles dann doch so gut gegangen ist. Und dass ich die Mühen auf mich genommen habe. Denn wie auch Menschenmütter sagen: Die schönen Momente überwiegen.

Mitte Mai, mondlos liegt die Nacht über den Wiesen. Vom Weiher quaken die Frösche herüber, ein Käuzchen ruft im Rhythmus meines Atems, die Grillen untermalen das tiefe Schwarz, das nur von den groben Konturen einzelner Bäume und den kräftigeren der Halme im Gras gebrochen wird. Im nahen Schilf zwitschert eine Nachtigall ihr Lied in den lauen Wind. Neben mir das Rupfen und Kauen des kleinen Rehs. Dick und bräsig schiebt es sich durch das fette Angebot an frischen Gräsern, Blättern und Blüten. In seinem Inneren schlagen drei Herzen, zwei blutjunge und eines bereits seit nunmehr sieben Jahren. Viele Füße klopfen von innen gegen die warme Wand des Rehbehälters, in dem es langsam eng wird und der bald verlassen werden sollte. Keine Eile be-

wegt die drei. Hundertzwanzig Herzschläge jede Minute in der Rehruhe, sechzig pochen in mir. Zusammen sind wir auf hundertachtzig. Ich liege im Gras und lausche dem Sternenmeer. Nichts fehlt mir. Jetzt ist das Glück.

Blattschluss

Was ist das mit den Tieren, das uns so berührt? Ich stelle mir vor, die Menschenseele sei ein großer runder Keks. Oft wird von diesem Keks in jungen Jahren etwas abgesprengt, vielleicht durch Schockfrostung oder andere mechanische Gewalt. Manchmal kommt irgendwann, meist, wenn die auslösende Bosheit längst verjährt ist, ein Tier daher und bringt diesen abgesprengten Seelenkeksbrocken zurück. Das ist die behaarte göttliche Gnade, daran glaube ich.

Am Waldrand steht ein Reh.

Rehtanz

Heute Morgen
als die Kühle, die vom Boden aufsteigt, sich erwärmte,
war der Schnee geschmolzen
wo die kleinen Rehe schliefen.
Sieh, wie die Körper Abdrücke hinterließen.
Der Schnee verrät ihre Wege über die Hügel,
weiße Kreuzwege zu den höheren Wiesen,
wo das Wasser hervortritt und Bäche beginnen.
Mit neuem Schnee wird das Unsichtbare sichtbar.
Flüsse beginnen so.

Auf dem Rehtanz letztes Jahr,
nach dem Zusammentreffen von Gut und Böse,
die Männer in Schwarz,
die Frauen in Trauer um das Vergangene,
immergrüne Zweige zum Ring geschichtet,
um die Rückkehr des Frühlings anzuzeigen.
In dieser Nacht, als alles Menschliche verwandelt war,
wurde ein junger Mann, der Erwählte, zum Reh.
Im weißen Fell seiner Vorfahren,
den Kopf des Rehs
auf dem Menschenkopf,
mit Blumen im Geweih, tanzte er,
schön und unermüdlich,

bis er mehr war als menschlich,
bis er, auch, ein Reh war.

Von allen, die in Tiere verwandelt waren,
die Tänzer, von Circe in Schweine verwandelt,
die Frau, die ein Bär wurde,
das Mädchen, das für immer das Kind von Wölfen blieb,
keiner von ihnen wollte zurück
zum Menschsein. Und auch ich würde Menschsein
    zurücklassen
und das werden, was letzte Nacht vor meiner Tür
    geschlafen hat.

Eines Abends versteckte ich mich im südlichen Buschwerk
und beobachtete den Platz, wo sie ihre Geweihe abwerfen
und wo die Rehe tanzten, es war wahr,
wie meine Großmutter gesagt hatte,
Wasser trat aus dem Grund,
und ich konnte sie atmen hören an der Biegung des Flusses.
Den Weg dorthin kenne ich, ich lebe hier,
und wann immer ich ihn gehe,
sind sie meiner nicht ganz sicher,
schauen sich hin und wieder, um zu sehen, dass ich noch
weit genug weg bin, ihre grau-braunen Körper,
die Narben von Zäunen,
das Fell nie völlig glatt,
als wären sie gerade erst hineingeschlüpft.

Linda E. Hogan
Übersetzung: Margit Weber

Danksagung

Ich danke den vielen lieben Menschen, die sich von der zerbrechlichen Wildheit des kleinen Rehs haben berühren lassen und die seit bald acht Jahren wohlwollend mithelfen, ihm ein freies Leben zu ermöglichen. Aus dramaturgischen Gründen konnten nicht alle im Buch erwähnt werden.

Damit meine ich beispielsweise die Bauersfamilien, die Jäger und Nachbarn, meine Kolleginnen und Kollegen vom ADAC, meine treuen Freundinnen und Freunde sowie Carla Winhausen von der Rehkitzhilfe und Frau Dr. med. vet. Adriany, die mit sehr sorgfältiger Diagnostik und großer Hingabe das Leiden vieler Tiere lindert und heilt.

Margit Weber danke ich für die Übersetzung der Gedichte von Linda Hogan.

Danke an Matthias Hagmann, ihm ist es geglückt, Schneewittchens Lächeln fotografisch abzubilden.

Doreen Fröhlich vom Goldmann Verlag danke ich für die Liebe auf den ersten Blick zu diesem Buch und ihre großartige Begleitung.

Ich danke allen umsichtigen Verkehrsteilnehmern für das gute Miteinander.

Meiner Co-Autorin Shirley Michaela Seul danke ich für die einfühlsame und sichere Führung durch das dichte Brombeergestrüpp meiner Erinnerungen; ohne sie wäre dieses Buch niemals zustande gekommen.

Glossar

Abbaumen

Bevor man abbaumt, baumt man logischerweise auf. Man steigt hinauf mittels einer Leiter am Hochsitz. Dem Aufbaumen folgt das Abbaumen. Wobei mit Aufbaumen in der Jägersprache auch gemeint ist, dass beispielsweise ein Fasan anfliegt, um sich für die Nacht auf einem erhöhten Platz niederzulassen. Doch nicht nur Menschen und fliegende Geschöpfe können aufbaumen, auch Luchse, Marder und Eichhörnchen. Bei ihnen heißt es dann jedoch aufholzen. Abholzen als Begriff würde in ein anderes Glossar gehören – Thema Forst.

Absehen

Ein Fadenkreuz im Zielfernrohr, mit dessen Hilfe man den Treffpunkt ausrichtet.

Abspringen

Ein ruhig stehendes oder äsendes Tier, das plötzlich flüchtet.

Apfeltrester

Die nicht sehr gehaltvollen, aber stark duftenden Pressrückstände von Apfelsaft mit hohem Zucker- und geringem Eiweißgehalt. Auch Maische genannt. Wird in luftdichte Fässer gestampft, vergoren und dadurch lange haltbar gemacht. Nicht nur bei Rehen sehr beliebt, auch Kühe werden mit diesem Raufutterersatz gefüttert.

Äsen
Nahrungsaufnahme wiederkäuender Wildtiere am Boden.

Aufbrechen
Das sachgemäße Öffnen, Ausnehmen und Zerwirken, also Zerteilen, des Wildkörpers, auch »rote Arbeit« genannt.

Balz (auch Brunft, Ranzzeit, Rausche)
Die Zeit der Fortpflanzung. Hat verschiedene Namen je nach Tierart. Wildschweine befinden sich in der Rausche, Rotwild und Rehe in der Brunft, Raubwild ranzt, Vögel balzen.

Bast
Die stark durchblutete Haut um das wachsende Geweih.

Einstand
Der Wohnort des Wildes. Vorübergehend gemietet, immer mit Garten.

Fangschuss
Der tödliche Schuss aus kurzer Entfernung.

Fegen
Den *Bast* vom fertigen Geweih, Gehörn reiben.

Feist
Fettreserven, die das Wildtier im Herbst ansetzt, um über
den Winter zu kommen.

Fleischbeschau
Die sachkundige Untersuchung des Fleisches, ob es zum
Verzehr geeignet ist.

Geiß
Nördlich des Weißwurstäquators nennt man die Mütter unter den Rehen nicht Geißen, sondern Ricken.

Grannen
Lange, innen hohle Haare der Winterdecke (Fell), die sehr
gut isolieren.

Jagdgenossenschaft
Besitzer und Besitzerinnen von Grund und Boden, die
zwangsweise zu einer räumlichen Gemeinschaft zusammen-
gefasst werden. Nicht etwa ein Zusammenschluss von Jägern, wie oft irrtümlich vermutet.

Jagdherr
Pächter eines Jagdreviers.

Kurzwildbret
Wildhoden.

Lauscher
Ohren.

Lecker
Zunge des *Schalenwildes.*

Molaren
Backenzähne.

Pansen
Magen des Wiederkäuers.

Pinsel
Da das Glied bei männlichem Schalenwild stark behaart ist, erinnert es an einen Pinsel.

Plätzen
Rehböcke und Hirsche schlagen mit den Vorderläufen den Boden auf.

Rachendasseln
Weit verbreitete Parasiten, die die Atemwege vor allem von Wiederkäuern befallen.

Rotwild
Größte heimische Hirschart.

Schalen
Die vorderen Fingerglieder des Wildes, bei Rindern heißen sie Klauen, bei Raubwild, Hunden und Stubentigern Pfoten.

Schalenwild
Hat Schalen, also Klauen.

Scheinäsen
Schauspielerische Leistung, die vorgibt zu äsen, obwohl aufgepasst wird.

Schloss
Die Schambeinfuge beim *Schalenwild*. Bei jüngeren Tieren
ist sie noch wenig verknöchert, sodass man an dieser Stelle
das Becken aufbrechen kann, um den Darm sauber heraus-
zutrennen.

Schumpen
Jugendliche weibliche Rinder im Allgäu werden so genannt.

Schürze
Siehe *Spiegel*.

Schweiß
Der waidmännische Begriff für das Blut des Wildes. Jagdhunde, die besonders begabt sind, einer Schweißfährte lange
zu folgen, heißen Schweißhunde.

Spiegel
Der große weiße Fleck am Hinterteil des Rehes. Seine Form
verrät das Geschlecht. Beim weiblichen Rehwild herzförmig
mit einem herabhängenden Haarbüschel, der so genannten
Schürze. Beim männlichen fehlt diese *Schürze*, die entspre-
chenden Haare hängen am *Pinsel*. Die Form des männlichen
Spiegels ist nierenförmig.

Tobel
Eine kleine Schlucht, ein enges Tal.

Träger
Hals.

Vereckt
Ist das Gehörn spitz, glänzend, weiß poliert und gut entwickelt, nennt man das gut vereckt.

Wildfang
So heißt die Nase des *Schalenwildes*, nur beim Schwarzwild nennt man sie weniger poetisch Scheibe.

Wildkammer
Eine kleine Metzgerei – der Raum, in dem das Wild aufgebrochen wird, ausgestattet nach den geltenden Hygienevorschriften.

Winden
Riechen.